电子信息材料

樊慧庆 编著

国防工业出版社

·北京·

内 容 简 介

本书主要介绍当今电子信息材料的发展状况,以及相关新器件随着科学技术发展所面临的问题。书中从电子信息材料实际出发,引出新材料研发不断带来的机会和需要应对的挑战,并对相关的最新研究进展及学科未来的方向作了简要展望。全书分为8章,主要内容涉及微电子材料、介电材料、压电材料、传感器材料、能源电池材料、光电材料和有机电子材料等。

本书可作为综合型大学及高等院校相关专业高年级本科生专业书籍,也可供有关专业的科研工作者、教师和研究生参考书,同时可供从事新材料产业及相关领域开发的高级工程技术人员阅读。

图书在版编目(CIP)数据

电子信息材料 / 樊慧庆编著. —北京:国防
工业出版社,2012.9
ISBN 978 - 7 - 118 - 08114 - 5

Ⅰ. ①电… Ⅱ. ①樊…. Ⅲ. ①电子材料
Ⅳ. ①TN04

中国版本图书馆 CIP 数据核字(2012)第 182545 号

※

国防工业出版社出版发行

(北京市海淀区紫竹院南路 23 号 邮政编码 100048)
北京嘉恒彩色印刷有限责任公司
新华书店经售
*
开本 710 × 960 1/16 印张 17½ 字数 307 千字
2012 年 9 月第 1 版第 1 次印刷 印数 1—4000 册 定价 38.00 元

(本书如有印装错误,我社负责调换)

国防书店:(010)88540777 发行邮购:(010)88540776
发行传真:(010)88540755 发行业务:(010)88540717

前　言

　　电子信息材料是当前材料科学领域的一个重要发展方向,其特点是品种多、用途广、涉及面宽。它既是制作电子元器件和集成电路的基础,也是获得高性能、高可靠先进电力装置和信息系统的保证。虽然电子信息技术的产生历史并不长,但是相关材料的发展速度却非常迅猛。在现今的信息化时代,电子信息材料对国家的国防现代化、经济健康化以及综合高科技产业化的发展都起到举足轻重的作用。

　　材料大体上可划分为结构材料和功能材料两大领域,结构材料以其独特显见性质,被人们可以清晰地看到和利用,如日常生活中的木头、塑料、钢铁等材料为人们所熟知;功能材料却是利用其优异的电、光、热、磁等性质,在现代信息生活中伴随我们的方方面面,却不易为人们所看见,如电脑、手机、网络等中的核心高性能基础信息材料与器件。电子信息材料就是主要涉及这一类性质的先进新型功能材料,其恰恰是现代材料科学与工程学科的研究热点与重要发展方向。

　　当今材料科学与工程领域十分活跃,理论研究的新概念、技术创新的新构想、工艺方案的新方法不断出现,为了适应高素质人才培养和学科建设需要,我们在西北工业大学材料科学与工程高年级本科生中开设了“电子信息材料”专业课。本书是为该课程所编写的教材;在授课期间,对教学课件、重要资料、研究论文等归纳整理并不断修改,同时课题组的相关研究工作也逐步推进,结合国内外相关领域的最新研究进展和科学发现,适当补充完善。

　　本书分为 8 章:第 1 章简要介绍了微电子材料的现状与相关材料的研究进展。第 2、3、4 章主要介绍了介电、压电、敏感等材料在电子信息技术方面的应用,并从理论角度进行了较为深入的讨论。第 5 章对新型能源电池材料做了介绍。第 6 章通过对电学与磁学的相互作用机理介绍,引出自旋电子材料,并对其最新发展状况和初步应用作了描述。第 7、8 章则从光与电的相互作用对电子发光理论、应用、存在问题做了深入分析与介绍。

　　本书的写作,得到了西北工业大学多位老师、同事和研究生的长期支持和大力帮助,在与他们以及国内外学术同仁的交往和讨论中,获得了许多启发和感悟。特别是通过所开设的专业课中多次讲授,结合指导学生的科研实践,得以不断获得修正和补充,最初的书稿整理和现在一些内容来自指导研究生的学位论文,包含了他们的诸多辛勤工作与贡献,恕不一一列出,在此一并感谢!

　　本书的写作过程中学习和引用了其它同类教材和专著中的文字及图表,结合自己的理解和教学需要,有所调整、简单归纳和直接引用,并未能对每一点逐条考证其出处,因此没有能够有效全面注明其原始的来源,在此表示歉意,深深地感谢所有为相关知识财富的积累做出贡献的人和有关原作者。由于本人的科研工作水平有限和教学实践经验不足,书中无疑会有不少错误和缺点,诚恳地希望广大读者批评指正,从而取其有用之点,而去其不妥之处。

樊慧庆

目　录

绪论 ·· 1

0.1　21世纪是信息时代 ·· 1

0.2　电子信息材料的基本概念 ····································· 2

0.3　几种重要的电子信息材料简介 ······························ 3

    0.3.1　信息处理材料 ·· 4

    0.3.2　信息存储材料 ·· 5

    0.3.3　信息显示材料 ·· 6

    0.3.4　信息传感材料 ·· 9

0.4　信息材料应用与展望 ··· 10

    0.4.1　电子信息材料的应用 ·································· 10

    0.4.2　电子信息材料的发展趋势 ···························· 10

参考文献 ·· 13

第1章　微电子芯片材料 ·· 14

1.1　集成电路芯片的制造过程 ······································· 15

    1.1.1　原料制备及提纯 ·· 15

    1.1.2　单晶硅锭及硅片的制造 ································ 17

    1.1.3　光刻与图形转移 ·· 18

    1.1.4　掺杂与扩散 ··· 19

    1.1.5　薄膜层制备 ··· 20

    1.1.6　互联与封装 ··· 20

1.2　微电子芯片材料 ··· 20

    1.2.1　衬底材料 ··· 20

    1.2.2　栅结构材料 ··· 27

    1.2.3　源漏材料 ··· 31

    1.2.4　信息存储材料 ·· 32

    1.2.5　互连材料 ··· 35

    1.2.6　钝化层材料 ·· 38

    1.2.7　化学机械抛光材料 ·· 39

    1.2.8　封装材料 ·· 39

  习题 ·· 41

  参考文献 ·· 41

第2章　介电材料 ·· 43

  2.1　介电材料种类 ··· 43

  2.2　电介质的极化 ··· 43

    2.2.1　介电常数的产生 ·· 43

    2.2.2　极化机制 ·· 45

  2.3　介电材料的特征值 ·· 48

    2.3.1　分子极化率 ·· 48

    2.3.2　极化强度 ·· 48

    2.3.3　静态介电常数 ·· 49

    2.3.4　动态介电常数 ·· 49

    2.3.5　电位移 ··· 49

    2.3.6　介电损耗 ·· 50

    2.3.7　电导率 ··· 50

    2.3.8　击穿电压 ·· 50

  2.4　介电陶瓷 ··· 50

    2.4.1　介电陶瓷实际应用中的重要参数 ················· 51

    2.4.2　常见的不同结构介电陶瓷类型 ··················· 57

  2.5　常见的介电陶瓷的制备方法 ··· 60

  2.6　常见的介电陶瓷分析方法 ··· 61

  2.7　微波介电陶瓷 ··· 61

  2.8　最新的介电陶瓷应用技术 ··· 63

    2.8.1　厚膜混合集成电路(HIC)技术 ····················· 63

    2.8.2　MCM多层基板 ·· 63

    2.8.3　低温共烧陶瓷技术 ·· 63

    2.8.4　多层陶瓷电容器 ·· 64

    2.8.5　微波陶瓷元器件的凝胶注模成型工艺 ··········· 64

    2.8.6　微波介质陶瓷薄膜 ·· 65

2.9　小结··65

习题··65

参考文献··66

第3章　压电材料··67

3.1　晶体的压电性和铁电性··67

    3.1.1　压电效应··67

    3.1.2　热释电效应··69

    3.1.3　晶体的铁电性···70

    3.1.4　铁电性、压电性、热释电性之间的关系··································73

3.2　压电材料的特性参数···73

    3.2.1　介电常数··74

    3.2.2　介电损耗··74

    3.2.3　机械品质因数···75

    3.2.4　机电耦合系数···76

    3.2.5　弹性系数··76

    3.2.6　压电常数··77

    3.2.7　频率常数··78

3.3　压电陶瓷材料··79

    3.3.1　钙钛矿型结构压电陶瓷···80

    3.3.2　钨青铜型压电陶瓷···86

    3.3.3　含铋层状结构型压电陶瓷···87

3.4　压电材料的应用···88

    3.4.1　压电陶瓷高压发生装置···89

    3.4.2　压电振子方面的应用··91

    3.4.3　压电陶瓷在超声设备中的应用···93

习题··96

参考文献··96

第4章　传感器材料··98

4.1　传感器的基本知识···98

    4.1.1　传感器的基本概念··98

    4.1.2　传感器的分类···99

    4.1.3　传感器的基本特征··100

4.1.4 传感器的选用原则 ································· 105

4.1.5 传感器的一般要求、发展方向 ················ 106

4.2 传感器材料 ··· 107

4.2.1 常见的传感器材料 ······························· 107

4.2.2 传感器材料发展中的问题及建议 ············· 109

4.3 气敏材料 ·· 110

4.3.1 气敏传感器 ······································· 110

4.3.2 氧化锡气敏材料 ··································· 115

4.3.3 氧化锌气敏材料 ··································· 119

4.3.4 氧化铁气敏材料 ··································· 127

4.3.5 氧化铟气敏材料 ··································· 130

4.4 气敏传感器的应用 ······································· 133

4.4.1 家用煤气、液化石油气泄漏报警器电路 ······ 134

4.4.2 酒精测试仪 ··· 134

4.4.3 高灵敏度氢气报警器电路 ····················· 135

4.4.4 矿灯瓦斯报警器 ··································· 136

习题 ··· 137

参考文献 ··· 137

第5章 能源电池材料 ··· 139

5.1 电池概论 ·· 139

5.1.1 电池的原理和组成 ······························· 139

5.1.2 电池的分类 ··· 144

5.1.3 电池的主要性能 ··································· 145

5.1.4 电池的选择和应用 ······························· 150

5.2 一次电池 ·· 151

5.2.1 一次电池概述 ······································· 151

5.2.2 锌一次电池 ··· 152

5.2.3 锂电池 ·· 156

5.3 二次电池 ·· 158

5.3.1 二次电池概述 ······································· 158

5.3.2 镍—氢(MH－Ni)电池 ·························· 159

5.3.3 锂离子电池 ··· 164

　　　5.3.4　其它二次电池体系 ·· 171

　5.4　燃料电池 ··· 172

　　　5.4.1　燃料电池的发展进程及分类 ······················· 172

　　　5.4.2　燃料电池的工作原理 ································ 173

　　　5.4.3　燃料电池的组成 ···································· 174

　　　5.4.4　燃料电池系统 ······································ 175

　　　5.4.5　燃料电池的类型 ···································· 176

习题 ··· 180

参考文献 ··· 180

第6章　自旋电子材料 ··· 181

　6.1　概述 ··· 181

　6.2　磁电效应 ··· 182

　　　6.2.1　磁电阻效应 ··· 182

　　　6.2.2　自旋霍耳效应 ······································· 183

　6.3　金属超晶格的巨磁阻效应 ····································· 185

　　　6.3.1　金属超晶格实现巨磁阻效应的条件 ··············· 185

　　　6.3.2　金属超晶格巨磁阻效应的特点 ···················· 186

　　　6.3.3　金属超晶格巨磁阻效应的定性解释 ··············· 187

　6.4　自旋阀的巨磁阻 ··· 188

　　　6.4.1　自旋阀类型及优点 ·································· 188

　　　6.4.2　钉扎型自旋阀的原理与结构 ····················· 189

　　　6.4.3　自旋阀的结构形式 ·································· 191

　6.5　颗粒膜中的巨磁阻效应 ······································· 192

　　　6.5.1　颗粒膜简介 ··· 192

　　　6.5.2　颗粒膜巨磁阻效应机制 ··························· 192

　　　6.5.3　影响颗粒膜巨磁阻效应的因素 ···················· 194

　6.6　隧道磁电阻效应 ··· 196

　　　6.6.1　磁隧道电阻的发现及研究概况 ···················· 196

　　　6.6.2　磁隧道电阻的理论解释 ··························· 197

　6.7　庞磁电阻效应 ··· 199

　　　6.7.1　钙态矿锰氧化物的结构 ··························· 199

　　　6.7.2　锰氧化合物 MCR 效应物理机制 ················· 202

6.8 半导体自旋电子材料 ·································· 205

    6.8.1 自旋注入和自旋检测 ·················· 205

    6.8.2 自旋极化输运 ························ 207

    6.8.3 稀磁半导体 ·························· 207

6.9 自旋电子材料的应用 ·························· 209

    6.9.1 磁电阻传感器 ························ 209

    6.9.2 磁电阻硬盘磁头 ······················ 210

    6.9.3 磁电阻随机存储器 ···················· 211

习题 ··· 212

参考文献 ··· 212

第7章 光电子材料 ······································ 214

7.1 光子和电子的相互作用 ························ 214

    7.1.1 固体中光的吸收过程 ················ 215

    7.1.2 固体中光的发射过程 ················ 216

7.2 固体激光材料 ································ 218

    7.2.1 固体激光器的构成 ···················· 218

    7.2.2 激光产生原理 ························ 219

    7.2.3 激光的特点 ·························· 220

    7.2.4 常用固体激光材料 ···················· 221

7.3 半导体发光材料 ······························ 227

    7.3.1 半导体发光二极管 ···················· 227

    7.3.2 半导体激光材料 ······················ 234

7.4 太阳能电池材料 ······························ 235

    7.4.1 太阳能电池工作原理 ·················· 236

    7.4.2 太阳能电池结构及性能指标 ············ 237

    7.4.3 太阳能电池材料 ······················ 238

    7.4.4 太阳能电池的应用与发展 ·············· 241

习题 ··· 242

参考文献 ··· 243

第8章 有机电子材料 ···································· 244

8.1 导电高分子材料 ······························ 244

    8.1.1 高分子材料结构和电导特征 ············ 244

8.1.2　导电高分子材料的种类 ……………………………… 246

8.1.3　复合型导电高分子材料 ……………………………… 247

8.1.4　结构型导电高分子材料 ……………………………… 253

8.2　光电导高分子材料 ……………………………………… 259

8.2.1　概述 …………………………………………………… 259

8.2.2　高分子光电导机理 ……………………………………… 260

8.2.3　典型的高分子光电导体 ………………………………… 261

8.2.4　光电导高分子的应用 …………………………………… 261

8.3　高分子压电材料 ………………………………………… 262

8.3.1　高分子压电材料概述 …………………………………… 262

8.3.2　常见的高分子压电材料 ………………………………… 263

8.3.3　高分子压电材料的应用 ………………………………… 265

习题 …………………………………………………………… 266

参考文献 ……………………………………………………… 266

绪　论

0.1　21世纪是信息时代

纵观人类发展史,每一次人类文明进步的重要推进都是以新材料的广泛应用而拉开序幕的。所谓材料是指人类用来制作有用物件的物质;材料是人类生存和发展的物质基础,是人类社会文明的重要支柱。而新材料则是指最近发展或正在发展之中的具有比传统材料更为优异的性能的一类材料。材料科学技术的每一次重大突破,都会引起生产技术的革命,极大加速社会发展的进程。正是因为如此,历史学家习惯将历史分期以人类使用工具的材料划分:石器时代,陶器时代,青铜器时代,铁器时代,钢材时代……

20世纪是钢材时代,这是因为20世纪正处在由工业时代走向信息时代。在工业时代,领头的是钢铁,所以钢铁生产量标志着一个国家的经济和军事实力。在21世纪信息时代,领头的是半导体材料——硅。

进入21世纪,人们才可以说是真正进入了全面信息时代。在这个时期,信息的传播速度加快,信息量增大,同时信息技术含量增大,变化加快,复杂性增加。表0-1和表0-2显示全球和我国互联网用户和计算机普及率的发展情况。由表可见,发展很快,且我国与高收入国家还存在很大差距,而且这种差距有扩大趋势。在21世纪,信息与物流、交通、生产、消费等生活的各个方面紧密地联系在一起,同时也促进了高新技术的革新。21世纪信息显然成为了推动社会历史进程变革的力量倍增器。可以说21世纪是一个信息大爆炸的时代。

表0-1　国际互联网用户

时间/年	2000	2004	2005	2006	2007
全球/(个/人)	67360	146460	162150	186360	212540
高收入国家/(个/人)	314.86	567.59	599.71	623.78	651.49
中国/(个/人)	17.82	72.52	85.79	106.01	161.25

1

表0-2　个人计算机普及率

表0-2　个人计算机普及率

时间/年	2000	2003	2004	2005	2006
全球/(个/人)	79900	79580	114710	127460	153140
高收入国家/(个/人)	375.32	395.81	557.89	605.51	674.26
中国/(个/人)	16.31	39.13	40.88	48.72	56.53

0.2　电子信息材料的基本概念

现代信息技术是以微电子学和光电子学为基础,以计算机与通信技术为核心,对各种信息进行收集、存储、处理、传递和显示的高技术群。可以认为,微电子材料和光电子材料的发展历程也就是信息材料的主要发展历程。而微电子和光电子材料是在半导体材料,特别是硅材料的基础上发展起来的。因此,回顾半导体材料的发展历程,就能清楚地看出信息材料的发展历程,如表0-3所列。本书所述的信息材料就是指与现代信息技术相关的,用于信息的收集、存储、处理、传递和显示的材料。

表0-3　半导体材料发展历程

时　间	重　大　事　件
20世纪初	硅用于无线电通信器件之一的矿石检波器,这是硅材料最早在信息技术领域的应用
1941年	锗被成功用于制作二极管
1947年	研制成功全世界第一个锗点接触式二极管,将锗材料的研究推向了新的高潮
1950年	锗单晶的拉制成功,推动了锗生产技术在20世纪50年代的飞跃发展
1952年	硅单晶是在1952年拉制成功的,由于硅技术的突破晚于锗,故在整个20世纪50年代,元素半导体材料的研究仍以锗为主
20世纪50年代末	集成电路平面工艺的出现,导致硅和锗材料在半导体技术的地位在20世纪50年代末发生了逆转
20世纪60年代初	锗在微电子技术领域的重要地位开始让位于硅材料,而且至今硅仍是集成电路最重要的基础材料

对于信息材料的理解,可以把人体作为类比。人体本身也具有对信息进行收集、存储、处理、传递和显示的各种功能。例如,我们的眼睛具有视觉功能,可以用来观察周围的事物,并能分辨色彩,因此我们能够欣赏风景,陶醉于大自然的鬼斧神工;我们的耳朵具有听觉功能,能够欣赏音乐,因此才会有那么多的音乐发烧友;我们的鼻子具有嗅觉功能,能够感知并识别各种气味,因此我们才能

分辨香臭,并有书香铜臭之说;我们的舌头具有味觉功能,能够分辨酸甜苦辣,因此才会有那么多美食家;我们的皮肤具有触觉功能,因此我们才会有冷暖痛痒的感觉。也就是说,我们人体的眼睛、耳朵、鼻子、舌头、皮肤能够感知、接收和收集周围的各种信息。我们的各种神经细胞有传递信息的能力。把我们的眼睛、耳朵、鼻子、舌头、皮肤收集到的信息传递给我们的大脑;我们的大脑具有分析、判断、处理、存储信息和通过人体神经网络向我们的四肢传递信息、发布命令的功能,因此我们才能记住往事、积累知识,我们的四肢才会对感知的信息迅速做出反应等;我们脸部喜怒哀乐的表情,我们明亮或暗谈的眼神,我们的脸红或脸色发白,都是我们内心世界的显示。因此,我们人体本身就是集收集、存储、处理、传递和显示信息功能之大成的一个信息系统。

然而,虽然我们人体具有这些功能,但我们的这些功能并不十分强大,我们的视力、听力、嗅觉和触觉并不十分灵敏,但值得自豪的是,我们人类的大脑非常发达,其有很强的学习和创造能力,能够创造发明各种器件来弥补人体的不足。事实上,现代信息技术对信息的收集、存储、处理、传递和显示的各项功能在很多方面已经远远超过人体自身的功能。它们大大增加了人体收集、存储、处理、传递和显示信息的各种能力。在一定程度上可以说是人类感官世界的拓展与延伸。

电子信息材料则是将信息与电相互转换的一类功能性材料。电子信息材料及产品支撑着现代通信、计算机、信息网络技术、微机械智能系统、工业自动化和家电等现代高技术产业。电子信息材料产业的发展规模和技术水平,已经成为衡量一个国家经济发展、科技进步和国防实力的重要标志,在国民经济中具有重要的战略地位,是科技创新和国际竞争最为激烈的材料领域。电子信息材料主要包括微电子、光电子技术和新型元器件基础产品领域中所用的材料,主要包括单晶和多晶硅为代表的半导体材料;激光晶体为代表的光电子材料;介质陶瓷和热敏陶瓷为代表的电子陶瓷材料;钕铁硼永磁材料为代表的磁性材料;光纤通信材料;磁存储和光存储为主的数据存储材料;压电晶体与薄膜材料;新型光电子纳米粉体及薄膜材料等。这些基础材料及其产品支撑着通信、计算机、信息家电与网络技术等现代信息产业的发展。由半导体材料及辅料、光电子材料和新型元器件用材料组成的三大系列,涵盖了现代信息新材料领域的主要方面。其有着重要的用途和广阔的发展前景。

0.3　几种重要的电子信息材料简介

信息技术的发展很大程度上取决于信息材料的性能。信息材料是信息技术发展的基础与先导。

0.3.1　信息处理材料

信息处理材料主要是指用于对电信号或光信号进行检波、倍频、限幅、开关、放大等信号处理的器件的一类信息材料,主要包括微电子信息处理材料和光电子信息处理材料两大类。

微电子信息处理即对电子电路中的信息电流、电压等信号进行接收、发射、转换、放大、调制、解调、运算、分析等处理,以获取有用的信息。按所处理信号与时间关系的分类,信息处理系统又可分为处理模拟信号的模拟集成电路和处理数字信号的数字集成电路两类。

目前,以大规模集成电路为基础的电子计算机技术是信息处理的主要应用平台。由于计算机技术的发展,对其处理信息速度和处理容量的要求也越来越高,因此对计算机中央处理器(Central Processing Unit,CPU)的速度和内存的要求越来越高,随之对芯片的集成度的要求也越来越高。表0-4列举出随机动态存储器(Dynamic Random Access Memory,DRAM)的发展情况。从表中看到,光刻线宽越来越小,已趋向纳米级。2011年上半年,已有公司计划采用20nm级制程推出 DRAM 产品。即使如此,微处理器的高速发展使存储器的发展速度远不能满足 CPU 的发展要求,而且这种差距还在拉大。目前世界各大半导体厂商,一方面在致力于成熟存储器的大容量化、高速化、低电压低功耗化;另一方面根据需要在原来存储器的基础上开发各种特殊存储器。

表0-4　半导体动态随机存储器

时间/年	1998	1999	2000	2005	2014
容量/GB	0.064 ~ 0.128	0.256	1 ~ 4	10 ~ 20	256
光刻线宽/μm	0.3 ~ 0.2	0.18	0.15	0.1	0.010
硅单晶直径/mm	200	300	350	400	450
缺陷尺寸/mm	<0.12	<0.05	<0.03	<0.01	—
表面粗糙度/nm	<1	<0.5	<0.3	<0.2	—
含氧量/原子分数	$\leqslant 10^{10}$	$\leqslant 10^{9}$	$\leqslant 10^{8}$	$\leqslant 10^{7}$	—

但随着器件的缩小,对信息材料的要求会越来越高,面临来自材料性能的问题也会愈发突出。例如,目前大规模集成电路以 MOS(Metal On Silicon)为主流技术。随着硅微电子技术达到深亚微米(0.1μm),这时将带来一系列来自器件工作原理和工艺技术的问题,如强场效应、绝缘氧化物量子遂穿、沟道掺杂原子统计涨落、互连时间常数与功耗和光刻技术等。这将达到硅微电子

技术的极限。

光电子信息处理包括光的发射、传输、调制、转换和探测等,而光电子信息处理材料则是基于光信号的发射、传输、调制、转换和探测的集成光路材料。这些材料主要依据二次电光效应、泡克尔效应等原理来达到光与电的相互作用。但目前,以全光计算机为目标,用光学系统完成一维或多维数据的数字计算还处于探索阶段。

0.3.2　信息存储材料

信息存储材料是指用于各种存储器的一些能够用来记录和存储信息的材料。这类材料在一定强度的外场(如光、电、磁或热等)作用下会发生从某种状态到另一种状态的突变,并能在变化后的状态保持比较长的时间,而且材料的某些物理性质在状态变化前后有很大差别。因此,通过测量存储材料状态变化前后这些物理性质,数字存储系统就能区别材料的这两种状态并用 0 和 1 来表示它们,从而实现存储。如果存储材料在一定强度的外场作用下,能快速从变化后的状态返回原先的状态,那么这种存储就是可逆的。

信息的存储是信息技术中不可取代的关键组成部分之一。目前,信息存储容量正在飞速增长。以全球商用存储设备的总容量为例,1993 年为 2 万太字节,而到 2004 年已达到 2808 万太字节,在 10 年中增长了千倍。计算机外部存储器容量需求将从近期的 100 兆字节发展到 1 太字节,消费类存储器件主要以高分辨率数码相机、高清晰度数字录像机和摄像机以及数字电影为代表,存储容量要求也在 TB 量级。

信息存储材料作为信息的直接载体一直是存储技术的关键和核心。信息存储材料的种类很多,主要包括半导体存储材料、磁存储材料、无机光盘存储材料、有机光盘存储材料、超高密度光存储材料和铁电存储材料等。它们实现信息存储的原理各不相同,存储性能也有很大差异。因此,不同应用场合应选用不同的信息存储材料。

作为信息社会代表的计算机,其存储方式分为随机内存储、在线外存储、离线外存储和脱机存储,如图 0 - 1 所示。

内存储器要求集成度高、存取速度快,一直以半导体动态随机存储器(DRAM)为主。现今主流的存储介质主要有硬盘、闪存和光盘。最近几年发展比较快的固体(闪)存储器(Flash Memory)是不挥发可擦写的存储器。它基于半导体二极管的集成线路,比较紧凑和坚固,可以在内存和外存间插入使用,缺点是存储量小和单位容量的价格高。其结构如图 0 - 2 所示。

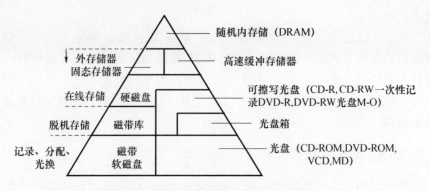

图 0-1　计算机系统中各种方式的存储器

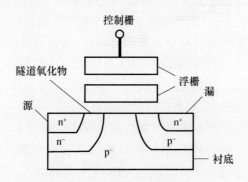

图 0-2　固体存储器存储单元结构

0.3.3　信息显示材料

信息显示材料主要是指用于各类显示器件的发光显示材料。随着人类步入信息社会,人们在社会活动和日常生活中随处可见各种显示设备,如电视图像显示器、计算机屏幕显示、MP4 显示屏、电子数字手表、手机屏幕和图形显示等。这些显示设备都是通过信息显示材料及其设备将不可见的电信号转化成可视的数字、文字、图形、图像信号的。

自 1897 年德国物理学家 K. F. Braun 发明阴极射线管(Cathode Ray Tube,CRT)以来,光电显示技术得到不断的发展。相关发光材料、器件设计及制造技术的不断改进,使阴极射线管的性能越来越好,很快占据显示领域的主导地位。而 20 世纪 60 年代后,集成电路技术的发展使各种信息器件向小型化、轻量化、低功耗化和高密度化方向发展,作为电真空器件的阴极射线管具有体积大、笨重、工作电压高、辐射 X 射线等不可克服的缺点,限制了其向轻便化、高密度化、节能方向化发展。平板显示(Flat Panel Display,FPD)技术的出现,则顺应了信息技术的发展潮流,其中较为突出的是液晶显示(Liquid Crystal Display,LCD)技术的发展和应用,结构如图 0 - 3 所示。20 世纪 70 年代各种液晶手表、计算器走向实用,十余年后液晶电视诞生,至今各种液晶显示屏已广泛应用于电脑、电视和各种信息设备中。与此同时,大量新型平板显示技术,如等离子显示(Plasma Display Panel,PDP)、场发射显示(Field Emission Display,FED)、电致发光(Electro Luminescence,EL)、发光二极管等应运而生,形成了各具特点的光电显示材料及器件的大家族。光电显示技术的分类如图 0 - 4 所示。

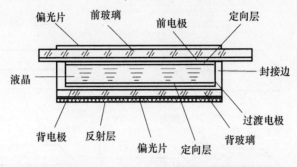

图 0 - 3 液晶显示单元的结构图

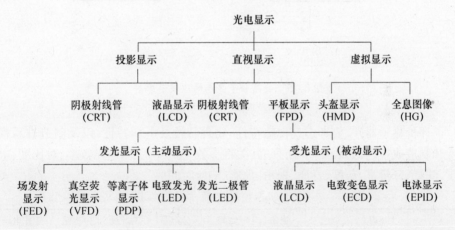

图 0 - 4 光电显示技术分类

显示材料是指把电信号转换成可见光信号的材料,分为发光材料和受光材料两大类。物质发光过程有激励、能量传输、发光三个过程。激励方式主要有光激发、电场激发、电子束激发等。其中电子束激发材料有阴极射线发光材料、真空荧光材料(Vacuum Fluorescent Display,VFD)、场发射显示材料;光激发材料有等离子体显示材料、荧光灯材料等;电场激发材料有电致发光材料、发光二极管材料(Light Emitting Diode,LED)等。无论采用什么方式激发,发光显示材料要辐射可见光。因此发光材料的禁带宽度 $E_g \geq h\nu_{可见光}$ 条件,同时要考虑发光材料的发光特性、性能稳定性、易制备性与成本等问题。

受光显示材料是利用电场作用下材料光学性能的变化实现显示的,例如改变入射光的偏振状态(图0-5)、选择性光吸收、改变光散射态、产生光干涉等。液晶分子具有各向异性的物理性能和分子之间作用力微弱的特点,因此,在低电压和微小功率推动下会发生分子取向改变,并引起液晶光学性能的很大变化,从而达到信息显示的目的。

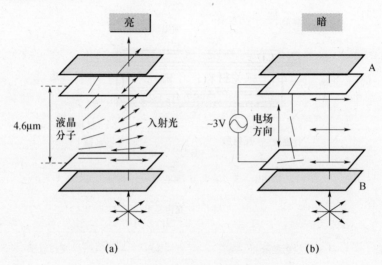

图0-5　液晶分子显示的原理示意图
(a)光通路状态;(b)光断路状态。

评价显示器件,要考虑其视感特性、物理特性及电学特性,以及制造难易程度和制造成本等,如表0-5所列,其关键参数主要有亮度、发光效率、对比度、电压、功耗、分辨率、灰度、寿命、视角、色彩、响应时间等。

表0-5　各种光电显示器件性能

项目	大屏幕	全色	视角	空间	分辨率	对比度	功耗	工作电压
CRT	△	◎	◎	×	◎	○	△	△
LCD	△◎	○	○	○	◎	◎	◎	◎
PDP	◎	◎	◎	◎	◎	○	△	○
FED	△	◎	◎	◎	◎	◎	◎	○
ELD	○	△	◎	◎	◎	○	△	△
LED	◎	◎	◎	◎	△	△	△	◎
注:◎—优,○—良,△—差,×—很差;LCD 的"△◎"指 LCD 直视显示大屏幕难,投影显示大屏幕容易								

对于目前空前活跃的 LCD 市场,目前,日本、韩国、美国在大尺寸、高分辨率、超扭曲向列型(STN)和薄膜晶体管型(TFT) LCD 材料产业化进程加快,TFT-LCD 技术成为 21 世纪大尺寸显示领域的主导。美国康宁、日本的旭硝子、电气硝子、硝子以及德国肖特 5 大公司掌控 TFT-LCD 玻璃基板技术,垄断全球 TFT-LCD 玻璃基板的供应。2007 年,夏普在 2007International CES 首次展示全球最大尺寸 108 英寸全高清液晶电视机的样机;东芝在 SINO-CES 2007 会上,展示 8 月份产品线中最高端的新品液晶电视系列——C3000C 系列,最大尺寸达 52 英寸,4 款 FULLHD 全高清屏,实现点对点、百分之百展现 1920 × 1080 画面的清晰效果。

中国 TN-LCD、STN-LCD 产业保持平稳发展态势,TN-LCD 相关材料、制造设备业得以相应发展,但 LCD 相关材料仍不能完全满足 TN、STN-LCD 产业需求,几乎所有 TFT 器件材料依赖进口。2007 年 1 月,彩虹集团在咸阳投资 13 亿元建设中国第一条第 5 代液晶玻璃基板生产线,依靠自主研发材料和关键生产设备及工艺,年产能达到 75 万 m^2,缓解了中国液晶玻璃基板依靠引进的局面。

0.3.4 信息传感材料

信息传感材料是指用于信息传感器和探测器的一类对外界信息敏感的材料。在外界信息如力学、热学、光学、磁学、电学、化学或生物信息的影响下,这类材料的物理性质或化学性质(主要是电学性质)会发生相应的变化。因此通过测量这些材料的物理性质或化学性质随外界信息的变化,就能方便而精确地探测、接收和了解外界信息及其变化。信息传感材料主要包括力敏感材料、热传感材料、光学传感材料、CCD 芯片材料、磁敏感材料、气敏材料、湿敏材料、生物传感材料和光纤传感材料等。

力学量传感器有压力传感器、加速度传感器、角速度传感器、流量传感器等,主要用的是单晶硅和多晶硅,纳米硅、碳化硅和金刚石薄膜是正在研究的材料;温度传感器主要用金属氧化物功能陶瓷,单晶硅、单晶锗也有应用,多晶碳化硅和金刚石薄膜是正在研究的材料;磁学量传感器包括霍耳效应器件、磁阻效应器件和磁强计,主要用单晶硅、多晶 InSb、GaAs、InAs 和金属材料;辐射传感器包括光敏电阻、光敏二极管、光敏三极管、光电耦合器、光电测量器等,主要用Ⅱ族和Ⅲ族化合物半导体及其多元化合物,也有 Si、Ge 材料;化学量和生物量传感器在硅材料上沉积一层可探测化学物质;陶瓷传感器和有机物传感器是目前传感器研究的另一个热点。传感器种类还有很多,这里就不再一一陈述。

0.4 信息材料应用与展望

0.4.1 电子信息材料的应用

近几十年来,信息技术及信息材料得到了巨大的发展。信息产品大大地方便和丰富了人们的生活,而且信息材料的发展程度也在一定程度上代表了国家高科技技术的发展水平,同时信息产业也成为许多国家的支柱产业。

计算机的广泛应用与普及,以互联网技术为代表的全球化信息网络的建立刺激着信息产业的迅猛发展。许多先进的信息设备从军用发展到民用,进而成为社会大众不可或缺的生活必需品。个人电脑、彩电、音响、照相机等电子产品已经走进家庭的日常生活。庞大的广播、电视传媒网络就是利用各种信息探测材料、信息传递材料和信息显示材料构建起来的。从早期的显像管技术,到现在的数码摄像技术,应用电荷耦合器件(CCD)制造的数码照相机和数码摄像机把精彩纷呈的世界纪录下来。而运用阴极射线管(CRT)、液晶显示(LCD)、等离子显示(PDP)等技术的电视机则把世界展现在大众面前。同时,大量的新型信息显示技术也在军事领域得到广泛应用,如用于战机座舱、单兵显示头盔显示系统的薄膜晶体管型液晶显示器(TFT-LCD),用于军用飞机、主战坦克中信息显示的场致发射显示器(PDP)、薄膜电致发光显示器(TFELD)等。此外,各种半导体红外器件、电荷耦合器件(CCD)、半导体激光器件等均在尖端军事领域得到应用,如用于夜视侦察的红外热像仪,预警卫星多元双波段红外探测器,灵巧炸弹用微型 CCD 寻的摄像机,军用激光定位、测距、瞄准装置,大功率激光武器等。

0.4.2 电子信息材料的发展趋势

电子信息材料及产品支撑着现代通信、计算机、信息网络技术、微机械智能系统、工业自动化和家电等现代高技术产业。电子信息材料产业的发展规模和技术水平,已经成为衡量一个国家经济发展、科技进步和国防实力的重要标志,在国民经济中具有重要战略地位,是科技创新和国际竞争最为激烈的材料领域。

随着电子学向光电子学、光子学迈进,微电子材料在未来 10 年~15 年仍是最基本的信息材料,光电子材料、光子材料将成为发展最快和最有前途的信息材料。电子、光电子功能单晶将向着大尺寸、高均匀性、品格高完整性以及元器件向薄膜化、多功能化、片式化、超高集成度和低能耗方向发展。

(1)硅材料。半导体器件的 95% 采用硅材料制造,硅片作为集成电路的核心材料,支撑着全球庞大的信息产业。经过多年的发展与竞争,国际硅材料产业已经出现明显的分层,德国、日本、美国的七大硅片公司占据产业链的顶层,垄断着全球高档硅材料的供应,其总销售量已达全球硅材料总量的90%以上。

自从2001年第一条12英寸(300mm)、0.13μm芯片生产线投产以来,虽然经历了世界范围内的不景气,影响了12英寸硅芯片的普及,但在经过近几年的发展,2004年按面积计,12英寸硅圆片占全球硅圆片产量的14%。目前,全球电子级单晶硅材料产能超过1万吨,12英寸硅片已广泛用于超大规模集成电路制造,16英寸单晶硅实验室制备工艺已成熟,18英寸单晶硅已在实验室成功制备,其制备工艺、抛光设备等相关设备的研发已取得显著进展。另据半导体设备厂商美国应用材料公司称,全球新投产的半导体生产线大部分使用12英寸硅圆片。目前我国也有数条12英寸的硅芯片线,但8英寸硅芯片线还占大多数。可见12英寸的发展空间还是很大。预计2014年会有18英寸(450mm)芯片(0.07μm~0.035μm)生产线投入生产。集成电路芯片技术的不断发展对硅材料提出了更高要求,主要体现在硅单晶抛光片的大直径化上。

制作大直径硅单晶抛光片的关键主要包括大尺寸硅单晶材料的拉制和大直径硅片的高精度加工。单晶拉制的关键是对含氧量、氧沉淀能力以及缺陷的控制。目前主要是通过控制晶体的拉速和温度梯度来设法解决这些问题的,但这种制作方法的成本很高。消除近表面缺陷的另一种方法是在高纯氢或氩中长时间高温退火。在事先作了氧化沉淀处理的硅衬底上生长薄外延层也是一种消除表面缺陷的方法。外延硅片具有高性能和低成本等优点,有望成为体硅片和高温退火硅片的替代品。高精度包含平整度、纳米形貌和微粗糙度三重含意。高精度加工主要包括精密磨削、干法化学平整化和双面抛光。精密磨削不采用分散性磨料,而是依靠固定于砂轮上的金刚石或立方氮化硅磨粒来磨削硅片表面的,其特点是平整度好、表面粗糙度和表面损伤也低;干法化学平整是依靠SpeedFam之类的干法化学平整设备,通过测量整张硅片的厚度获得厚度数据后,将其转变成扫描速度数据,然后在扫描速度数据的控制下用混合气体对片表面进行干法蚀刻,使硅片表面平整化;双面抛光时硅片两面同时抛光,硅片几乎处于自由状态。因此双面抛光片的纳米形貌最好。

除此之外,硅片的清洗和如何降低成本也是制作大直径硅单晶抛光片必须考虑的因素。

(2)绝缘体上的硅材料(SOI材料)。SOI技术是一种在硅材料与硅集成电路基础上出现、有其独特优势、能突破硅材料与硅集成电路限制的新技术。SOI工艺技术使半导体器件具有更快的开关速度,为半导体器件高性能、高速度、低功耗应用提供极佳的解决方案,代表了微电子和光电子最前沿的发展方向。

SOI材料的基本结构分为两种。一种是硅直接在绝缘衬底上的两层结构,另

一种是 SiO_2 绝缘薄膜嵌于硅衬底中,即 SiO_2 绝缘薄膜介于上下硅材料的三层结构。SOI 材料的制备方法已有很多种,目前国际上的主流技术是注氧隔离技术(SIMOX)和智能剥离技术(Smart-cut)。其中 SIMOX 技术是目前最成熟的 SOI 制备技术。SIMOX 技术主要包括两个工艺过程:①氧离子注入以在硅表层下产生一个高浓度的注氧层;②高温退火,使注入的氧与硅反应形成 SiO_2 绝缘层。

SOI 的主要优点是寄生电容小、功耗低、集成度和电路速度高、抗辐照和耐高温性能好。随着信息技术的发展,SOI 材料在高速、高温、低压、低功耗、抗辐照电子器件和微机械(MEMS)、光通信器件中的应用优势日益显著。因此,SOI 技术被国际公认为是 21 世纪的微电子技术。

在 21 世纪初期,IBM 公司率先采用 SOI 技术,规模化推出逻辑器件与新型服务器,Soitec、英特尔、AMD、索尼、东芝等公司随即加盟 SOI 技术领域。目前,法国 Soitec 公司在 SOI 技术领域已占有全球 80% 的市场份额,与索尼、东芝合作,开发出基于 SOI 技术构造芯片单元处理器,在 90nm 技术上实现超过 4GHz 时钟频率。达到超级计算机浮点运算性能,为解决极大规模纳米级集成电路芯片功耗、热量壁垒提供了解决方案。2007 年 6 月,美国 Freescale 发布 45nm SOI 技术制造的新一代多核 SoC 架构(32 个 1.5GHz 以上 CPU 内核、3 级缓存),用于接入网络的嵌入产品。

中国 SOI 材料突破了 SIMOX SOI 晶片制备关键技术,已可批量生产 4 英寸~6 英寸 SOI 材料,并研制出 8 英寸样片,极大提升了 SIMOX SOI 的生产技术与能力,推进中国集成电路设计和制造水平步入 SOI 时代。总之,国际上 SOI 技术的主要发展趋势是高质量、低成木的 SOI 材料,薄膜 SOI 材料、GeSi—OI 材料将成为未来主导方向。

(3) 高 K 介质材料。在集成电路的发展过程中,SiO_2 一直被用作 MOS 晶体管的栅介质和半导体电容器的介质。但是,当集成电路的线宽达到深亚微米以下时,按照器件等比例变小的原则,作为栅介质的 SiO_2 层太薄,以至于很容易产生隧穿电流,致使 MOS 晶体管不能正常工作。因而需要寻找一种新的高 K 介质材料,以代替 SiO_2 作为栅介质。铝酸镧(LAO)和镧铝氧氮(LAON)等高 K 介质将有可能在 $007\mu m$ 以下工艺中代替 SiO_2 而成为新的栅介质材料,从而推动集成电路工艺技术向更小尺寸方向发展。

(4) 低 K 介质材料。当集成电路的线宽达到 $0.07\mu m$ 或以下时,集成电路芯片引线电阻 R 和引线周边的寄生电容 C 引起的 RC 常数将会严重影响引线上电信号的传输速度,从而使整个芯片的工作频率大大降低。为了克服这个问题,除了将引线的金属材料由铝改为电导率更好的铜之外,还须将环线引线周边的介质材料改为低 K 介质材料。目前已有两种材料的介电常数 K 分别达到 2.7 ~

3.0 和 2.0 ~ 2.7,但离达到 $K = 1.5$ 的要求还有较大距离。而且,随着介电常数 K 值的降低,材料的其它物理性能变差,会变得松软,且容易出现多孔。因此在寻找低 K 介质时,还须综合考虑它们的机械强度、热稳定性、附着力和多孔性等其它性能。

(5)光刻胶。集成电路线宽的不断减小对光刻工艺的精度要求越来越高,而光刻胶是影响光刻工艺精度的关键因素之一。目前用于 $0.18\mu m$ 线宽的深紫外光刻胶采用 ArF(波长 $=193nm$)和 KrF(波长 $=2483nm$)两种曝光光源。用于 $0.13\mu n$ 线宽的深紫外光刻胶目前也使用这两种曝光光源。研发和生产细线条光刻胶是发展集成电路的一项紧迫任务。

(6)封装材料。由于电子信息产品的高密度化及小型化的需求,半导体 IC 封装器件从原来的采用低引脚数(200 个以下)的四周平面引线式封装(QFP)方式,演变、发展成目前较多引脚数(300 个以上)的球状凸起电极式(BGA)、Flip-Chip 和裸芯片安装等封装方式。这一加多引脚线数的趋势仍将迅速发展。在封装方面,今后几年 I/O 引脚将按 1680、3280、8440 的数量进展。引脚节距将迅速向更微小方向发展。与此对应,搭载半导体集成电路的封装基板将会出现更高密度的布线。

另一方面,近年来为了适应便携式产品要求,在 IC 设计方面,正朝着单芯片化技术方向发展。而在封装形式上,也向着芯片级封装(CSP)方向发展。根据 Prismark 的预测,未来几年,陶瓷基板将越来越多被具有低成本、小型化优势的有机树脂板所替代,倒装芯片型 BGA(FC-BGA)和倒装芯片级封装(FC-CSP)是未来小型化电子产品的主要封装方式。

参 考 文 献

[1] 姜复松. 信息材料. 北京:化学工业出版社,2003.
[2] 林健. 信息材料概论. 北京:化学工业出版社,2007.
[3] 干福熹. 信息材料. 天津:天津大学出版社,2000.
[4] 赵连城,国凤云,等. 信息功能材料. 哈尔滨:哈尔滨工业大学出版社,2005.
[5] 何丹农. 材料与工程领域应用纳米技术研究报告. 北京:科学出版社,2009.
[6] 钟义信. 信息科学与技术导论. 北京:北京邮电大学出版社,2007.
[7] 贡长生. 现代工业化学. 武汉:华中科技大学出版社,2008.
[8] 王占国,陈立泉,屠海令. 信息功能材料工程. 北京:化学工业出版社,2006.
[9] 科学技术部办公厅,国务院发展研究中心国际技术经济研究所. 世界前沿技术发展报告(2007). 北京:科学出版社,2008.

第1章 微电子芯片材料

自1947年人类发明晶体管以来，以集成电路技术为代表的微电子技术及其材料得到了迅猛的发展。所谓集成电路（Integrated Circuit, IC）是指采用一定的工艺，把一个电路中所需的有源元件（晶体管、二极管等）、无源元件（电阻、电容和电感等）及布线互连一起，制作在一小块或几小块半导体晶片或介质基片上，然后封装在一个管壳内，成为具有所需电路功能的微型结构。其最大特点就是把所有元件在结构上组成一个整体，从而达到电子元件微小型化、低功耗和高可靠性。如半导体收音机、电视机等都离不开集成电路的使用。随着人们对于器件的功能要求增多，使得集成电路的规模增大。1988年，16M的动态随机存储器（DRAM）问世，即$1cm^2$的硅片上集成有3500万个晶体管，标志着集成电路技术进入到超大规模电路（Very Large Scale Integrated circuits, VLSI）时代。此时，器件的研制和生产需要涉及元器件、线路甚至整机和系统的设计问题，从而突破了整机、线路与元器件之间的界限，因而在半导体物理与器件的基础上形成了一门涉及固体物理、器件和电子学等领域的新学科——微电子学。

微电子学是研究固体（主要是半导体）材料上构成的微小型化电路、子系统及系统的电子学分支，是信息领域的重要基础学科，且发展极为迅速。高集成度、低功耗、高性能、高可靠性是微电子学发展的方向。信息技术要求系统获取和存储海量的多媒体信息，以极高速度精确可靠地处理和传输这些信息，并及时地把有用信息显示出来，或用于控制。这些工作必须依靠微电子技术的支撑才能完成。微电子技术即是在半导体材料芯片上采用微米级加工工艺来制造微小型化电子元器件和微型化电路的技术。超高容量、超小型、超高速、超低功耗是信息技术无止境追求的目标，也是微电子技术迅速发展的动力。

而在微电子技术发展的过程中，材料科学和技术起着非常重要的作用。材料是基础，微电子技术的进展有赖于材料科学和技术的巨大贡献。一方面，集成电路本身是制造在各相关体或薄膜材料之上的；另一方面，制造过程中也涉及到一系列材料问题。每次在材料方面的革新都会使微电子技术出现飞跃。例如，以Si基半导体材料取代Ge基半导体材料作为工艺生产的主流材料、多晶硅栅替代金属铝栅等，都对微电子技术的发展起到关键性作用。又如，GeSi材料、绝缘衬底上的硅（Silicon On Insulator, SOI）材料以及氮氧化硅材料等的采用，都在解决传统微电子技术发展中遇到的困难和问题中起到重要作用。因此,本章侧重于从微电子技术要求的材料来作介绍。

1.1　集成电路芯片的制造过程

随着电子器件向小型化、多功能化的方向发展,需要在单位面积内有更高的集成度,由此引发一系列功能元件在保持功能正常的前提下必须小型化。因此随着集成度的提高,芯片制造技术的难度和精度要求也就越来越高。这必然会引起人们改进、发明新的制造技术和寻找新的替代材料。集成电路芯片的制造,需通过原料提纯、单晶硅锭及硅片制造、光刻与图形转移、参杂与扩散、薄层沉积、互联与封装等多道工序来完成。了解其制造工序对材料设计有重大帮助。

1.1.1　原料制备及提纯

在集成电路制造过程中,需要高纯度的硅材料,其杂质的原子浓度要求控制在 $10^{13}/cm^3$ 以下,即每十亿个硅原子中可以允许有一个杂质原子,这就需要采用控制非常严格的一系列制造技术来完成单晶硅材料的制造。

高纯硅是由两种普通材料制成的。首先在约 2000℃ 的高温电弧炉中,用碳将二氧化硅还原成元素硅,冷凝后成为纯度约为 90% 的冶金级硅,然后将其转变成液态的三氯化硅($SiHCl_3$)以实现进一步提纯,并利用选择性蒸馏法分离其它氯化合物提纯后,被氢还原成高纯度半导体级的多晶态固体硅。其化学过程下:

① 硅的制备:

$$SiO_{2(s)} + C_{(s)} \longrightarrow Si_{(s)} + CO_{(g)} \qquad (1-1)$$

② 硅的提纯:

$$Si_{(s)} + HCl_{(g)} \longrightarrow SiHCl_{3(l)} \qquad (1-2)$$

$$SiHCl_{3(l)} + H_{2(g)} \longrightarrow Si_{(s)} + HCl_{(g)} \qquad (1-3)$$

多晶硅处于整个半导体产业链的始端,它的质量好坏直接关系到最终电子产品的性能。多晶硅最主要的性能指标有:①受主杂质总含量;②施主杂质总含量;③体金属杂质含量;④氧含量;⑤碳含量;⑥面金属杂质含量等。质量指标已经有相关的技术(SEMI)标准。

多晶硅生产多年来一直是致力于提高纯度,综合利用,以降低成本为宗旨,其纯度达 11 个"9",以满足半导体单晶硅对多晶的需要。世界先进的多晶硅生产技术一直由美、日、德三国的七家公司垄断,各公司都有各自的技术秘密和技术特点,经过不断的研究、开发,发展了不同的生产工艺。目前世界上多晶硅的生产方法,仍以改良西门子法为主,占总产量的 75% 左右,其次为硅烷法。

2004 年以来,由于光伏太阳能电池产业的快速发展,促使我国多晶硅材料关键技术的开发和产业化工程建设的发展,2002 年—2007 年我国多晶硅主要生产企业和产量见表 1-1。可以看出,我国多晶硅材料规模化生产能力多年来在百吨级徘徊,2006 年产量也不足世界总产量的 1%。近两年集成电路硅单晶对多晶硅的需求在 2000t 左右,太阳能电池对多晶硅的需求超过 20000t。世界各主要多晶硅企业未来扩建计划见表 1-2。

表 1-1 2002 年—2007 年国内多晶硅产能与产量

公司名称	2002 年		2003 年		2004 年		2005 年	
	产能	产量	产能	产量	产能	产量	产能	产量
洛阳单晶硅厂	28.3	28.3	28.3	28.3	28.3	—	—	—
峨眉半导体厂	100	50	100	60	100	57.5	100	80
洛阳中硅高科	—	—	—	—	—	—	300	
四川新光硅业	—	—	—	—	—	—	—	—
江苏中能光伏	—	—	—	—	—	—	—	—
无锡中彩集团	—	—	—	—	—	—	—	—
上海棱光实业	—	—	—	—	—	—	—	—
总计	128	78.3	128	88.3	128	57.5	400	80

表 1-2 全球多晶硅生产企业　　　　　　　　（单位:t/年）

	企业名称	2006 年末	2007 年末	2008 年末	2009 年末	2010 年末
日本	德山	5400	5400	5400	8000	8400
	三菱(日本)	1600	1600	1800	1800	1800
	住友	900	1300	1400	1400	1400
	JFE	100	100	500~1000	500~1000	500~1000
	新日铁	—	500	500	500	500
	M. setek	—	500	3000	3000	3000
	日本太阳硅公司(智索,新日铁控股,东邦钛)	—	—	100	100	100
美国	Hemlock	10000	14500	19000	27500	31750
	REC(REC 先进硅、REC 太阳级硅)	5970	6670	13500	13500	13500
	MEMC	2700	2700	6700	6700	6700
	三菱(美国)	1200	1500	1500	1500	1500
	道康宁	1000	1000	1000	1000	1000
	Hoku	—	—	1500	2000	2000

16

企业名称		2006 年末	2007 年末	2008 年末	2009 年末	2010 年末
欧洲	Wacker(德国)	6500	8000	10000	14500	14500
	MEMC(意大利)	1000	1000	1000	1000	1000
	JSSI(德国)	—	—	850	850	850
	Elkem(挪威)	—	—	5000	5000	5000
	SilPro(法国)	—	—	2500	2500	2500
亚洲	中国(各地)	290	1000	1500	3000	3000
	DC 化学(韩国)	—	—	3000	3000	3000
	总计	36670	45770	79250	96850	101500

1.1.2 单晶硅锭及硅片的制造

由于集成电路只能使用单晶硅材料,因此需要采用先进的单晶制造技术来获得所需单晶硅锭,半导体晶体制备通常指的就是单晶锭的制备。大多数半导体单晶锭通常是在特殊装置中通过熔体的定向缓慢冷却获得的,即,从宏观上看,熔体从一端开始沿固定方向逐渐凝固;而从微观上看,所有凝固的分子都受预置于熔体前端的籽晶的引导,严格按籽晶的晶体取向排列起来。单晶的制备方法很多,如提拉法、坩埚下降法(布里奇曼法)、区熔法(见图 1 - 1)等。

生长出高质量的单晶硅锭后,还需要通过研磨至精确的直径后,用金刚石锯将其切割成薄的圆形硅片,并通过抛光处理后才能获得镜面样光滑的、可以使用的硅片。由于在室温下的空气中,裸硅表面会很快形成厚约 2nm 的氧化层,因此需要通过氧化工艺制备更厚($8nm \sim 1\mu m$)的 SiO_2 层,SiO_2 层可起到掩蔽杂质离子扩散、作为集成电路的绝缘层或隔离介质、对器件起保护(钝化)等方面作用。Si 氧化层的制备有热氧化、化学气相沉积等方法。

国内 2001 年—2007 年硅单晶产量见表 1 - 3。

表 1 - 3　2001 年—2007 年国内硅单晶生产量　　　　(单位:t)

年份	2001 年	2002 年	2003 年	2004 年	2005 年	2006 年	2007 年
硅单晶总产量	561.9	769.1	1118.1	1725	2716.9	3739.7	5519.3
太阳能级硅单晶产量	286.7	403	730.5	1164.2	1952.4	3188.3	4857.9
半导体级直拉单晶产量	233.9	307.7	331.2	499.3	693.5	475.1	582.5
区熔硅单晶产量	37.1	58.4	56.3	61.3	71	76.3	78.9

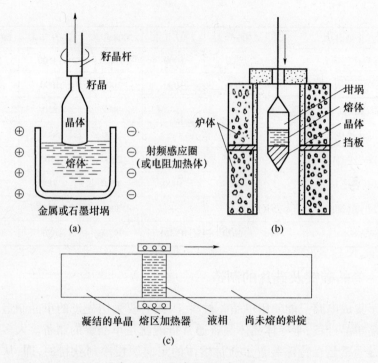

图 1-1　生长单晶硅的常用方法

（a）提拉法生长单晶示意图；（b）坩埚下降法生长单晶示意图；（c）区熔法生长单晶示意图。

1.1.3　光刻与图形转移

在硅片上形成 SiO_2 保护层后,必须利用光刻的手段选择性地去除部分区域,以便进行掺杂处理。首先在高速旋转的氧化硅片上涂覆一层由光敏聚合物组成的光刻胶,待光刻胶烘干后,将由透明区域和不透明区域组成的掩膜板置于硅片,用紫外线对光刻胶曝光以改变其结构。正胶曝光处的光刻胶分子键被打破,而负胶的分子键在曝光后是交联(聚合)的。光刻胶中弱的键合区域或未聚合区域被选择性地在溶剂中溶解掉,而未被溶解的、耐酸的、变硬的胶层将掩膜板上的图形复制在 SiO_2 上,从而形成光刻胶图形,其示意过程见图1-2。

集成电路中包含有大量的晶体管,光刻工艺的精度决定了芯片的集成度。如果光的波长接近于芯片的特征尺寸,就会发生衍射效应,将会直接限制特征尺寸的减小。采用短波长曝光可得到更小尺寸的图形。紫外光刻的出现,利用更短波长的电子束、X 射线或离子束对光刻胶进行曝光,都是人们挑战特征尺寸极限的诸多手段和尝试。

18

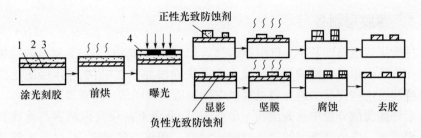

图 1-2　光刻过程示意图

1—硅片；2—二氧化硅层；3—光刻胶膜；4—掩膜板。

　　形成光刻胶图形后,SiO_2或其它材料未被光刻胶保护的区域要被刻蚀掉后才能将图形转移到芯片上。要得到 SiO_2 的图形,可在含有氢氟酸的腐蚀液中腐蚀掉 SiO_2,使硅表面裸露出来。然后再去掉剩余氧化硅区域上保护其不被腐蚀的光刻胶。这时硅片上的部分区域被 SiO_2 保护,而在氧化物窗口中的裸硅则用于随后的掺杂。

1.1.4　掺杂与扩散

　　集成电路的制作实际上就是向硅片中所需区域引入杂质原子,进而形成各种半导体元件。杂质原子的引入一般由两步工序完成:首先,通过离子注入、气相沉积或在硅表面涂覆含有掺杂剂的涂层而将杂质原子引入硅表面;其次,通过推进扩散使杂质原子在硅片中重新分布。半导体器件的特性强烈地依赖于杂质分布,而硅片最终的杂质分布主要由硅表面杂质的初始状态决定,扩散深度则主要取决于推进扩散的温度和时间。

　　离子注入是在半导体中引入杂质原子的一种可控性很强的方法,被注入的杂质原子首先被离子化,然后通过电场加速获得高能量(典型值为 25keV ~ 200keV)。这些高能离子束轰击半导体表面,进入暴露的硅表面区域。离子注入时采用的掩蔽材料可以是氧化硅或集成电路本身结构中的其它材料;由于离子注入对硅片的加热不严重,光刻胶仍可用做芯片上选择性注入的掩蔽膜。离子的穿透深度通常小于 $1\mu m$,离子注入时晶体会受到严重的损伤,因此必须用退火工艺来修复晶格的损伤,以保证注入的杂质原子替代硅的位置,作为施主或受主。

　　离子注入后,硅中的杂质原子只要具有足够的能量就可以在晶体中迁移,它们将从初始积淀的高浓度区向硅片深处的低浓度区扩散。当热处理温度达到 800℃ ~ 1000℃ 时,会发生显著的杂质原子扩散运动,这些原子将在硅片中进行重新分布。

1.1.5 薄膜层制备

尽管集成电路的基本元件可以通过氧化、光刻和扩散形成,更复杂的结构还要求在已形成集成电路的部分区域上面灵活地增加导电层、半导体层或绝缘层等薄膜层。这些薄层的制备也是集成电路制造过程中的一项重要任务。

半导体薄层分为单晶薄层和非单晶薄层,非单晶薄层又包括多晶薄膜和非晶薄膜两种。非单晶薄层的制备对衬底材料一般没有特殊要求,对温度等其它工艺条件的限制也比较宽松。而单晶薄层的生长对衬底材料和生长温度等条件都有比较严格的要求,因为淀积原子要按照严格的晶格周期性排列起来,跟晶锭制备一样也需要籽晶的引导。对单晶薄层的生长来说,籽晶就是与生长薄层具有相同或相近晶体结构的单晶片。因此,单晶薄层的生长犹如衬底晶片的延拓。把这种薄层生长工艺称为晶体外延,其是最重要的半导体薄层生长技术。不同单晶衬底上进行的外延称为异质外延,在相同单晶衬底上进行的外延称为同质外延。根据向衬底表面输送外延原子的方式,半导体薄层的外延生长分为气相外延、液相外延、固相外延以及分子束外延和离子团束外延等。

1.1.6 互联与封装

为了制造集成电路,用平面工艺制作的单个器件必须用导电线相互连接起来,这一过程通常称为互联或金属化。最简单且应用最广泛的互联方法是减法工艺:首先去除接触孔处的 SiO_2 层以暴露出硅,然后采用物理气相沉积法(PVD)在表面淀积一层金属来实现互联。随着芯片集成度的不断提高,必须采用多层互联技术才能实现复杂电路的构建。多层互联时,一般第一层金属用于连接器件本身(通常是在硅或多晶硅的势垒层上),第一层金属上通常覆盖有二氧化硅绝缘层;去除金属层之间互联区上的绝缘层,然后将第二层金属沉积在上面并图形化;接着再淀积绝缘层和金属层并图形化,如此不断重复,最终构成复杂的多层金属化互联系统。目前具有五层金属的电路已经很普遍,人们希望采用八层或更多的金属互联层。

上述工序完成后,经最终测试及封装,即制成可实用的集成电路芯片。

1.2 微电子芯片材料

1.2.1 衬底材料

半导体衬底材料是发展微电子产业的基础。硅单晶片是集成电路中最重要的衬底材料。如果没有半导体硅片材料的迅速发展,集成电路是不可能有现在的这种发展速度和成就的。反过来,由于集成电路集成度的提高和特征尺寸的缩小,又对半导体材料提出了更高、更苛刻的要求。从目前集成电路发展的趋势看,硅材料仍将是今后一段时期最主要的集成电路材料,随着对集成电路要求的提高,新材料的应用也将会越来越多,本节除了介绍硅材料之外,还将介绍 SOI、GeSi、GaN 等新型半导体材料。

1. Si 材料

硅材料作为现今最重要的半导体材料,对推动微电子和集成电路的发展起到了重要的作用。而且预计在今后的一段时间内很难有那种材料能在大范围取代硅。这与硅元素的特点有关,硅材料之所以在诸多元素或化合物半导体材料中脱颖而出,成为超大规模集成电路(ULSI)基本材料,其原因大致可归纳为以下两项:①硅元素是地球表面存量丰富的元素之一,而其本身的无毒性,以及有较宽的能带间隙(Bandgap),则是早期半导体界放弃锗而转向硅的重要考虑,同时硅与氧形成稳定的钝化层(Passivation Layer)二氧化硅则是集成路重要的器件电路设计;②从制造成本的考虑上,目前绝大部分的集成电路用的晶圆,均由所谓的柴氏法(Czochralski Method)又称直拉法成长单晶,以熔融固化方式的柴氏法在其不断的理论模拟与设备及工艺控制的改善上,已成为生长大尺寸晶圆主流。用这种技术大规模制造硅晶圆(Silicon Wafer)降低了成本。

半导体硅圆片尺寸的发展早已从小尺寸(2 英寸、3 英寸、4 英寸)经过中尺寸(5 英寸、6 英寸)发展到大尺寸(8 英寸、12 英寸)。目前世界上主流芯片加工线为 8 英寸,而正处于大力发展 12 英寸线的阶段。表 1 – 4 为我国 2003 年—2007 年不同尺寸的产量情况。从表中可以看出产量不断扩大,大尺寸抛光片增长速度缓慢。但硅晶圆材料的制造技术随着直径的增大而愈加复杂,除了单晶生长的研发之外,在相关的加工成形、抛光、清洁等下游配合的工艺,更由于 IC 业愈趋精密及复杂的器件设计与制造的驱动下,而需要更长时间的开发与突破。集成电路对硅材料发展的要求及今后的发展趋势:①晶片直径将越来越大。从性能价格比的角度看,一般认为,在一个晶片上集成 250 个以上的芯片时在经济上才合理,因此随着集成电路复杂度以及规模的提高,管芯面积增大,便需要更大直径的硅片。②随着特征尺寸的缩小、集成密度的提高以及芯片面积的增大,对硅材料有了更高的质量要求。这是因为,硅材料中缺陷的平均密度与 IC 成品率是一个倒指数的关系,即 $Y = e^{-DA}$,其中 D 是硅材料中的平均缺陷密度,A 是芯片面积,Y 是成品率。特别是当器件的特征尺寸进一步到亚 100nm 领域,进行原子级精度加工时,对 Si 晶片微缺陷的研究提出了新的要求。③对硅材料的几何精度特别是平整度要求越来越高。硅片的平整度对光刻的效果具有直接的影响。由于采用分步光刻技术,只需要使硅片局部平整即可,但随着特征尺寸的缩小,对局域平整度的要求也越来越高。集成电路线宽与硅片质量要求的对应关系见表1-5。

表1-4　2003年—2007年国内不同规格尺寸硅抛光片产量

（单位:万平方英寸）

年份	≤4英寸	5英寸	6英寸	8英寸	总计
2003年	4658	4162	4058	50	12780
2004年	5940	5409	6957	50	18356
2005年	6014	7555	6329		19898
2006年	5478	8784	11259	19	25540
2007年	3967	6556	16472	15	27010

表1-5　集成电路线宽与硅片质量要求的对应关系

硅片参数	集成电路线宽					
	130	90	65	45	32	22
实现年限	2001	2004	2007	2010	2013	2016
直径/mm	300	300	300	300	300	450
氧浓度/cm^3 ±1.5ppma[①]	18.31	18.31	18.31	18.31	18.31	18.31
表面金属/cm^2	$\leq 10^{10}$	$\leq 10^{10}$	$\leq 10^{10}$	$\leq 10^{10}$	$\leq 10^{10}$	$\leq 10^{10}$
Fe杂质/cm^3	$\leq 10^{10}$	$\leq 10^{10}$	$\leq 10^{10}$	$\leq 10^{10}$	$\leq 10^{10}$	$\leq 10^{10}$
氧化层错(DRAM)/cm^2	≤2.8	≤1.6	≤1.0	≤0.6	≤0.4	≤0.2
氧化层错(MPU)/cm^2	≤1.0	≤0.5	≤0.3	≤0.2	≤0.1	≤0.1
局部平整度/nm	≤130	≤90	≤65	≤45	≤35	≤22
颗粒大小/nm	≥90	≥45	≥33	≥23	≥16	≥11
总量/(个/片)	≤123	≤164	≤77	≤77	≤47	≤95
边缘去除/nm	3	2	2	2	2	2
① ppma为百万分之一原子密度						

　　硅片表面颗粒或缺陷对器件的成品率有很大的影响。随着芯片集成度的提高以及硅片直径的增加,减小硅片表面颗粒和缺陷密度,成为一个严重的技术问题。硅片直径尺寸越大,微缺陷问题越突出。硅片表面颗粒或缺陷可分为两类:

一类是由于表面玷污或环境中尘埃的沉积产生的称为"外生粒子"(Foreign Particles),另一类是称为 COP(Crystal-Originated Particles)的"晶生粒子"。"外生粒子"由于是非本征缺陷,可以通过硅片清洗技术去掉,通过改进硅片清洗工艺和利用超净技术,硅片表面的"外生粒子"密度可大大减小。而 COP 颗粒缺陷的形成则是起源于晶体本身的生长缺陷,是不能通过传统的清洁工艺减少的,而只能通过改进晶体的生长制备工艺,以减小晶体本征缺陷的方法来改进。在 COP 缺陷特征、形成机制、通过改进硅单晶材料的制备工艺改进硅片本征的生长缺陷等方面已经进行了大量的研究。目前已经成功制备出了高质量的 12 英寸晶体硅,并得到了一定程度上的广泛应用。随着晶片尺寸的进一步增大,如何控制硅单晶片内部以及表面的微缺陷仍将是硅单晶发展面临的难题。

2. GeSi 材料

GeSi 材料具有载流子迁移率高、能带和禁带宽度可调等物理性质,且与 Si 工艺兼容性好,在微电子和光电子器件领域得到广泛应用。

利用 GeSi 材料可以运用能带工程和异质结技术来提高半导体器件的性能,因此 GeSi 材料的研究成为半导体材料研究的热点之一。

Si 和 Ge 可以按任意比例组成 $Ge_{1-x}Si_x$ 固溶体材料。室温下,在 Ge 组分不很高的条件下,$Ge_{1-x}Si_x$ 固溶体的晶格常数随 x 呈线性变化。用于器件制作的 $Ge_{1-x}Si_x$ 固溶体材料一般都是 $Ge_{1-x}Si_x/Si$ 异质结材料。$Ge_{1-x}Si_x$ 和 Si 之间的晶格失配率为 $0.0422x$,通过调节 Ge 组分 x 可以改变 $Ge_{1-x}Si_x$ 与 Si 之间的失配率。$Ge_{1-x}Si_x$ 和 Si 之间的晶格失配将使在 Si 衬底上生长的 $Ge_{1-x}Si_x$ 薄膜的晶格受到应力作用而变形。应变将影响 $Ge_{1-x}Si_x$ 固溶体的能带结构和禁带宽度,因此可以通过调整 Ge 的含量来剪裁 $Ge_{1-x}Si_x$ 的能带结构和禁带宽度。当 $Ge_{1-x}Si_x$ 膜厚度小于一个临界值(临界厚度)时,$Ge_{1-x}Si_x$ 薄膜能发生弹性应变,保持其晶格常数与 Si 衬底相同。当超过临界厚度时,在 $Ge_{1-x}Si_x$ 与 Si 衬底界面产生失配位错,内应力被释放。

由于 GeSi/Si 应变异质结材料可以进行人工结构设计,其在半导体器件中的应用受到广泛重视。它的出现使得在化合物半导体异质结器件研制中广泛应用的能带工程概念同样可用于 Si 基器件,为以杂质工程为基础的 Si 基器件的进一步发展提供了可能。GeSi/Si 异质结双极晶体管(HBT)是将能带工程引入 Si 基器件最成功的例子。在 Si 双极晶体管工艺的基础上通过引入 GeSi/Si 异质结结构制作异质结晶体管(GeSi/Si HBT)可以获得速度性能更好的器件。通过将常规双极结型晶体管(Bipolar Junction Transistor,BJT)的基区用 GeSi 应变层代替,可以使常规器件中发射结注入效率与基区电阻和穿通等几方面的矛盾得以很好解决,同时通过组分渐变可以在基区形成漂移场,进而减小电子在基区的渡越时间。2001 年,这种器件的特征频率 f_T 达到 210GHz,最高振荡频率则高达 280GHz。在 GeSi 材料中掺入 C 可以减小晶格中的应力,显著提高 GeSi HBT 的 高频和噪声等性能。2008 年利用 SiGeC 材料制作的 HBT,其特征频率介可达到 300GHz,最高振荡频率则高达 350GHz。

在 Si(100) 衬底上赝晶生长的压缩应变 GeSi 材料具有比 Si 材料高 2 倍~3 倍的空穴迁移率,利用 GeSi 作为 p-MOSFET 的沟道材料,将显著改善器件的性能。已经制备了利用应变 GeSi 作为表面沟道材料的 MOS-FET 以及调制掺杂的 MOD-FET 等场效应晶体管器件,研究表明沟道中的载流子迁移率得到了明显提高。由于 GeSi 材料具有能带结构可调的特点,在光电子器件领域也有着很大的应用潜力,主要应用于雪崩光探测器、多量子阱光电探测器等光探测器件的制作。

目前,美国、欧盟、日本、俄罗斯在 GeSi 材料及相关器件研究领域处于国际先进水平,引领国际 GeSi 材料的发展。2007 年 1 月,德国博世(Robert Bosch GmbH)开发出牺牲层蚀刻新技术,适用于以 GeSi 为牺牲层蚀刻工艺,对推进传感器和制动器等 MEMS 元件制造设备的结构产生影响。IBM 公司开始采用 0.13μmGeS 工艺技术"8HP"生产芯片,已实现由第 3 代 0.18μm 工艺技术 "7HP"步入第 4 代 GeSi 技术,并向客户 Tektronix 提供 7HP 和 5HP 技术产品,向 Sierra Monolithics 公司提供在高速光纤元件和高性能转换器以及 60Hz 无级收发器等产品使用的 8HP 技术。如今中国大直径 GeSi/Si 真空外延设备的成功研制,提升了中国 GeSi 外延片的产能。

3. SOI 材料

SOI(Silicon-On-Insulator)指绝缘层上的硅材料,是一种具有 Si/绝缘层/Si 结构的 Si 基材料,绝缘层通常是 SiO₂。由于体硅 CMOS 器件的 Si 有源层和衬底相连接,Si 有源层和衬底之间会产生闩锁等寄生效应,在器件的源漏扩散区和 Si 衬底之间有很大寄生电容,限制 CMOS 电路的可靠性和速度性能。SOI 材料通过绝缘埋层实现了集成电路中器件和衬底的质隔离,彻底消除了体硅 CMOS 电路中的寄生闩锁效应,同时采用 SOI 材料制作的集成电路还具有寄生电容小、集成密度高、速度高、工艺简单、短沟道效应小、特别适合于低压低功耗电路等优势。另外,SOI 材料在抗辐照器件、高温传感器以及微机电系统(MEMS)等领域也具有广阔的应用前景。

正是由于 SOI 材料具有高速、低压、低功耗、耐高温、短沟道效应小、抗干扰和抗辐射能力强等特点,是解决超大规模集成电路功耗危机的关键技术,被誉为 "21 世纪的新型硅基集成电路材料"。据 Dataquest 的统计,SOI 材料在 2005 年约占整个硅片市场的 10%,2008 年占 50%,其中薄膜 SOI 市场约占 85%。薄膜

SOI 市场大部分为 8 英寸~12 英寸 SOI 圆片市场。利用 SOI 技术研制出了高速、低功耗、高可靠的微电子主流产品——微处理器等高性能芯片,使芯片的功能提高了 35%,实现了摩尔定律图上性能的跳跃。

SOI 材料的制备技术种类很多,有注氧隔离技术(SIMOX)、再结晶技术、多孔氧化硅全隔离技术(FIPOS)、膜转移 SOI 技术、图形外延 SOI 技术、硅片直接键合技术(SDB/SOI)等。目前使用比较广泛的 SOI 材料主要有通过注氧隔离的 SIMOX(Speration-by-oxygen Implantation)材料、键合再减薄的 BESOI 材料(Bond and Etch back SOI)和将键合与注入相结合的注氢智能剥离(Smart Cut)SOI 材料。SIMOX 是在 Si 晶片人氧离子,经超过 13000℃ 高温退火后形成绝缘隔离层的技术。SIMOX 的优点是缺陷密度低、工艺成熟,能与常规工艺兼容,但 SIMOX 材料制备需要大剂量离子注入和超高温工艺,注入时间长,成本也比较高,且 SIMOX 氧化埋层最厚只有 400nm,难以满足高压器件、光通信等厚氧化埋层(如 $1\mu m \sim 4\mu m$)的要求,其中材料的质量稳定性和高制造成本是限制 SIMOX 技术应用的另一个重要因素。

BESOI 材料是将两个 Si 晶片键合在一起,其中的一个晶片上生长 SiO_2 绝缘层,键合合后将另一晶片减薄获得 SOI 材料。BESOI 主要用于厚膜 SOI 晶片的制作,不适用于制作薄膜 SOI,其优点是 BOX 厚度可以达到 $4\mu m$,但通过减薄技术获得的 Si 表面薄层的厚度均匀性很难控制,导致顶层硅厚度均匀性差是限制 BESOI 技术的一个难点。

Smart Cut 是法国 SOITEC 的专利技术。Smart Cut 结合了键合和注入的优点,将氢离子注入个 Si 晶片中形成氢气泡层,然后和另一个氧化的 Si 晶片键合,经退火后键合片在氢气泡层中裂开形成 SOI 结构材料。Smart Cut 技术显著提高了表面 Si 层的均匀性,已成为 SOI 材料的主流制备技术。目前世界上 Smart Cut SOI 片是所有 SOI 材料中产能最大的,Smart Cut SOI 晶片的销量达到全部 SOI 销售量的 50% 以上。

SOI 技术由于其特有的器件结构而表现出体硅工艺缺少的优良性能,因而成为 21 世纪硅微电子技术的可选方案之一。SOI 的发展虽已建立了成功的商业模型,但电子器件随着市场对集成电路产品的性能要求不断更新,SOI 技术的发展更是面临着器件结构、设计平台与 IP 工具支持等方面的限制。同时未来 SOI 材料市场的发展还取决于材料生长技术及降低成本两个因素。改进制备技术、提高晶片质量、降低生产成本,这已成为国际 SOI 材料大厂商的发展战略。为了满足全耗尽电路的要求,薄层 SOI 和超薄层 SOI 是今后重要的发展方向。目前世界上能够批量化提供 SOI 圆片材料的单位有 5 家,其中包括我国上海新傲科技有限公司,见表 1-6。

表 1-6 世界上能够批量化提供 SOI 圆片材料的企业

名次	公司名称	国家	名次	公司名称	国家
1	SOITEC	法国	4	Okmetic	芬兰
2	信越（SEH）	日本	5	上海新傲	中国
3	SUMCO	日本			

为了应对这些挑战,应继续对影响 SOI 器件性能的因素进行研究、加强 SOI 工艺技术与新技术的融合创新。

4. GaN 材料

GaN 材料具有很高的电子饱和速度,击穿场强大,成为研制高温大功率半导体器件和高频微波器件的重要材料。GaN 的禁带宽度是 3.5eV,是一种直接带隙半导体材料。通过三元合金材料制备,其禁带宽度可获得从 1.9eV 到 6.2eV 的连续变化,覆盖了从红色到紫外的光谱范围。可用于短波长光电子器件包括发光二极管、半导体激光器以及紫外探测器等。GaN 具有极高的热稳定性和化学稳定性,采用 GaN 材料制作的器件具有可以在高温(大于 300℃)和恶劣条件下工作的能力。因此 GaN 基器件在需要高温大功率和抗恶劣环境的航空、航天、石油、化工、机械电子以及军事等领域有极大的需求。GaN 是一种非常有发展前景的半导体材料。

GaN 具有纤锌矿和闪锌矿两种晶体结构。由于闪锌矿结构的 GaN 在制备上存在很多困难,而广泛研究和应用的是纤锌矿结构的 GaN 材料。在非故意掺杂 GaN 薄膜中通常存在 N 空位,而表现出 N 型半导体特性。Si 和 Ge 可以作为 N 型掺杂剂,获得电子浓度可控的 N 型 GaN。GaN 材料的 P 型掺杂较为困难,这是由于 P 型掺杂剂和本征的 N 空位杂质补偿,表现出高阻材料。经过大量研究后发现,对 Mg 掺杂的 GaN 薄膜进行低能电子束辐射或者在 N_2 气氛退火,可以获得 P 型导电的 GaN 材料。GaN 的禁带宽度较宽,由于很难找到具有低功函数的金属材料,不容易实现低阻的欧姆接触。采用 Ti/Al/Ni/Au 多层金属薄膜结构作为电极,在 N 型 GaN 上可以获得良好的欧姆接触。

GaN 材料的体单晶很难制备,通常需要在 SiC 或蓝宝石(Al_2O_3)衬底上异质外延生长获得 GaN 薄膜材料。SiC 与 GaN 的晶格匹配较好,失配率为 3.50%。蓝宝石与 GaN 的晶格失配是 14%,通过生长缓冲层可以制备高质量的 GaN 薄膜,与 SiC 衬底相比有价格优势,因此成为制备 GaN 薄膜的常用衬底材料。利用 Si 作为制备 GaN 外延薄膜的衬底材料也受到了广泛关注。Si 衬底具有低成本、大尺寸和优良的电热导性能等优点,最重要的是可能实 GaN 器件与 Si 基电子器件和光电子器件的集成。但 GaN 与 Si 结构的晶格失配为 17%，还有很大的热失配，在 GaN 薄膜中将引人大量缺陷。利用 Al_2O_3 和 AlGaN 作为过渡缓冲层 GaN 和 Si 衬底之间的晶格失配和热应力可以明显降低。最近有在 AlN 基底上沉积 GaN 的报道。由于 AlN 和 GaN 之间具有更小的晶格失配(2.4%)和热膨胀系数(5.2%)失配。此外，AlN 还具有高的热导率、良好的绝缘性以及不吸收波长 200nm 以上的光的特点。这些优势都意味着 AlN 是外延 GaN 材料合适的衬底。然而，时至今日获得大尺寸的 AlN 体单晶依然十分困难。因此寻找性能好和价格低的衬底材料还是 GaN 应用的今后要解决的问题。

利用 GaN 材料已成功研制出微电子器件包括 GaN 金属半导体场效应晶体管(MES-FET)、GaN 金属氧化物场效应晶体管(MOS-FET)、AlGaN/GaN 异质结双极晶体管(BJT)、AlGaN/GaN 异质结高电子迁移率晶体管(HEMT)或者调制掺杂场效应晶体管(MOD-FET)等。GaN 材料还成功应用到了蓝光发光二极管(LED)、激光器、光探测器的制备。GaN 材料在微电子和光电子器件领域都展示出了重要的应用价值，成为新型电于器件材料研究的重点。热应力可以明显降低。

1.2.2 栅结构材料

栅结构是 CMOS 器件中最重要的结构之一，它包括栅绝缘层材料和栅电极材料两部分。

1. 栅电极材料

在半导体集成电路发展初期，由于铝与 Si 相比较有好的兼容性，MOS-FET 的栅电极材料一般采用金属铝。低的串联电阻和小的寄生效应是 MOS-FET 对栅电极材料的基本要求。随着微电子技术的发展，人们发明了自对准工艺以减小由于栅与沟道交叠而产生的寄生效应。在自对准工艺中，由于铝不能满足高温处理的要求，人们引入多晶硅作为栅电极材料来代替铝。多晶硅栅工艺有以下优点：①源漏注入时，可以利用多晶硅栅做掩膜实现源漏掺杂的自对准；②多晶硅和 SiO_2 的界面稳定性好；③通过改变多晶硅的掺杂可以使 MOS-FET 的阈值电压变化 1V 左右。

随着器件尺寸缩小和电路速度的提高，将出现硅耗尽效应和多晶硅与互联金属铝间存在高的栅电阻。其中多晶硅栅耗尽效应将引起等效栅氧厚度的增加增强了短沟效应，使得栅控能力下降。栅长的减小还会引起寄生多晶硅栅电阻的增加，从而降低器件的开态电流。这些因素将阻碍晶体管性能的提升，单纯的多晶硅电极材料结构已经不能满足微电子金属发展的需要，于是新的材料体系——难熔金属硅化物，比如 $MoSi_2$，$TaSi_2$，被引用到微电子技术中。

采用多晶硅/金属硅化物组合结构替代单纯的多晶硅栅电极,成为栅电极的重要材料。

对于传统的 CMOS 技术,通常需要通过沟道杂质注入掺杂的方法调整 MOS-FET 器件的阈值电压。随着沟道尺寸的缩小,沟道的掺杂浓度相应的需要增加,然而,当器件特征尺寸进一步缩小到亚 100nm 范围后,沟道中的杂质涨落将会成为影响器件性能的重要制约因素。一般说来,沟道掺杂浓度越高,沟道尺寸缩小引起的沟道杂质涨落对器件性能的不利影响越大。这是一个矛盾的两方面,为此,人们提出了栅工程和沟道零掺杂的概念。按照栅工程和沟道零掺杂的概念的设想,器件阈值电压可以通过选择合适的栅电极材料,利用不同栅电极材料与栅绝缘介质材料和沟道材料的能带或功函数能带间合适匹配来进行调整,并不需要像传统 CMOS 技术中采用沟道掺杂注入的方法进行,沟道杂质可以做到低掺杂甚至做到零掺杂,这将会大大减小沟道杂质涨落效应对器件性能的不良影响。

由于栅功函数直接影响器件的阈值电压和晶体管的性能,为了获得良好的性能,我们必须选择合适的栅功函数使 NMOS 和 PMOS 管的阈值电压对称并适当低。目前研究的栅电极材料有 Ge_xSi_{1-x}、W/TiN 等。这是由于 Ge_xSi_{1-x} 材料可以通过连续改变 Ge 含量 x,达到连续调制其能带带隙的目的,因此其是候选的栅电极材料之一。W/TiN 复合结构材料体系也是候选材料之一,其主要原因有三个方面:其一,通过改变金属 W 和金属氮化物(TiN)的厚度可以调整复合结构体系的功函数,这是栅工程提出的利用功函数来调整器件的阈值电压方法所必须要求的;其二,W/TiN 可以经受高温处理工艺,满足自对准工艺对栅电极的要求;其三,W 和 TiN 正好是 Cu 互联需要的扩散阻挡层材料。值得注意的是,栅电极材料的选择必须考虑到栅介质材料。当栅介质材料改变后,栅电极材料也必须进行相应的调整,以满足 MOSFET 器件对栅介质/栅电极结构的要求。

2. 栅绝缘介质材料

SiO_2 作为性能良好的绝缘栅介质材料,从 Si MOS-FET 器件发明至今,SiO_2 一直被广泛使用和研究。而且随着微电子技术的发展,其制备工艺已很完善,目前能制备 1.5nm 介电性能良好、几乎无体和界面缺陷的 SiO_2 超薄栅绝缘层。然而,随着器件特征尺寸的缩小,特别是在进入到深亚微米和 100nm 的尺度范围后,其结果就是晶体管沟道长度的减小和栅的减薄,而薄的 SiO_2 层会导致很高的隧穿电流,故传统的 SiO_2 已逐渐难以满足技术发展的需要,需要用新的栅绝缘介质材料替代,以获得满足新的集成电路技术需要的器件特性。

由于非晶 SiO_2 具有优异的热力学和电学稳定性,以及优良的 Si/SiO_2 界面特

28

性(界面态密度 $10^{10}/cm^2$),到目前为止,业界始终希望坚持使用 SiO_2 栅,并且通过改进 SiO_2 栅来满足技术进步对材料性能的提升。如在 SiO_2 和 Si 之间插入比 SiO_2($\varepsilon_r = 3.9$)介电常数稍大的 Si_3N_4($\varepsilon_r = 7$),形成 SiN/Si 结构,通过增大栅介质的物理厚度来减小漏电流和硼扩散的影响。或者用氮氧化硅代替 SiO_2,氮氧化硅也能有效防止硼离子扩散,此外,氮氧化硅与 SiO_2 比较,还有较大的介电常数、低的漏电流密度和高的抗老化击穿特性等优点。

随着器件尺寸的进一步缩小,进入到亚 100nm 尺度范围内,为保证栅结构对沟道的良好控制,以 SiO_2、氮氧化硅或氮化硅作为姗绝缘介质层的厚度将小于 3nm,随着集成电路尺寸的不断缩小,为了提高栅控能力,需要不断减薄 SiO_2 栅氧化层的厚度。当器件沟道尺寸缩小到亚 50nm,栅化层厚度需要小于 1.5nm。器件尺寸缩小导致电子的直接隧穿变得非常显著,将引起很大的栅泄露电流。这使得栅对沟道的控制减弱,器件功耗也增加,成为限制器件尺寸缩小的重要因素之一。尽管显著的量子直接隧穿效应引起的高的栅泄漏电流对器件性能退化的形响并没有造成实质的制约,但高泄漏电流引起的高的功耗将对电路造成本征的制约。而且若采用 Si_3N_4 则还会导致界面处堆积大量的 N 原子使电荷过剩,从而使沟道迁移率下降,器件性能下降等。故上述的通过在硅基的改进方法都很难从根本上解决问题,而且还有其它方面的不足。因此,在满足器件性能要求的基础上,首先必须降低栅的泄漏电流。克服这一限制的有效方法之一是采用具有高介电常数(高 k 值)的新型绝缘介质材料替代。

在对沟道有相同控制能力的条件下(栅电容相等),利用高 k 值材料作为栅介质层可以增加介质层地物理厚度,这将有效减小穿过栅绝缘层的直流隧穿电流,并提高栅介质的可靠性。

栅电容 C_{ox} 为

$$C_{ox} = \frac{k\varepsilon_0 \cdot A}{t_{ox}} \qquad (1-4)$$

当栅电容不变的条件下,可得到高 k 栅介质与 SiO_2 栅介质的厚度比为

$$\frac{t_{high-k}}{t_{SiO_2}} = \frac{K_{high-k}}{K_{SiO_2}} \qquad (1-5)$$

因此,采用高 k 值得介质材料可以在不下降低栅电容的条件下增加栅介质的物理层厚度。为了有效减小栅泄露电流和等效氧化层厚度(EOT),MOS-FET 的栅绝缘介质材料需要有高的介电常数、大的带隙和带隙偏移、低的缺陷和缺陷态密度。目前研究较多的高 k 值新型介质材料包括 HfO_2、Ta_2O_5、TiO_2、ZrO_2 等,其性质如表 1-7 所列。

表 1-7 高 k 材料的介电性能

材料种类	介电常数 k	禁带宽度 E_g/eV	$\Delta E_c/eV - Si$
SiO_2	3.9	8.9	3.2
Si_3N_4	7	5.1	2
Al_2O_3	9	8.7	2.8
Y_2O_3	15	5.6	2.3
La_2O_3	30	4.3	2.3
Ta_2O_5	26	4.5	1 ~ 5
TiO_2	80	3.5	1.2
HfO_2	25	5.7	1.5
ZrO_2	25	7.8	1.4

高 k 栅介质材料中一般存在着体缺陷态密度高、漏电流密度大、与 Si 的界面特性差等缺点,影响了它们作为栅介质层的应用。这些缺点中,部分是由于制备工艺不成熟等一些非本征因素引起的,可以通过优化材料和薄膜的制备工艺使之改善;部分则是由于材料的本征特性引起的,如高介电常数材料薄膜与 Si 界面高的缺陷态密度,这可能无法通过工艺优化得到改善。HfO_2、ZrO_2 以及 Hf、Zr 基掺杂氧化物材料具有宽禁带、高势垒、与 Si 有良好的热稳定性等特点,故成为主要研究对象。

为了满足集成电路特征尺寸不断减小的发展趋势,高 k 栅介质层的有效氧化层厚度(EOT)必须具有按等比例缩小的能力。在 Si 衬底上制备高 k 栅介质时,在 Si/栅介质界面发生反应产生 SiO_2 界面层,这一界面层的存在将限制 EOT 的减小。HfO_2 和 HfSiON 等 Hf 基高 k 栅介质材料具有将有效氧化层厚度(EOT)的减小到 1nm 以下的能力,可以满足 CMOS 技术进一步发展的需求。研究表明,采用 $TaN/HfN/HfO_2$ 栅叠层结构技术,经过 CMOS 高温工艺后,仍然可以将 EOT 将到 0.75nm 以下。

高 k 栅介质材料与多晶硅栅电极材料之间存在严重的不兼容性。界面处的费米钉扎效应使得多晶硅栅电极的功函数和器件的阈值电压钉扎在特定的值,不能进行有效的调制。通过采用合适的金属栅材料和工艺条件,可以抑制费米钉扎效应,实现金属栅功函数的有效调节。另外,高 k 介质的引入也引起了沟道载流子迁移率的显著下降。高 k 栅介质与反型沟道载流子发生 SO 声子耦合是造成沟道载流子迁移率的退化的主要原因。采用金属栅电极可以屏蔽高 k 栅介质材料中 SO 声子使其不与反型层载流子产生耦合作用,有效抑制迁移率退化现象。利用高 k 介质和金属栅材料相结合的工艺集成技术,可以实现高性能的

CMOS 器件和电路。

高 *k* 栅介质/金属栅结构的研究主要经历了材料基础研究和探索性研究、材料与工艺集成的关键问题研究和工艺集成及可靠性评估三个阶段。目前高 *k* 栅介质/金属栅的研究已初步完成了材料研究、关键技术研究、工艺集成和可靠性评估,进入到量产阶段。Intel 已经宣布在 45nm 技术中应用了高 *k* 栅介质/金属栅技术。然而,对于如何解决高 *k* 栅介质/金属栅材料的工艺集成和可靠性问题等,至今尚未有明确的答案,仍然是集成电路技术技术发展面临的重要问题。建立和完善高 *k* 栅介质/金属栅工艺的可靠性评测方法,探索满足器件迁移率、可靠性、阈值电压调制等多方面技术需要的工艺集成模式,仍然是高 *k* 栅介质/金属栅研究的重要课题。

1.2.3 源漏材料

传统 MOS-FET 器件采用掺杂 Si 材料作为源漏材料。当器件尺寸缩小到纳米尺度后,掺杂 Si 源漏结构的源漏串联电阻和接触电阻将增加,抑制了器件驱动电流的提高。在源漏区,为了抑制器件缩小带来的短沟效应。必须限制源漏扩展区的结深,需要使用超浅结工艺技术,但掺杂 Si 源漏结构难以实现超浅结制备。使用金属源漏的肖特基 MQ_5FET(SB MOS-FET)具有低的源漏串联电阻和接触电阻、低热预算工艺、可形成原子级突变结抑制短沟效应等优点,成为源漏材料研究的重点。SB MOS-FET 的驱动电流和关态电流由金属/Si 接触的肖特基势垒高度以增大器件的驱动电流和减小的关态电流是 SB MOS-FET 研究面临的一个主要问题。

有研究者已经利用金属硅化物源漏材料、杂质分凝和界面控制等技术和方法来降低 SB MOS-FET 的肖特基势垒高度。在材料选择方面,通常采用低功函数的金属硅化物作为 SB nMOS-FET 的源漏材料,比如 $ErSi_{1.7}$。采用高功函数的金属硅化物作为 SB pMOS-FET 的源漏材料,比如 pSi、杂质分凝技术是利用杂质在 Si 和金属硅化物中固溶度的不同,使杂质在 Si 和金属硅化物界面分凝,形成杂质的堆积。在 Si 和金属硅化物界面形成比注入浓度更高的超薄无缺陷源漏扩展区,造成导带和价带的能带弯曲,从而调节有效肖特基势垒高度。形成的最终结深由硅化物的厚度决定。界面控制技术主要指利用改善金属/Si 半导体界面特性,以降低肖特基势垒高度的方法。利用在 Si 表面生长 S 或 Se 单原子层或者利用 H_2 钝化技术终止 Si 表面的悬挂链、释放应变表面键,降低肖特基势垒高度。在金属和 Si 之间加入一薄膜绝缘体,改变金属和半导体之间的相互作用,也可以达到降低肖特基势垒高度的目的。在金属硅化物材料选择、新型界面结构以及制备工艺方面,研究减小源漏接触电阻,提高器件的驱动电流和减小关态电流的方法仍然是源漏技术研究的重要内容。

利用硅化物掺杂方法和分凝技术相结合来改善金属硅化物/Si 的界面特性是目前源漏结构研究的一个重要方向。研究发现利用 Pt 掺杂、NiSi 作为肖特基源漏材料,可以显著减小源漏接触电阻。通过对硅化物源漏结构中各组分的剖面分析发现,B 杂质在硅化物和 Si 界面处有明显的分凝现象。研究者认为 Pt 掺杂增强了 Si 表面掺杂区 B 的分凝效应,有效降低了肖特基势垒高度,从而导致源漏接触电阻的减小。最近有研究者提出了一种金属分凝技术,用于制备基于双金属硅化物源漏结构 CMOS 器件。该器件中,Y/NiSi 双金属硅化物用作nMOS-FET 的源漏材料和 Pt/NiSi 用作 pMOS-FET 的源漏材料,与基于 NiSi 肖特基源漏接触的 CMOS 器件相比显示出了更强的驱动电流能力。

1.2.4 信息存储材料

信息存储材料是指用于各种存储器的一些能够用来记录和存储信息的材料。这类材料在一定强度的外场(如光、电、磁或热等)作用下会发生从某种状态到另一种状态的突变,并能在变化后的状态保持比较长的时间,而且材料的某些物理性质在状态变化前后有很大差别。因此,通过测量存储材料状态变化前后的这些物理性质,数字存储系统就能区别材料的这两种状态并用"0"和"1"来表示它们,从而实现存储。如果存储材料在一定强度的外场作用下,能快速从变化后的状态返回原先的状态,那么这种存储就是可逆的。

信息存储材料的种类很多,主要包括半导体存储器材料、磁存储材料、无机光盘存储材料、有机光盘存储材料、超高密度光存储材料和铁电存储材料等。它们实现信息存储的原理各不相同,存储性能也有很大差异。因此,不同应用场合应选用不同的信息存储材,下面主要介绍一下以电作为状态改变条件的电子信息存储材料的存储原理和性能。

1. 半导体存储材料

半导体存储器按器件制造工艺可分为双极型存储器和 MOS 型存储器两大类。双极型存储器速度快但功耗大、集成度小,只用于速度要求非常快、容量小的场合。MOS 型存储器除速度较慢之外,在功耗、集成度、成本等方面都优于双极型存储器,故市场上绝大多数半导体存储器都是 MOS 型存储器。

若按照功能分类,半导体存储器可分为随机存储器(RAM)、只读存储器(ROM)和顺序存取存储器(SAM)。其中随机存储器是应用最为广泛的存储器,在计算机中它常被用来存储放各种数据、指令和计算的中间结果。按照结构功能的不同,随机存储器主要可分为静态随机存储器和动态随机存储器两大类:①静态随机存储器(SRAM)。静态随机存储器的存储单元由双稳态触发器组成，其特点是在没有外界触发信号作用时，触发器状态稳定，只要不断电，即可长期保存所写入的信息。这种双稳态触发器一般由若干个 MOS 晶体管构成。存储单元能够进行读/写操作的条件是：与该单元相连接的行、列选择线均为高电平，此时该触发器的输出才与数据线接通，该存储单元才能与外界传递信息；当行和列选择线有低电平时，该存储单元处于维持状态。②动态随机存储器（DRAM）。DRAM 的存储单元是利用 MOS 管的栅极电容对电荷的暂存作用来存储信息的。由于任何 PN 结总有结漏电现象存在，故靠结电容存储的电荷就会泄漏，导致信号丢失。为了保存好信息，就必须采用称为刷新的操作，不断地、定期地给栅极电容补充电荷。

SiO_2 作为传统的电容介质材料，广泛应用于存储器件。随着微细加工技术的发展，器件特征尺寸不断缩小，存储电容面积也需要不断减小，以提高 DRAM 或模拟电路的集成度。为保证存储电容能够较好地保存所存储的信息，需要其保持一定的电容值，这就要求不断地减小 SiO_2 介质层的厚度。然而，当器件特征尺寸减小到亚 0.1nm 的尺度时，制作如此薄的介质层在技术上将遇到严重困难。利用目前发展的深槽刻蚀技术制备深槽电容在一定程度上会缓解这一困难，但由于尺寸进一步缩小引起的工艺复杂性会带来难以克服的技术难题。此外，随着计算机科学的迅速发展，人们对随机存储器（RAM）也提出了更的要求。单位存储容量、存取速度和非挥发性特征是人们考虑的重要因素。如果有一类存储器，它一方面能满足集成度和存储容量更高、存取速度更快和随机存取等功能的要求，另一方面它又具有非挥发性，则是非常理想的。最近新发现的一些具有高介电常数的新型氧化物铁电材料，为实现这种理想提供了可能。如果这种理想成为现实，将是材料科学对微电子科学技术乃至计算机科学技术做出的巨大贡献。目前在利用新型氧化物铁电材料制备半导体随机存储器方面的研究可分为两个方面：其一是利用它们的高介电常数特性，用于替代 SiO_2 作为 DRAM 的存储电容绝缘介质层材料；其二是利用铁电材料的电极化强度随电压变化的电滞效应，制备具有非挥发性的铁电随机存储器（NVFRAM）。

现今研究较多的这类材料主要是一些氧化物铁电材料，如 $(Sr,Ba)TiO_3$，$Pb(Zr,Ti)O_3$（PZT），$SrBi_2Ta_2O_9$ 等。利用高介电常数材料作为电容绝缘介质层的最大优点是在保持电容值和面积尺寸不变的前提下，介质层厚度可以增大许多倍。例如，$(Sr,Ba)TiO_3$ 的相对介电常数高达 400，约是 SiO_2 介电常数的 100 倍。与利用 SiO_2 作为介质层相比，利用 $(Sr,Ba)TiO_3$ 材料作为介质层制备的 DRAM 的存储电容器件，在电容值和面积相同的条件下，绝缘介质层厚度可增加 100 倍。这对改善器件性能、减少制备工艺技术中的困难有很大好处。

目前，影响高介电常数铁电材料在 DRAM 中应用的主要因素是较大的漏电

33

流、较高的体和界面缺陷、较低的介电击穿强度和与硅工艺的兼容性等问题。除了一些材料本征性质因素的影响外,更主要的原因可能是制备工艺的不成熟造成的。改进材料性能和这些材料的薄膜制备工艺,以满足器件制备的需要,是当前研究的重要方面。目前这方面的研究工作已取得初步进展,其中(Sr,Ba)TiO$_3$被认为是最具潜力的材料之一。在这一领域有许多工作可做。

2. 铁电存储材料

铁电存储材料是指用于铁电随机存储器(FRAM)和高容量动态随机(DRAM)的一些铁电薄膜材料。

FRAM 是利用铁电存储材料固有的双稳态极化特性——电滞回线制备的永久性(又称为非挥发性)存储器件。它是利用铁电材料具有的自发极化以及自发极化在电场作用下反转的特性存储信息。它的这种特性一般用电极化强度随电压变化的电滞回线特性(图1-3)描述。铁电材料的自发极化主要由晶格结构中的一个原子或离子的位移引起,自发极化状态是一个稳定态,不同的自发极化状态(通常有两个)对应于不同的原子或离子的位移。两个不同的自发极化可在电场作用下转换或反转,这种反转实际对应于一个原子或离子的位移,是一个双稳态转换过程。在 FRAM 中,信息"0"和"1"是用铁电薄膜层的这两个不同的极化状态描述的。由于两个不同的极化状态对应于铁电材料的两个稳定的分子结构状态,二者之间的转变是一种分子结构的变化,需要在一定的电压作用下才能发生,因此,这类存储器应具有永久存储的能力,即使断电时也能保持存储的信息。此外,它们还具有读写速度快、开关性能好、抗辐射能力强等优点,可用于计算机的高速、高密度永久性存储。

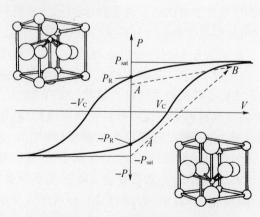

图1-3 铁电材料的电极化强度随电压变化的电滞回线特性

P_{sat}—饱和极化强度;P_R—剩余极化强度;V_C—矫顽电场。

目前,一些铁电材料(如 PZT,SBT 薄膜等)的极化反转电压已在 5V 以下,可以满足随机读写的要求。因此,FRAM 可以同时兼备只读存储器(ROM)和随机存储器(RAM)的特性,被认为是未来计算机系统中新一代存储器的典型代表和发展方向,在计算机、智能卡和军事领域都有极好的应用前景。

在 FRAM 中,每一个铁电存储单元都由一个晶体管和一个铁电薄膜电容构成(称为 1C + 1T 结构)。FRAM 的写入是通过对铁电存储单元施加脉冲电压,使该单元的铁电薄膜电容发生极化反转而实现的。FRAM 读出时也需要向铁电存储单元施加一个电脉冲,若被读单元的极化方向与施加的电场方向相同,则极化方向不变,反之则反转并产生附加输出电信号,通过比较输出信号,系统即可得知该存储单元的极性,即实现读出操作。故 FRAM 的读出是一种破坏性读出,读出完成之后还必须让被读单元恢复原状。因此,FRAM 在使用中,其铁电存储材料会反复被电场反转极化,故存储材料容易因疲劳而失效。用于 1C + 1T 型 FRAM 的铁电存储材料主要是 PZT 和 $SrBi_2Ta_2O_9$(SBT)。SBT 的耐疲劳性能特别好,但剩余极化强度 Pr 值较小;PZT 的 Pr 值大、电滞回线矩形度好,但存在易发生疲劳和铅污染问题。

为了解决疲劳问题,近年来人们正在探索读出时不必改变极化方向的新型非破坏读出的铁电存储器——铁电场效应晶体管(FeFET),这种器件采用 $LiNbO_3$ 之类铁电薄膜材料作为门电极,利用铁电薄膜的正、反极化实现 FET 的开、关。同时一些研究结果表明,FRAM 中氧化物铁电材料层(如 PZT 和 SBT 等)的电极化性能退化与所用的电极材料有关。在 FRAM 器件中,常用的电极材料一般为 Pt、Ti 等金属。如果采用氧化物导电材料如 $SrRuO_3$、RuO_2、IrO_2、$La_xSr_{1-x}CoO_3$、$YBa_2Cu_3O_7$ 作为电容电极材料,则 PZT 或 SBT 的抗疲劳特性也可以得到改善。

1.2.5 互连材料

互连材料包括金属导电材料和绝缘介质材料。传统的导电材料是铝和铝合金,绝缘介质材料是二氧化挂。铝连线具有电阻率较低、易淀积、易刻蚀、工艺成熟等优点,基本上可以满足早期集成电路性能的要求。因此,自集成电路发明以来被广泛采用。为了提高芯片的性能和降低成本,芯片的面积迅速增大,集成密度进一步提高,器件特征尺寸已经进入深亚微米领域,这就需要互连线的宽度也不断减少,连线层数增加,互连引线在整个集成电路芯片中所占的面积越来越大,已占到整个芯片面积的 80% 以上。随着电路规模的增加,互连线长和所占的面积迅速增加。连续层数和互连线长度的迅速增加以及互连线宽度的减小,将会引起连线电阻增加,这使得电路的互连延迟时间、信号的衰减及串扰增加。另外,互连线宽的减小还会导致电流密度的增加,引起电迁移和应力迁移效应的加剧,从而严重影响电路的可靠性。在 $0.25\mu m$ 特征尺寸下,nMOS 和 pMOS 的门延迟分别为 6ps 和 15ps,而互连延迟则达到 0.1ns 左右。从 $0.25\mu m$ 技术代开始,互连延迟已超过器件的门延迟,成为制约集成电路速度的主要因素。

表征互连延迟时间的物理量为 RC 常数,R 为引线的电阻,C 为互连系统的电容,C 与互连线的尺寸和互连引线下面介质层的介电常数 ε 和氧化层厚度 t_{ox} 有关,设连线长度 l,宽度为 ω,则

$$C = \frac{\varepsilon\omega l}{t_{ox}} \qquad (1-6)$$

$$RC = \frac{\varepsilon}{t_{ox}}\omega l R \qquad (1-7)$$

因此采用低引线电阻的导电材料和低介电常数的介质材料可以有效地降低系统的延迟时间。介电常数比 SiO_2 低的介质材料就可称为低 k 介质材料,介电常数一般小于 3.5。采用低 k 互联介质可以在不降低电流密度的条件下,有效地降低寄生电容 C 的数值,减小 RC 互连延迟时间,从而提高集成电路的速度。Cu 是比 Al 电阻率更低的金属导电率更低的金属材料。采用 Cu 作为金属互连导电材料,可以使得电路系统的互连特性得到改善。在 $0.18\mu m$ 技术代,保持相同的互连延迟和以 SiO_2 作为绝缘介质材料,采用 Al 互连需要的金属互连层数为9,而采用铜互连需要的金属互连层数则可以减小到 7。铜金属互连与铝金属互连相比,还能带来互连可靠性的改善。与铝相比,铜具有电阻率低(室温)、抗电迁移和应力迁移的特性好等优点,因此,铜是一种比较理想的互连材料,利用铜金属互连是集成电路技术发展的必然结果。铜互连技术的引入面临的问题主要有两个:一是铜的污染问题,Cu 在 SiO_2 介质中扩散很快,使得 SiO_2 介电性能严重退化;二是 Cu 的刻蚀问题,很难找到可以刻蚀 Cu 的技术手段,难以实现 Cu 引线图形的加工。人们研发出可以阻挡 Cu 扩散的势垒层材料技术解决了 Cu 的污染问题,提出了大马士革结构结合化学机械抛光技术(Chemical Mechanical Polishing,CMP),解决了 Cu 引线图形的加工问题。从 $0.18\mu m$ 技术代开始,Cu 已取代 Al 成为互连的金属引线材料。

随着金属互连层数和其所占面积的增加,互连金属线之间寄生电容迅速增大,互连介质材料对集成电路性能的影响也变得越来越严重,氧化硅和氮化硅介质层已经不能适应深亚微米集成电路工艺的要求。为了减少寄生连线电容和串扰,需要采用较 SiO_2 介电常数更低的绝缘介质材料。使用低 k 材料作介质层,减小了分布电容,对降低互连线延迟时间起到非常重要的作用。因此在 Cu 多层

互连工艺中需要开发新的低 k 介质材料。随着集成电路技术发展到亚 50nm 技术代,由于引线的尺寸缩小将引起 Cu 电阻率的显著上升。另外,介质材料的 k 值越低,其可制造性越差、可靠性越低,将带来低 k 介质的可制造性集成和可靠性问题。目前已经在新型互连材料、新型互连介质以及新的互连技术方面提出了解决的方案。

已提出和研究的低 k 介质材料主要有 k 值在 2.8 ~ 3.5 之间的氟化 SiO_2 氧化物(fluorinated oxide)、旋涂玻璃(Spin On Glass,SOG),k 值在 2.5 ~ 2.8 之间的聚酰亚胺(paiyimide),k 值在 2 ~ 2.5 之间聚对苯二甲基(Parylene),k 值小于 2.0 的石英气凝胶(porous silica aerogel)等。多孔结构的互连介质是新型低 k 互连介质技术之一。将介质材料加工形成多孔结构,利用多孔结构中空气介电常数接近 1 的特点,可以获得低 k 值的介质材料。多孔结构互连介质技术的主要挑战是后续工艺的污染问题,已经提出利用有效的表面孔洞密封技术解决污染问题的方案。由于介质材料的 k 值越低,其机械性能越差,如何在获得低 k 介质材料的同时能满足机械加工性能和可靠性是低 k 介质研究面临的主要课题。新的低 k 介质材料的可靠性以及是否能够与后续的 CMP 工艺兼容是影响其在集成电路应用的主要因素。

铜很容易扩散到硅和其它介电材料中,在外加电场作用下铜扩散会增强。必须用金属或电介质做扩散势垒层,防止金属互连间电泄漏和晶体管性能退化。好的势垒层对器件工作可靠性非常重要。势垒层材料是互连材料中的关键材料之一,势垒层材料包括介质势垒层材料和导电势垒层材料两种。介质势垒层材料的作用是防止 Cu 扩散和作为 CMP 与刻蚀工艺的停止层,保护 Cu 薄膜的性能免受后续工艺的影响。介质势垒层材料也需要采用尽可能低的介电常数,以减少势垒层的引入带来的介质电容的增加。介质势垒层材料主要有 SiN、SiC 等。导电势垒层材料,也称为扩散阻挡层,是作为 Cu 的扩散势垒防止 Gu 的扩散,并作为粘附层提供良好的 Cu 电学接触。因此要求导电势垒层材料具有优异的 Cu 扩散势垒特性、低的电阻以及与 Cu 有良好的粘附性。研究的导电势垒层材料主要有 Ta、WN、TaN、TiN 等,其中 Ta 和 TaN 被认为是比较理想的势垒层材料。

三维(3D)集成互连技术、射频(RF)互连技术以及光互连是正在发展的新型互联技术。3D 集成互连技术利用多层有源 Si 层作为 CMOS 器件的衬底层,每个有源层可有多层互连引线层,不同引级层之间可利用垂直的层间互连与公共的全局互连连接。三维互连技术用距离短的垂直互连线完成互连,有效减小了互连引线的长度。降低了互连延迟时间,同时有助于增加晶体管的封装密度,减小芯片的面积。三维互连结构也为电路的设计、布局和布线提供了较高的自由度。在保证器件性能不退化的前提下实现三维集成互连是三维互连研究的重要问题。近年来发展了 SOI 减薄技术和硅片键合技术相结合的三维集成互连技术已经成功实现了多层有源 Si 层的互连。3D 互连集成技术的实现正逐渐变为可能。

RF 互连则是以微波信号的低损耗、无色散传输和近场电容耦合为基础的新型互连技术,其在传输速度,信号完整性、通信再构等方面具有很大的优点。同时 RF 互连也存在较大的功率损耗、芯片内的信号滤波问题以及芯片外的配套器件问题等。光互连采用光作为数据传递媒质,进行互连通信。光互连具有输入/输出端口密度高、功耗低、互连延迟小、不受高频损耗和信号串扰及电磁干扰影响等优点。同时,光的通信路径很容易通过合适的光学器件实现路由、组合、分离和重构。目前实现光学互连的方式主要有波导互连方式和自由空间互连方式两种,波导互连采用光纤或波导管传送光信号,采用波分复用等方式并行传送多路光信号。完成不同的通信连接,自由空间互连使用自由空间传播信号,能充分利用光的空间带宽和并行性,且不产生相互干扰。同时自由空间互连不受限于物理通道,有很强的可重构性。光互连存在着器件的电—光、光—电转换效率低速度较慢,功耗大等问题。RF 互连和光互连技术尚面临着制造成本、可靠性和 Si 集成电路工艺的兼容性等问题的严峻考验,需要大量的研究工作去缩小其与实际应用之间的距离。

碳纳米管由于结构不同可呈现半导体性或金属性。半导体性碳纳米管可用于研制场效应晶体管、二极管等纳电子器件,而金属性碳纳米管可以应用到电路的互连技术中。碳纳米管具有独特的特性:①载流子在碳纳米管中呈弹道式输运,不与杂质和声子发生散射,其室温下电子平均自由程达到微米量级;②抗电迁移能力很强,且具有很高热稳定性;③具有传导大电流的能力,可承受最高电流密度达 $10^9 A/cm^2$;④单壁碳纳米管具有很高的热导率(1750W/mK ~ 5800W/mK)。碳纳米管的导电、导热性能均优于金属,而且没有电迁移,是一种理想的互连材料。但碳纳米管的态密度较低,单根碳纳米管的电阻大,信号传播速度较慢。在碳纳米管用于互连的工艺集成方法、相关模型、可靠性等方面已经做了很多探索工作。碳纳米管的研究需要在可控生长、与金属的欧姆接触问题、与 Si 工艺兼容性等方面进行技术突破。随着纳米技术的快速发展,相信碳纳米管在互连技术的应用中有广阔的前景。

1.2.6 钝化层材料

钝化就是在不影响集成电路性能的情况下,在芯片表面覆盖一层绝缘介质薄膜,旨在减少外界环境对电路的影响,使集成电路可以长期稳定地工作。

SiO_2 是早期双极型集成电路很有效的钝化层材料,但由于它不能有效地阻

挡 Na^+ 离子的玷污,在 MOS 集成电路中,人们采用 PSG/SiO_2 双层材料作为钝化层材料,其中 PSG 是一种磷硅玻璃。PSG/SiO_2 能阻挡 Na^+ 离子的玷污,但 PSG 在水气作用下会腐蚀金属引线。后来人们又改用比 SiO_2 致密的 Si_3N_4,同时解决了 Na^+ 离子的玷污和水气问题。但 Si_3N_4 又带来了应力大的缺点,故当集成电路发展到深亚微米阶段时,经过种种比较,人们最后采用了由氧化硅和氮化硅构成的复合材料 SiO_xN_y 作为钝化层材料,主要目的是在尽可能保持 Si_3N_4 优点的前提下降低钝化层材料的应力,获得了比较好的钝化效果。

1.2.7　化学机械抛光材料

集成电路技术发展到深亚微米水平时,用铜引线取代 Al 引线对解决集成电路的互连延迟和可靠性问题是一种很有效的途径。但由于无法用反应离子干法刻蚀工艺对 Cu 金属层进行有效的刻蚀,Cu 引线的布线成了问题。

近年来,人们通过淀积化学机械抛光技术(CMP)刻蚀停止层材料,在需要布线的位置处刻槽、淀积扩散阻挡层、淀积 Cu 金属层以及 CMP 过程等,避开利用反应离子刻蚀技术对 Cu 材料进行刻蚀的工艺步骤,成功地解决了 Cu 引线的布线问题。

CMP 过程中要用到两类重要的消耗性抛光材料,即抛光液和高分子抛光垫。Cu 的抛光液主要由水、硝酸、Al_2O_3 超细颗粒磨料、水溶性有机配位化合物等构成。在 CMP 过程中,有机配位化合物会与 Cu 反应形成水溶性薄膜,该薄膜会在磨料的摩擦和水的溶解双重作用下被除去。高分子抛光垫则是指含异氰酸酯的预聚物和固化材料的混合物经高温注塑成型工艺制成的一些内含大量小气泡的聚氨酯高分子材料。

1.2.8　封装材料

所谓"封装技术"就是一种将集成电路用绝缘的塑料或陶瓷材料打包的技术。大多数集成电路在组装到印刷电路板之前,都要经过封装工序。以中央处理器(Central Processing Unit,CPU)为例,我们实际看到的体积和外观并不是真正的 CPU 内核的大小和面貌,而是 CPU 内核等元件经过封装后的结果。

封装对于芯片来说是必需的,也是至关重要的。一方面,芯片必须与外界隔离,以防止空气中的杂质对芯片电路的腐蚀而造成电气性能下降;另一方面,封装后的芯片也更便于安装和运输。由于封装技术的好坏还直接影响到芯片自身性能的发挥和与之连接的印制电路板(Printed Circuit Board,PCB)的设计和制造,因此它是至关重要的。封装也可以说是指安装半导体集成电路芯片用的外壳,它不仅起着安放、固定、密封、保护芯片和增强导热性能的作用,而且还是沟通芯片内部世界与外部电路的桥梁—芯片上的接点用导线连接到封装外壳的引脚上,这些引脚又通过印刷电路板上的导线与其它器件建立连接。因此,对于很多集成电路产品而言,封装技术都是非常关键的一环。

封装主要可分为塑料封装和陶瓷封装两类,全球半导体封装材料趋势见表1-8。塑料封装具有廉价的优势,被用于普通场合;陶瓷封装具有导热性和密封性好、与硅的热膨胀系数接近等优点,但陶瓷封装材料成本较高,故陶瓷封装主要用于散热和防湿性能要求高的场合。

表1-8　全球半导体封装材料趋势　　(单位:百万美元)

封装材料	2006 年	2007 年	2008 年	2009 年	2010 年
引线框架	2975	3118	3256	3256	3245
基板	5918	6459	7070	7686	8419
陶瓷封装	1640	1700	1790	1840	1885
封装树脂	1615	1626	1698	1739	1808
键合引线	2643	3178	3682	3897	4102
装片材料	523	562	633	672	702
其它	230	275	328	381	438
总计	15544	16918	18440	19471	20599
增长率		8.8%	9.0%	5.6%	5.8%

塑料封装的结构主要由导电丝、引线框架及封装体三个部分组成。一般采用几十微米直径的金丝作为导电丝,电流大于 1A 时则采用多很金丝或较粗的铝线。引线框架材料主要有铁—镍合金和铜合金等。封装体材料主要采用环氧树脂。据报道,欧洲研究组织 IMEC(Inter-university Microelectronics Center)与比利时根特(Ghent)大学的 Inte 实验室联合开发出一种工艺,能够带来超薄的集成电路柔性(Flexible)封装,两家组织在欧盟支持的 Shift(灵巧高集成度柔性技术)项目下合作。IMEC 表示最终封装为 50nm 厚,可弯曲,可实现高集成电子系统的新型应用,其中多封装裸片能被集成在智能的柔性板或片材内。封装好的芯片能被用于柔性板、智能纺织品和柔性显示器。封装包含聚酰亚胺层和金属,总厚度可达 50μm。该芯片封装还提供带触点的"插入点",由较为宽松的距离引出,使在嵌入前可以进行芯片测试。

陶瓷封装结构主要由带引线框架的叠层陶瓷外壳、导电丝和盖板、密封材料等构成。引线框架材料主要是铁镍钴合金;叠层陶瓷外壳材料主要是氧化铝;叠层陶瓷外壳内的金属化材料主要是钨;芯片和叠层陶瓷外壳间的粘结剂采用掺银的环氧树脂导电胶;盖板材料主要是镀金铁镍钴合金,盖板与叠层陶瓷之间的密封材料主要是一些低熔点玻璃。

集成电路的高集成度化,多功能化不断对封装技术提出新的要求,封装技术正在随粉集成电路技术不断发展朝着多引线比,高密度化、薄型化、多功能化和高散热性化方向发展。集成电路的封装器件以往主要采用引脚数 200 个以下的四周平面引线式封装(QFP)方式。目前较多采用的是引脚数 300 个以上的球状凸起电极式(BGA)、裸芯片安装、芯片尺寸封装(CSP)和多芯片封装(MCM)等封装方式。BGA 与 QFP 的主要区别是用凸电极代替了 QFP 的封装体背面的引线,使 BGA 的尺寸比相同引线数的 QFP 大大缩小。裸芯片安装是指直接裸芯片组装到印刷电路版或陶瓷基板上,旨在使电子仪器小型、轻量和低成本化。裸芯片安装可分为导电丝焊接式、倒扣式(Flip Chip)和带自动组装等方式。

习 题

1. 简述集成电路芯片的制造流程。
2. 简述动态随机存储器与静态随机存储器的异同点。
3. 试述硅作为衬底材料随着器件尺寸的缩小,面临的显著问题。
4. 何谓信息存储材料,简述其存储机理。
5. 常用的衬底材料有哪些,比较其各自的优缺点。

参 考 文 献

[1] 张兴,黄如,刘晓彦. 微电子学概论. 北京:北京大学出版社,2010.
[2] 郝跃,贾新章,吴玉广. 微电子概论. 北京:高等教育出版社,2003.
[3] 陈力俊. 微电子材料与制程. 上海:复旦大学出版社,2005.
[4] 姜复松. 信息材料. 北京:化学工业出版社,2003.
[5] 林健. 信息材料概论. 北京:化学工业出版社,2007.
[6] 干福熹. 信息材料. 天津:天津大学出版社,2000.
[7] 赵连城,国凤云,等. 信息功能材料. 哈尔滨:哈尔滨工业大学出版社,2005.
[8] 吕银祥,袁俊杰,邵则淮. 现代信息材料导论. 上海:华东理工大学出版社,2008.
[9] 汪莱,王磊,任凡,等. AlN/蓝宝石模板上生长的 GaN 研究. 物理学报,2010,59:498.
[10] Yang C,Fan H,Xi Y,et al. Effects of depositing temperatures on structure and optical properties of TiO_2 film deposited by ion beam assisted electron beam evaporation. Applied Surface Science,2008,254:2685.
[11] Chen J,Fan H,Chen X,et al. Fabrication of pyrochlore-free PMN-PT thick films by electrophoretic depo-

sition. Journal of Alloys and Compounds, 2009, 471 : L51.

[12] Yang C, Fan H, Qiu S, et al . Microstructure and dielectric properties of La_2O_3 films prepared by ion beam assistant electron-beam evaporation. Journal of Non-Crystalline Solids, 2009, 355 : 33.

[13] Yang C, Fan H, Xia Y, et al. Anomalous phase formation during annealing of La_2O_3 thin films deposited by ion beam assisted electron beam evaporation. Thin Solid Films, 2009, 517 : 16770.

第2章 介电材料

介电材料又叫电介质,是以电极化为特征的材料。介电材料是通过感应而非传导的方式传递、存储或记录电场的作用和影响。其中电极化是在外电场作用下,分子中正负电荷中心发生相对位移而产生电偶极矩的现象,而介电常数是表征电介质的最基本参数。此外,电介质材料一般为非导电体,即绝缘体,一般是指电导率低于 $10^{-6}\Omega\cdot m$ 的材料。

2.1　介电材料种类

介电材料主要分为气体电介质材料、液体电介质材料及固体电介质材料。

气体电介质材料包括非极性气体(如 He、H_2、N_2、O_2 和 CH_4),极性气体(如 HCl、NO 等),还有一些混合气体如空气,其中最常用的是天然气介质。

液体电介质材料,包括非极性和弱极性液体(如 CCl_4、苯、二甲苯、汽油、煤油等),极性液体(如乙醇、水、三氯联苯等)。

固体电解质材料是使用最多的电介质材料,主要包括陶瓷和高聚物两类,还包括金刚石、硅、硫等晶体。电介质陶瓷为我们本章主要讲述的材料,其应用最广泛。高分子聚合物电介质材料目前也有开展研究及应用,包括聚乙烯及聚四氟乙烯等。

2.2　电介质的极化

2.2.1　介电常数的产生

设想在平行板电容器的两板上,充以一定的电荷,当两板间存在电介质时,两板的电位差总是比没有电介质存在(真空)时低,在介质表面上会出现感应电荷。这些感应电荷部分屏蔽了板上自由电荷所产生的静电场,这种感应电荷不能自由迁移,称为束缚电荷。

电介质在电场作用下产生感应电荷的现象,称为电极化。在电场作用下,电介质以正、负电荷重心不重合的电极化方式来传递并记录电的影响。从微观上看,电极化是由于组成介质的原子(或离子)中的电子壳层在电场作用下发生畸变,以及由于正负离子的相对位移而出现感应电矩。电极化是电介质最基本和最主要的性质,介电常数是综合反映介质内部电极化行为的一个主要的宏观物理量。

我们知道,对极板面积为 S 两极板内表面距离为 d,极板间真空的平行板电容器的电容为:

$$C_0 = \varepsilon_0 \frac{S}{d} \qquad (2-1)$$

式中:ε_0 为真空介电常数,数值为 $8.85 \times 10^{-18} \text{F/m}$。

当两极板间放入电介质时,电容器的电容增加。实验表明,两极板间为真空室的电容 C_0 与两极板间充满均匀电介质时的电容 C 的比值为

$$\varepsilon_r = \frac{C}{C_0} \qquad (2-2)$$

式中:ε_r 为介质的相对介电常数或电容率。

由式可见,ε_r 为电容之比,是一个没有单位的纯数。由于 ε_r 常简写成 ε,实际中通常写出 ε 而无特别说明时均指 ε_r。

由式(2-1)、(2-2)得

$$C = \varepsilon_r C_0 = \varepsilon_r \frac{\varepsilon_0 S}{d} = \varepsilon \frac{S}{d} \qquad (2-3)$$

式中:$\varepsilon = \varepsilon_r \varepsilon_0$,为电介质的介电常数。

介质的介电常数 ε,是相对于真空的介电常数,是电子陶瓷材料的一个十分重要的参数,不同用途的陶瓷对 ε_r 有不同要求。例如,绝缘陶瓷(装置陶瓷)一般要求 $\varepsilon_r \leqslant 9$,否则使线路的分布电容太大,影响线路的参数;而电容陶瓷一般要求 ε_r 越大越好,可以做成大容量小体积的电容器。

总之,简单的说,外电场作用下,(见图2-1所示)电介质显示电性的现象可以叫做电介质的极化。在电场的影响下,物质中含有可移动宏观距离的电荷叫做自由电荷;如果电荷被紧密地束缚在局域位置上,不能作宏观距离移动,只能在原子范围内活动,这种电荷叫做束缚电荷。理想的绝缘介质内部没有自由电荷,实际的电介质内部总是存在少量自由电荷,它们是造成电介质漏电的原因。导体中的自由电荷在电场作用下定向运动,形成传导电流。但在电介质中,原子、分子或离子中的正负电荷则以共价键或离子键的形式被相互强烈地束缚着。

44

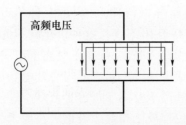

高频电压

图 2-1　电介质在电场作用下的示意图

一般情形下,未经电场作用的电介质内部的正负束缚电荷平均说来处处抵消,宏观上并不显示电性。在外电场的作用下,束缚电荷的局部移动导致宏观上显示出电性,在电介质的表面和内部不均匀的地方出现电荷,这种现象称为极化,出现的电荷称为极化电荷。这些极化电荷改变原来的电场。充满电介质的电容器比真空电容器的电容大就是由于电介质的极化作用。

在电场作用下,正、负束缚电荷只能在微观尺度上作相对位移,不能作定向运动。正负束缚电荷间的相对偏移,产生感应偶极矩。在外电场作用下,电介质内部感生偶极矩的现象,称为电介质的极化。(注意:铁电体中自发极化的产生是不需要外加电场诱导的,完全是由特殊晶体结构诱发的)

2.2.2　极化机制

1. 极化机制的分类

电介质的极化机制可分为以下几类:

(1) 电子极化,是在电场作用下原子核与负电子云之间相对位移,它们的等效中心不再重合而分开一定的距离 l 形成电偶极矩 $p_e = el$ (l 由负电中心指向正电中心,e 是电荷量)。当电场不太强时,电偶极矩 p_e 同有效电场成正比,$p_e = \alpha_e E$,式中 α_e 称为电子极化率。电子极化可分为位移极化和弛豫极化。

电子位移极化是在外电场作用下,原子外围的电子轨道相对于原子核发生位移而引起的极化。由于电子很轻,对电场的反应很快,可以在光频跟随外场变化。因此,在交变电场中,电场频率低于红外光频率时,电子位移极化便可以进行。

电子弛豫极化是由外加电场造成的,但与带电质点的热运动状态密切相关。材料中存在弱联系的电子、离子和偶极子等弛豫质点时,外加电场使其有序化分布,而热运动使其混乱分布,最后达到平衡极化状态。弛豫极化建立平衡极化时间约为 $10^{-2}\,\mathrm{s} \sim 10^{-3}\,\mathrm{s}$,并且要克服一定的位垒。因此,弛豫极化是一种非可逆过程。晶格的热振动、晶格缺陷、杂质引入、化学成分局部改变等因素,使电子能态发生改变,出现位于禁带中的局部能级形成所谓的弱束缚电子。具有电子弛豫

45

极化的介质往往具有电子导电特性,极化是一种不可逆过程,建立时间约为10^{-2}s～10^{-3}s,电场频率高于10^{9}Hz 时,这种极化就不再存在。

(2)离子极化又称为原子极化,是在正负离子组成的物质中异极性离子沿电场向相反方向位移形成电偶极矩$\boldsymbol{p}_{a}$。$\boldsymbol{p}_{a}$与有效电场成正比,$\boldsymbol{p}_{a} = \alpha_{a}\boldsymbol{E}$,$\alpha_{a}$称为离子极化率。电子极化和离子极化都同温度无关。

离子极化也可分为位移极化和弛豫极化。在离子晶体中,除存在电子位移极化以外,在电场作用下,还会发生正、负离子沿相反方向位移形成离子位移极化。例如,简单离子晶体(NaCl)中,没有外电场时,各正、负离子对形成的偶极矩相互抵消,极化强度为零;加上电场以后,所有的正离子顺电场方向移动,所有的负离子则逆电场方向移动。结果,正、负离子对形成的偶极矩不再相互抵消,极化强度不为零而呈现宏观电矩,离子位移极化完成的时间约为10^{-12}s～10^{-13}s。

在玻璃态物质、结构松散的离子晶体或晶体中的杂质或缺陷区域,离子自身能量较高,易于活化迁移,这些离子为弱联系离子。弱联系离子弛豫极化时,其迁移的距离可达晶格常数数量级。离子弛豫极化率比位移极化率大一个数量级,因此电介质的介电常数较大。离子弛豫极化的时间约为10^{-2}s～10^{-5}s,电场频率在无线电频率10^{6}Hz 以上时,则离子弛豫极化对电极化强度没有贡献。

(3)固有电矩的取向极化,某些电介质分子由于结构上的不对称性而具有固有电矩p。在无外电场时,由于热运动,这些分子的取向完全是无规的,电介质在宏观上不显示电性。在外电场的作用下,每个分子的电矩受到电场的力矩作用,趋于同外场平行,即趋于有序化;另一方面热运动使电矩趋于无序化。在一定的温度和一定的外电场下,两者达到平衡。固有电矩的取向极化也可以引入取向极化率α_{d}描述,当电场强度不太大而温度不太低时,

$$\alpha_{d} = \frac{\mu_0^2}{3kT}$$

式中:k为玻耳兹曼常数;T为热力学温度;μ_0^2为无外电场时的均方偶极矩。

这种极化同温度的关系密切。偶极子的转向极化由于受到电场力转矩作用,分子热运动的阻碍作用以及分子之间的相互作用,所以这种极化所需的时间比较长,取向极化完成的时间约为10^{-2}s～10^{-10}s。

(4)界面极化,由于电介质组分的不均匀性以及其它不完整性,例如杂质、缺陷的存在等,电介质中少量自由电荷停留在俘获中心或介质不均匀的分界面上而不能相互中和,形成空间电荷层,从而改变空间的电场。从效果上相当于增强电介质的介电性能。

46

（5）空间电荷极化，是不均匀电介质也就是复合电介质在电场作用下的一种主要的极化形式。极化的起因是电介质中的自由电荷载流子（正、负离子或电子）可以在缺陷和不同介质的界面上积聚，形成空间电荷的局部积累，使电介质中的电荷分布不均匀，产生宏观电矩。

空间电荷极化随温度升高而下降，因为温度升高，离子运动加剧，离子容易扩散，因而空间电荷减少。空间电荷极化需要较长时间，大约几秒到数十分钟，甚至数十小时，因此空间电荷极化只对直流和低频下的极化强度有贡献。

总之，电介质极化的现象归根结底是电介质中的微观带电粒子在外电场的作用下，电荷分布发生变化而导致的一种宏观统计平均效应。按照微观极化机制，可归纳为以下几种形式：电子位移极化、离子位移极化、偶极子转向极化、热离子位移极化、空间电荷极化、弛豫极化及自发极化等，见图2-2所示。图2-3给出了微观极化产生的机理示意图，在外电场作用下，各种极化机制使材料发生相应的微观变化。其中，各种极化机制的响应时间和介电常数的贡献不同，表2-1中归纳列出了基本的机制特征。

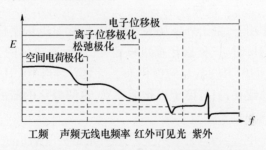

图2-2　各种极化机制的作用频率范围

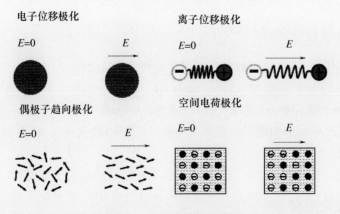

图2-3　电介质的极化机制

表 2 - 1　各极化机制特征

极化机制类型	响应时间	对介电常数的贡献
电子位移极化	$10^{-16}\,\mathrm{s} \sim 10^{-14}\,\mathrm{s}$	$\alpha_e\,;10^{-40}\,(\mathrm{C \cdot m^2})$
离子位移极化	$10^{-13}\,\mathrm{s} \sim 10^{-12}\,\mathrm{s}$	$\alpha_i\,;10^{-40}\,(\mathrm{C \cdot m^2})$
偶极子转向极化	$10^{-8}\,\mathrm{s} \sim 10^{-2}\,\mathrm{s}$	与无电场时的偶极矩有关
热离子位移极化	$10^{-2}\,\mathrm{s}$	$\alpha_\mu\,;10^{-38}\,(\mathrm{C \cdot m^2})$
空间电荷极化	$10^{-1}\,\mathrm{s} \sim 10^3\,\mathrm{s}$	只对直流、低频有贡献
弛豫极化	$10^{-5}\,\mathrm{s} \sim 10^{-2}\,\mathrm{s}$	电子弛豫极化在 $10^9\,\mathrm{Hz}$ 以下，离子弛豫极化在 $10^6\,\mathrm{Hz}$ 以下有贡献

2. 极化机制的特征

实际中,电介质分子的极化需要一定的时间。完成极化的时间叫弛豫时间 τ,其倒数称弛豫频率 f,电子极化的 f 约 $10^{15}\,\mathrm{Hz}$,相当于紫外频率;分子、离子极化的 f 约为 $10^{12}\,\mathrm{Hz}$,处于红外区;取向极化的 f 在 $10^0\,\mathrm{Hz} \sim 10^{10}\,\mathrm{Hz}$,处于射频和微波区。

在交变电场作用下,由于外电场频率不同,极化对电场变化的反应也不同,当 $f < 10^0\,\mathrm{Hz} \sim 10^{10}\,\mathrm{Hz}$ 时,三种极化都可以建立,因而对总体的介电常数都有贡献。当 $10^{10}\,\mathrm{Hz} < f < 10^{13}\,\mathrm{Hz}$ 时,取向极化来不及建立。当 $10^{13}\,\mathrm{Hz} < f < 10^{15}\,\mathrm{Hz}$ 时,离子极化也来不及建立,只有电子极化能建立,这叫极化的滞后。因此,极化强度与交变电场的频率有关。

2.3　介电材料的特征值

2.3.1　分子极化率

在电场作用下,介电材料的分子产生电偶极矩 μ,而

$$\mu = \alpha E \qquad (2-4)$$

式中:α 为分子极化率,这是一个统计平均值($\mathrm{C \cdot m^2/V}$)。

分子极化率一般由电子极化率 α_e、原子(离子)极化率 α_a 和取向极化率 α_d 三部分构成:

$$\alpha = \alpha_e + \alpha_a + \alpha_d \qquad (2-5)$$

2.3.2　极化强度

介电材料的极化强度是单位体积内电偶极矩的矢量和:

$$P = \frac{\left| \sum \mu \right|}{\Delta V} = n \bar{\mu} \qquad (2-6)$$

式中:P 为介电材料在电场作用下介质的极化强度;μ 为偶极矩矢量;$\bar{\mu}$ 为平均偶极矩;ΔV 为体积;n 为单位体积内分子数。

2.3.3　静态介电常数

静态介电常数 ε 和极化强度 P 的关系为

$$\varepsilon = \varepsilon_0 + \frac{P}{E} \qquad (2-7)$$

式中:ε_0 为真空介电常数;E 为电场强度。

从式中可以看出,电介质的极化强度 P 越大,ε 也越大。方便起见常用相对静态介电常数 $\varepsilon_r = \varepsilon/\varepsilon_0$,而把 ε 称为绝对介电常数。

2.3.4　动态介电常数

前面说过,材料的极化强度和交变电场的频率有关,在交变电场中,由于极化滞后,介电常数要用复数 $\dot{\varepsilon}$ 表示,又叫动态介电常数。

$$\dot{\varepsilon} = \varepsilon' - i\varepsilon'' = \varepsilon' + i\sigma/\omega \qquad (2-8)$$

式中:ε' 为介电常数实部;ε'' 为介电常数虚部;σ 为介质电导率;ω 为外电场的角频率。

而,

$$\frac{\varepsilon'}{\varepsilon''} = \tan\delta \qquad (2-9)$$

式中:$\tan\delta$ 为损耗角正切;δ 为电感和电场的相位角。

当 $\delta = 0$ 时,即非交变电场时,$\tan\delta = 0$,$\varepsilon'' = 0$,$\dot{\varepsilon} = \varepsilon' = \varepsilon$,即为静介电常数;同样复介电常数常用相对值 $\dot{\varepsilon}_r = \dot{\varepsilon}/\varepsilon_0$,$\varepsilon'_r = \varepsilon'/\varepsilon_0$,$\varepsilon''_r = \varepsilon''/\varepsilon_0$ 表示。

另外需指出,由于 ε 随 P 而变,故 ε 也随 f 而变。

2.3.5　电位移

前述电极化概念时,把感应电荷称为束缚电荷,而束缚电荷的面密度或介质中单位体积的电矩即为极化强度,以 P 表示。P 不仅与外电场强度有关,更与电介质本身的特性有关。

真空时,电位移

$$D = \varepsilon_0 E_0 \qquad (2-10)$$

式中:E_0 为两极板间为真空的介质中的静电场。

有电介质时,

$$D = \varepsilon_0 \varepsilon_r E \qquad\qquad (2-11)$$

式中：E 为两极板间有电介质时的介质中的宏观静电场；ε_r 为电解质的静电常数。

电位移为

$$D = \varepsilon_0 E + P \qquad\qquad (2-12)$$

由式(2-11)、式(2-12)知，P 的表达式也可以写成

$$P = \varepsilon_0 (\varepsilon - 1) E \qquad\qquad (2-13)$$

2.3.6 介电损耗

在交变电场中，每秒内、每立方米电介质消耗的能量称介电损耗 W

$$W = 2\pi f E_0^2 \varepsilon'' = 2\pi f E_0^2 \varepsilon' \tan\delta \qquad\qquad (2-14)$$

式中：E_0 为交变电场的最大振幅；f 为交变电场的频率；$\tan\delta$ 为损耗角正切，也称损耗因子；ε' 为复介电常数实部；ε'' 为复介电常数虚部。

2.3.7 电导率

一般电介质都不是绝对绝缘体，或多或少都有些电导率，其来源为漏电电导率和位移电导率，对介电材料的性能有影响。

2.3.8 击穿电压

电介质承受的电压超过一定值后，就丧失了对电介质的绝缘性，这个电压称为击穿电压。

2.4 介电陶瓷

介电陶瓷是介电材料中最重要的一类材料，也是实际生产生活中最常用的介电材料。介电陶瓷是具有特殊的电、磁、光及部分化学功能的特殊的无机固体多晶材料，实际中经常作为介电常数比较高的无机非金属材料的统称。这类材料主要分为非铁电陶瓷和铁电陶瓷两类。非铁电陶瓷比如二氧化钛、钛酸镁等，这一类材料为电学线性材料，高频损耗小，也称为高频电容器用陶瓷。铁电陶瓷比如钛酸钡、锆钛酸铅等，介电常数高，也称为强介电陶瓷，其电学行为非线性。除此以外还有一些比如反铁电陶瓷等等，数量比较少。

介质陶瓷国际分类主要为铁电介质陶瓷、高频介质陶瓷、半导体介质陶瓷、反铁电介质陶瓷、微波介质陶瓷和独石结构介质陶瓷等。

按国家标准，分为三类，即：I 类陶瓷介质、II 类陶瓷介质和 III 类陶瓷介质。

Ⅰ类陶瓷介质：主要用于制造高频电路中使用的陶瓷介质电容器。特点：高频下的介电常数约为 12～900，介质损耗小，介电常数的温度系数范围宽等；

Ⅱ类陶瓷介质：主要用于制造低频电路中使用的陶瓷介质电容器。特点：低频下的介电常数高，约 200～30000，介质损耗比Ⅰ类陶瓷介质大很多，介电常数随温度和电场强度的变化呈强烈的非线性，具有电滞回线和电致伸缩，经极化处理具有压电效应等。Ⅲ类陶瓷介质：也称为半导体陶瓷介质，陶瓷材料的晶粒为半导体，利用陶瓷表面与金属电极间的接触势垒层或晶粒间的绝缘层作为介质。这种材料的介电常数很高，约 7000～100000 以上，甚至可达到 300000～400000。主要用于制造汽车、电子计算机等电路中要求体积非常小的陶瓷介质电容器。

为了减小元件的几何尺寸，各国都在大力开发新的电介质陶瓷材料和复合电介质材料。半导体陶瓷电容器的发展很快，有的产品已经在汽车及低压电子回路中得到很广泛的应用；发展具有独石结构的陶瓷电容器也是目前的方向之一。我国首创了低温烧结独石陶瓷电容器，近年来中、低温独石电容器陶瓷也有很快的发展。随着整机发展的要求，片式陶瓷电容器、片式陶瓷电感、片式陶瓷电阻等片式陶瓷元件，以及微叠层陶瓷元件的研究、开发和生产的发展都非常快。

2.4.1　介电陶瓷实际应用中的重要参数

1. 介电常数

在交变电场下，由于介质的极化建立需要一定时间，在实际电介质中会产生损耗，因此介电响应需用复介电常数描述。而介电常数又是介电陶瓷用途范围不同而划分的重要参数，这里作详细分析。

上文中知，复介电常数为 $\dot{\varepsilon} = \varepsilon' - i\varepsilon'' = \varepsilon' + i\sigma/\omega$。实际上，这是一个宏观的表达式，在微观上，由晶格点阵振动一维模型理论可得，微观极化率为

$$\alpha = \frac{\mathscr{P}}{E} = \frac{q^2/m}{\omega_0^2 - \omega^2 + i\gamma\omega^2} = \frac{q^2}{m} \cdot \frac{(\omega_0^2 - \omega^2) - i\gamma\omega^2}{(\omega_0^2 - \omega^2)^2 + \gamma^2\omega^2} \quad (2-15)$$

式中：m 为振子有效质量；q 为振子所带有有效电荷；E 为外电场强度；γ 为阻尼系数；$\omega_0 = \sqrt{f/m}$ 为振子的谐振频率；ω 为电介质光学模的振动频率。

为简化起见，如果不考虑 Lorentz 修正，即假设复介电常数 $\dot{\varepsilon} = \varepsilon' - i\varepsilon'' = 1 + \varepsilon_\infty + N\alpha$，$N$ 为单位体积内偶极子数量，则

$$\varepsilon' = 1 + \varepsilon_\infty + \frac{Nq^2}{m} \cdot \frac{\omega_0^2 - \omega^2}{(\omega_0^2 - \omega^2)^2 + \gamma^2\omega^2} \quad (2-16)$$

$$\varepsilon'' = \frac{Nq^2}{m} \cdot \frac{\gamma\omega}{(\omega_0^2 - \omega^2)^2 + \gamma^2\omega^2} \quad (2-17)$$

由于使用中电场频率远低于电介质光学模的振动频率,即 $\omega \ll \omega_0$,且介电常数远大于1,即 $\varepsilon_r \gg 1$,有

$$\varepsilon' \approx \frac{Nq^2}{m\omega_0^2} = 常数 \qquad (2-18)$$

$$\varepsilon'' \approx \frac{Nq^2\gamma\omega}{m\omega_0^4} \propto \omega \qquad (2-19)$$

同时我们还可以得到

$$\tan\delta = \frac{\varepsilon''}{\varepsilon'} \approx \frac{\gamma\omega}{\omega_0^2} \propto \omega \qquad (2-20)$$

上面的式子表明,外电场下电介质的介电常数由偶极子的空间密度 N、有效电荷 q、有效质量 m 和谐振频率 ω_0 共同决定。单位体积内的偶极子数量 N 越多,离子电价 q 越高,有效质量 m(或惯性)越小,介电常数 ε 就越大。介电损耗($\tan\delta$)则与阻尼系数 γ 成正比,阻尼系数越大,损耗就越大。图2-4反映了介电常数实部 ε'、虚部 ε'' 与频率 ω 的关系。图中虚部 ε'' 的峰值对应于主要极化机制的改变,表明了损耗的峰值。

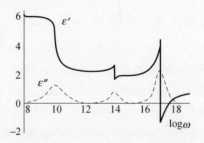

图2-4 介电常数的实部 ε'、虚部 ε'' 与频率 ω 的关系

通常,介电常数越高,电介质容纳电荷的能力越强,因而其信息存储量越大。在设备性能要求一定的前提下,介电常数越高,其的器件尺寸越小,适应了工业元件不断智能化、小型化的趋势。因而,上述结论对设计介质材料有重要的指导意义。例如,为了获得更高的介电常数,可以用高价态的离子置换低价态的离子,或者用轻离子置换重离子,同时应该尽量提高材料的致密度。晶格阻尼是由于原子或离子之间的非简谐作用引起。耗散理论指出,化学键键长越短,键越"硬",非简谐作用就越小,相应的介质损耗也就越低。

2. 介电损耗

介电材料在电场作用下,由于介质电导和介质极化的滞后效应,在其内部引起的能量损耗,也叫介质损失,简称介损。电介质在电场作用下往往会发生电能转变为其它形式的能(如热能)的情况,即发生电能的损耗。常将电介质在电场

作用下,单位时间消耗的电能表征介质损耗。其值表明在电压 U 的作用下,电介质单位时间内消耗的能量,是材料性能的指标之一,例如对绝缘材料而言,介电损耗愈小,绝缘材料的质量愈好,绝缘性能也愈好。通常用介电损耗角正切衡量。工业频率下的介电损耗角正切一般用西林电桥(高压电桥)测定。

介电损耗是所有应用于交流电场中电介质的重要指标之一,因为介质在电工或电子工业上的重要职能是直流绝缘和储存能量。介质损耗不但消耗了电能,而且由于温度的上升可能影响元器件的正常工作。例如谐振回路中的电容器,其介质损耗过大时将影响整个回路的调谐锐度,从而影响整机的灵敏度和选择性。

1)介质损耗分类

介质损耗根据形成的机理可分为弛豫损耗、共振损耗和电导损耗。弛豫损耗和共振损耗分别与电介质的弛豫极化和共振极化过程相联系,而电导损耗则与电介质的电导相联系。

(1)弛豫损耗。

当交变电场 E 改变其大小和方向时,电介质极化的大小和方向随着改变。如电介质为极性分子组成(极性电介质)或含有弱束缚离子(这类偶极子和离子极化由于热运动造成,分别称为偶极子和热离子),转向或位移极化需要一定时间(弛豫时间),电介质极化与电场就产生了相位差,由这种相位差而产生了电介质弛豫损耗 W_g。

如组成电介质的极性分子和热离子的弛豫时间 τ 比交变电场的周期 T 大得多,这些粒子就来不及建立极化,电介质弛豫极化就很小。在低频电场下,粒子的弛豫时间 τ 比 T 小得多,但由于单位时间改变方向的次数很小,电介质的弛豫损耗也很小。当交变电场频率时,介质损耗具有极大值。通常弛豫损耗在含有极性分子和弱束缚离子的液体和固体电介质弛豫极化过程中产生。弛豫损耗与温度、电场频率有关。

(2)共振损耗。

电介质可以看成是许多振子的集合,这些振子在电场作用下作受迫振动,并最终以热能方式损耗。当电场频率比振子频率高得多或低得多时,损失能量很少。只有当电场频率等于振子固有频率(共振)时,损失能量最大,故称电介质共振损耗。对于电子弹性位移极化,约在紫外频率波段,而对于离子位移极化,约在红外频率波段。

(3)电导损耗。

实际电介质均具有一定电导,由于贯穿电导电流引起的电介质损耗(焦耳损耗)称为电介质电导损耗,它与电场频率无关。

2）介质损耗角正切 tanδ

电介质在交变电场作用下,所积累的电荷有两种分量:①有功功率。一种为所消耗发热的功率,又称同相分量;②无功功率,又称异相分量。异相分量与同相分量的比值即为介质损耗正切值 tanδ。是用来衡量电介质损耗大小、材料品质的重要参数。

$$\tan\delta = \frac{1}{\omega C R} \qquad (2-21)$$

式中:ω 为交变电场的角频率;C 为介质电容;R 为损耗电阻。

介电损耗角正切值是无量纲的物理量。可用介质损耗仪、电桥、Q 表等测量。对一般陶瓷材料,介质损耗角正切值越小越好,尤其是电容器陶瓷。仅仅只有衰减陶瓷是例外,要求具有较大的介质损耗角正切值。例如橡胶的介电损耗主要来自橡胶分子偶极化。橡胶作介电材料时,介电损耗是不利的;橡胶高频硫化时,介电损耗又是必要的,介质损耗与材料的化学组成、显微结构、工作频率、环境温度和湿度、负荷大小和作用时间等许多因素有关。

在直流电压作用下,介质中存在载流子,有漏导电流 I_R,其损耗功率 P 为

$$P = U \cdot I_R = U^2/R \qquad (2-22)$$

已知材料电阻为 R,$R = \rho\dfrac{d}{s}$,ρ 为材料电阻率,带入式(2-15)

$$P = \frac{E^2 \cdot d^2}{\rho d/S} = \frac{E^2 S d}{\rho} \qquad (2-23)$$

单位体积内的损耗功率 p 为

$$p = \frac{P}{V} = \frac{P}{Sd} = \frac{E^2}{\rho} = \sigma E^2 \qquad (2-24)$$

可见直流电压下,介质损耗取决于材料的电阻率 ρ 或电导率 σ。

而在交流电压下,除了漏导电流 I_P,还有极化电流 I_Q,因而,仅电阻率就不能表达介电损耗了。必须要用其它量来描述介质的品质,即介质损耗角正切 tanδ(loss factor)。其中 δ 是电流与电压的相位差,也就是介电质电位移 D 与电压 V 的相位差。这是由于介电质极化引起的,如图2-5所示。由前知介电常数为复数形式,实部 ε' 为有功介电常数,虚部 ε'' 为无功介电常数。理想条件下完全绝缘的电介质材料其内电容电流 i 超前电压 U 有 90°,是一种非损耗电流从而不引入损耗。但由于实际介电材料是弱导电性或极性的,介电电导(漏导)引入的电流与电压有同向的关系;而弛豫损耗、空间电荷极化等方式引入的损耗电流与电压夹角介于两者之间。因而介电常数虚部与实部的商引入的是一个损耗量。通过图2-6我们可以清楚的知道,相位差 δ 是由于不同的损耗(材料损耗、电导损耗、辐射损耗等)引起的电流相位改变相叠加后的结果。

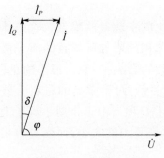

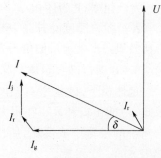

图 2 - 5　相位差 δ　　　　　图 2 - 6　相位差 δ 出现原因示意图

另外,由图 2 - 5 可知,$\tan\delta = \dfrac{I_P}{I_Q}$,而 $I_Q = U\omega C_P$,可以算出损耗电流密度为

$$I_P = I_Q\tan\delta = \omega C_P\tan\delta \qquad (2-25)$$

从而可以算出交流下的介质损耗大小为

$$p = \frac{P}{S \cdot d} = \omega\varepsilon_0\varepsilon_r E^2\tan\delta \qquad (2-26)$$

由于 $U = E \cdot d, C_P = \varepsilon_0\varepsilon_r\dfrac{S}{d}$,从而

$$P = UI_P = U^2\omega C_P\tan\delta \qquad (2-27)$$

介质损耗正切角 $\tan\delta$ 有以下的意义:

(1) 当 ω、E 恒定时,$\tan\delta$ 与介质损耗有正比关系,随 $\tan\delta$ 增大,则材料的介质损耗增大。

(2) $\tan\delta$ 是描述交变电场作用下介质损耗的宏观参数。

(3) $\tan\delta$ 的研究对介质材料的研究很有指导意义,反映了电介质材料非电容电导的贡献。

3. 频率的温度稳定性

介电陶瓷的介电特性中温度稳定性也是一项重要指标,介电常数的变化随温度变化将影响材料的频率特性,进而严重影响器件(如滤波器、振荡器)的选频特性,一般用介电常数的温度系数 τ_ε 来表示。

$$\tau_\varepsilon = \frac{1}{\varepsilon_r} \cdot \frac{d\varepsilon_r}{dT} \qquad (2-28)$$

介电常数的温度系数与晶体的对称性和完整性相关,常压下可用下式近似表达:

$$\tau_\varepsilon = \frac{1}{\varepsilon}\left(\frac{\partial\varepsilon}{\partial T}\right)_P = \frac{(\varepsilon-1)(\varepsilon+2)}{\varepsilon}(A + B + C) \qquad (2-29)$$

其中:$A = -\dfrac{1}{3V}\left(\dfrac{\partial V}{\partial T}\right)_P, B = \dfrac{1}{3\alpha_m}\left(\dfrac{\partial\alpha_m}{\partial V}\right)_T\left(\dfrac{\partial V}{\partial T}\right)_P, C = \dfrac{1}{3\alpha_m}\left(\dfrac{\partial\alpha_m}{\partial T}\right)_V$。

式中:α_m 为极化率;V 为体积;ε 为介电常数。

A 项表示随着温度的升高,单位体积内极化离子数量的降低。它是体积膨胀的直接效果。B 项表示温度升高时,由有效体积的增加所导致的离子极化率的增加。$A+B$ 项也即表示体积膨胀对介电常数的影响,一般为很小的正值。C 项表示一定体积下,极化率对温度的直接依赖关系,对于常见的材料一般为负值。因此,τ_ε 的正负和大小在很大程度上取决于 C 项。由于作用于离子上的恢复力与离子的极化率成反比,所以 C 项也表示恢复力的大小,而恢复力是与结构化学相关的一个参数。

微波介质陶瓷的 τ_ε 要与陶瓷自身的热膨胀系数 α 相互匹配补偿,方可保证介质器件谐振频率 f_0 的高度稳定性。谐振频率温度系数 τ_f 和介电常数温度系数 τ_ε、线性膨胀系数 α 存在以下关系:

$$\tau_f = \frac{1}{f} \cdot \frac{\mathrm{d}f_0}{\mathrm{d}T} = -\left(\alpha + \frac{1}{2}\tau_\varepsilon\right) \qquad (2-30)$$

一般要求 τ_f 范围在 $(-10 \sim +10) \times 10^{-6}/℃$,最好为零。而陶瓷的线膨胀系数 α 为正,其值在 $(6 \sim 9) \times 10^{-6}/℃$ 左右,因此应设法使其 τ_ε 为负值,且其绝对值在 2α 左右。这个公式在材料实验及设计中应用较多。

4. 电介质的击穿

一般外电场不太强时,电介质只被极化,不影响其绝缘性能。当其处在很强的外电场中时,电介质分子的正负电荷中心被拉开,甚至脱离约束而成为自由电荷,电介质变为导电材料。当施加在电介质上的电压增大到一定值时,使电介质失去绝缘性的现象称为击穿。击穿形式包括热击穿、电击穿和不均匀介质局部放电引起的击穿。

电介质所能承受不被击穿的最大电场强度称为击穿场强 E_b,电介质被击穿时两极的电压称为击穿电压 U_b。

由图 2-7 可知,当到达电击穿的电压与场强时,电介质电导突然剧增,绝缘状态变为导电状态这一跃变现象。如图 2-7 所示的曲线上的近乎垂直的部分也是电介质击穿的判据之一。

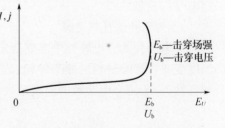

图 2-7　电介质击穿时的伏安特性

E_b、U_b 的意义:

(1) 电介质的基本性能参数之一,代表了电介质在电场作用下保持绝缘状态的极限能力。

(2) 绝缘损害是电力设备、电力系统事故的主要因素,是选择器件材料的重要考虑因素。

（3）电子器件的高场强应用越来越多,高电压、高场强的承受能力需求加大。

（4）击穿过程中,有电流倍增效应,以及光、热、机械力的作用,在工程应用技术中,有广阔的应用前景。如超薄电视机就是气体放电——引起荧光物质发光。

另外,与气体、液体介质相比,固体介质的击穿场强较高,击穿后在材料中留下有不能恢复的痕迹,如烧焦或熔化的通道、裂缝等,去掉外施电压,不能自行恢复绝缘性能,需要特别注意。

2.4.2 常见的不同结构介电陶瓷类型

1. 简单氧化物型介电陶瓷

这类介电陶瓷主要包括一些简单的氧化物,如 TiO_2,Al_2O_3,MgO,ZnO,SiO_2,B_2O_3,BaO 等,介电常数较低,是最早研究的一类介电陶瓷,应用较少,主要用于一些基本的基板材料及半导体介电陶瓷等。

例如 TiO_2,1960 年 A. Okaya 再次提出介质谐振器的概念并试用 TiO_2 单晶制作了小型化的微波介质谐振器,不过因其谐振频率的温度稳定性差而无法投入实际应用。1968 年,S. B. Cohn 等人又用 TiO_2 陶瓷制成微波滤波器,同样因 τ_f 过高而未能实用化。70 年代初,Raytheon 公司研制成功 $BaO - TiO_2$ 体系温度稳定性好、损耗低的微波介质,首次实现了微波介质谐振器的实用化。1971 年日本 NHK 公司用正、负温度系数材料组合成了温度稳定的介质谐振器。此后 TiO_2 与其它材料相结合,体系一直在发展。

再如,Al_2O_3 是为人们所熟悉的刚玉晶体结构,铝原子位于氧八面体的中心,氧原子位于八面体的顶角,氧八面体通过共棱链接。Al_2O_3 陶瓷的主晶相是 $\alpha - Al_2O_3$,为刚玉型结构,属三方晶系 R - 3C 空间群,用六方晶胞来表示,$a = 0.476nm$,$c = 1.297nm$,$Z = 6$。由于 Al_2O_3 陶瓷具有良好的机械强度及耐热性能,开始被用在坩埚、刀具等方面,后来人们发现 Al_2O_3 陶瓷还具有良好的介电性能,尤其是介电损耗非常低。它一直是最重要的低介电常数介电陶瓷之一,具有低的介电损耗($\tan\delta < 10^{-5}$)和介电常数 ε 约为 10。它作为通信介质谐振器主要应用在 $10GHz \sim 300GHz$ 微波—亚毫米波的频率范围内,以及用在时钟的超稳定振荡器上和电路基版上。

2. ABO_3 型介电陶瓷

钙钛矿氧化物是重要的高介电常数材料。钙钛矿结构起源于钙钛矿矿物 $CaTiO_3$,是以俄罗斯地质学家 Perovski 的名字命名的,其基本结构见图 2 - 8。理想的钙钛矿氧化物是绝缘体,具有高硬度、高熔点和各向同性,但偏离理想晶体结构会导致各向异性的产生和新性能的出现。研究结果表明,钙钛矿结构氧化物不仅具有丰富的电学、磁学和优异的光学特性,还表现出了完全不同的相变性质。例如,$SrTiO_3$,$CaTiO_3$和$BaTiO_3$都属于钙钛矿氧八面体族氧化物,但$BaTiO_3$是铁电体,而$SrTiO_3$和$CaTiO_3$却没有铁电性。迄今,已在钙钛矿结构氧化物中发现了顺电体、铁电体、反铁电体、压电体、热释电体;顺磁体、铁磁体、反铁磁体;绝缘体、半导体、金属导体、超导体。钙钛矿结构氧化物不仅在机、电、声、光、热等领域有着广泛的应用,还为基础研究提供了丰富的研究课题。

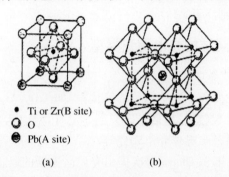

- ● Ti or Zr(B site)
- ◯ O
- ◉ Pb(A site)

(a)　　　　　　　　(b)

图 2 - 8　钙钛矿型介电材料的晶体结构示意图

钙钛矿型(ABO_3)型介电陶瓷是介电陶瓷中研究最多、应用最广的介电陶瓷体系之一,包括$MgTiO_3$系、$BaTiO_3$系、$CaTiO_3$系、$PbTiO_3$系、$Ln_2O_3 - TiO_2$系(Ln为稀土元素)、$ZnTiO_3$系等许多体系。

$BaTiO_3$是传统的钙钛矿结构的低频高介电材料,并已经被广泛的应用。由于$BaTiO_3$具有高的介电常数,良好的铁电、介电及绝缘性能,主要用于制备高电容电容器、多层基片、各种传感器等。随着电子科学的不断发展,对介电陶瓷性能要求越来越高,其中多层型电容器不断薄层化,已被实用的多层电容器每层厚度仅达几个微米。

$CaTiO_3$系介电陶瓷以钛酸钙($CaO \cdot TiO_2$)为主晶相的陶瓷材料,立方晶系,钙钛矿型结构,相对介电常数 140 ~ 150。介电常数温度系数为(- 1000 ~ - 1500) $\times 10^{-6}$/℃,介质损耗角正切值小于 6×10^{-4}(20℃,1MHz)。工业生产中主要原料为二氧化钛和方解石。纯钛酸钙很难烧结成陶瓷,可加入 1% ~ 2% 二氧化锆,降低烧成温度至 1360℃左右温度下烧结,可以防止高温下钛离子高温还原成低价钛离子,从而改善瓷料性能。其它的改性添加物还有 $Bi_2O_3 \cdot TiO_2$ 和 $La_2O_3 \cdot TiO_2$等。可用于制作高频温度补偿电容器等。

再例如 $MgTiO_3$系,以钛酸镁为基础的高频介质陶瓷材料,是目前较为成熟的高频热稳定电容器瓷之一。它的主要特点是其介电常数较低,ε_r在 20 左右,介质损耗低,约为 1×10^{-4},烧结温度比较高(1400℃),电容温度系数的绝对值小,原材料丰富且价格低廉。$MgTiO_3$ 基陶瓷作为微波通信雷达系统中的谐振器和滤波器也已经获得广泛的应用。

$ZnTiO_3$ 系材料过去被广泛应用于化学工业中作为催化剂、颜料及脱硫剂使用,20 世纪 50 年代初 Usgiura 等对钛酸锌陶瓷的介电性能进行了研究,此后该体系陶瓷材料在介电材料方面的应用,仅仅是作为其它材料体系中形成固溶体的一个组分;直到 20 世纪 90 年代,Hgaa 等人研究了 $ZnTiO_3$ 体系的微波及低频介电性能之后,才引起了人们对 $ZnO - TiO_2$ 系陶瓷微波介电性能的关注,并开展了一系列研究。

特别值得一提的是以 $PbTiO_3$ 为代表的 Pb 基钙钛矿系列介电陶瓷材料在介电陶瓷中一直占有重要的地位和广泛的用途,虽然 Pb 基钙钛矿系列介电陶瓷材料具有较为优良的介电性能,介电常数很高,且容易实现低温烧结;但是,由于其含有污染性的铅,给应用推广带来了很大的阻力。特别是近年来欧盟已经明令禁止含铅的材料用于工业生产,使得最新的研究中,无铅介电材料及铅基材料的代用品成为科学家研究的热点。

除以上的立方钙钛矿结构外,常见的还有三方、正交、六方钙钛矿等不同钙钛矿结构。

特别需指出,六方钙钛矿结构是复合钙钛矿材料中近年研究的热点。$A_5B_4O_{15}$ 型六方钙钛矿结构也可以用立方密堆结构描述,只不过与典型的 ABO_3 型钙钛矿略有不同:ABO_3 结构中的 AO_3 层均以立方形式堆垛,而 $A_5B_4O_{15}$ 结构中的 AO_3 层呈立方—六方混排形式。"六方钙钛矿"实际上就是用来形容这种混排结构的。如图 2 - 9 所示,这种特殊的混排结构可以用 Jagodzinski 符号来表示:对于堆垛结构中每一层,如果相邻层与之相同,则用 c 表示;如若相异,则用 h 表示。很显然,这种六方钙钛矿结构中存在一些共面的 BO_6 八面体间隙结构单元。如 $La_4Ti_3O_{12}$、$ALa_4Ti_3O_{15}$(A-Ba,Sr,Ca)和 $Ba_5B_4O_{15}$(B-Nb,Ta)等材料。

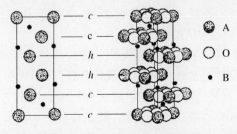

图 2 - 9　典型六方钙钛矿结构及 Jagodzinski 符号表示法

3. AB_2O_4型介电陶瓷

尖晶石型介电陶瓷（AB_2O_4）也是一类重要的介电陶瓷材料，为立方晶系，结构较复杂，可见图2-10。例如$MgAl_2O_4$，$ZnAl_2O_4$，$ZnTi_2O_4$等陶瓷材料。

$MgAl_2O_4$介电陶瓷常用作通信系统的基板材料，具有良好的高温机械性能、热化学性能和低的热膨胀系数。$ZnAl_2O_4$陶瓷也是目前较多研究的低介电常数介电陶瓷材料之一。

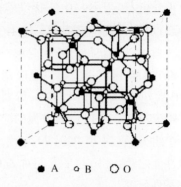

图2-10　尖晶石型介电陶瓷结构

此外反尖晶石结构也是一类研究较多的介电材料（A_2BO_4）。

4. 钨青铜结构介电陶瓷

钨青铜结构是类钙钛矿结构中非常重要的介电陶瓷材料之一，有四方和斜方晶系两种。钨青铜型结构的介电陶瓷中许多具有特殊的电性能，是重要的电子陶瓷材料。这类材料通常具有高的介电常数，甚至巨介电常数，但是介电损耗通常也较大。

例如，$CaCu_3Ti_4O_{12}$陶瓷材料具有特殊的巨介电性能，其在kHz频率大小的测试条件下，相对介电常数很大，约10^4；且在较高的温度的很大温区范围内（100K~400K）基本上保持不变，反映了介电响应的高热稳定性，且不需要特殊的制造过程，烧结温度也不高。这些良好的综合性能，使其有可能成为在高密度能量存储、薄膜器件（如MEMS、GB-DRAM）、高介电电容器等一系列高新技术领域中获得广泛的应用。

2.5　常见的介电陶瓷的制备方法

常见的介电陶瓷的制备方法可分为固相法、液相法、气相法等不同方法。试验中常用到的主要有固相烧结法、溶胶凝胶法、水热法和熔盐法，此外还有微波水热法，热压、等静压烧结等方法。

其中溶胶凝胶法是以金属有机或无机化合物溶液为原料，经水解、缩合反应生成的溶液中显示分散流动性的亚微米级超微粒溶胶，再将其与超微粒结合，形成外表层固化凝胶，再经过热处理而制成氧化物或其它化合物固体的方法。20世纪80年代以来，溶胶凝胶技术在玻璃、微晶玻璃、纳米材料、氧化涂层和功能陶瓷粉料，尤其是传统方法难以制备的复合氧化物材料的合成上取得了成功地应用，已成为无机材料合成中的一种独特方法。

60

水热法是指在密封的压力容器中,以水为溶剂,在温度从 100℃~400℃,压力从大于 0.1MPa 直至几十到几百兆帕的条件下,使前驱物(即原料)反应和结晶。即提供一个在常压条件下无法得到的特殊的物理化学环境,使前驱物在反应系统中得到充分的溶解→形成原子或分子生长基元→成核结晶。水热法制备出的纳米晶,晶粒发育完整、粒度分布均匀、颗粒之间少团聚,原料较便宜,可以得到理想的化学计量组成材料,颗粒度可以控制,生产成本低。用水热法制备的陶瓷粉体无需烧结,这就可以避免在烧结过程中晶粒会长大而且杂质容易混入等缺点。

熔盐合成法是近代发展起来的一种无机材料合成方法。人们早期使用熔盐法主要用于生长晶体。其主要原理是:将晶体的原成分在高温下溶解于低熔点助熔剂的熔液内,形成均匀的饱和溶液,然后通过缓慢降温或其它方法,形成过饱和溶液,从而使晶体析出。熔盐法与其它现代合成方法比较,操作过程简单,不需其它专用设备。

2.6 常见的介电陶瓷分析方法

常见的分析仪器方法有 XRD 衍射仪、TEM 透射电镜、SEM 扫描电镜、高分辨电子显微镜、能谱分析、波谱分析、X 射线光电子能谱(XPS)、拉曼光谱、红外光谱、DTA 差热分析、DSC 示差扫描量热仪、TG 热重分析、粒度分析仪、电导率仪、LCR 分析仪、阻抗分析仪、网络分析仪等。

其中 XRD 分析仪主要用于成分分析、晶体结构研究、应力分析、晶粒尺寸分布研究及织构取向研究等分析。TEM 透射电镜主要用于微区成分结构分析、显微形貌分析、缺陷分析等方面,尤其在纳米材料研究中具有优势,甚至也可以加温度场和应力场进行原位实时分析。SEM 扫描电镜主要用于表面的显微组织形貌分析、断面分析等。以上三种较为常用,XPS 主要用于材料元素的价态分析。另外拉曼光谱近年来应用较多,主要用于分子结构及相变研究。差热分析、热重分析也是介电陶瓷的重要分析方法,主要用于相反应的相关研究。

另外,介电陶瓷的一些指标参数主要由电导率仪、LCR 分析仪、阻抗分析仪、网络分析仪等测量。

2.7 微波介电陶瓷

微波介质陶瓷是近 30 年来迅速发展起来的新型功能电子陶瓷,它具有损耗低、频率温度系数小、介质常数高等特点。用这种微波陶瓷材料可以制成介质谐振器(Dielectric Resonator,DR)、介质滤波器、双工器、微波介质天线、介质稳频振荡器(DRO)、介质波导传输线等。这些器件广泛应用于移动通信、卫星电视广播通信、雷达、卫星定位导航系统等等众多领域。微波介质陶瓷在现代通信、军事技术领域等倍受世人瞩目。

目前微波陶瓷材料和器件的生产水平以日本 Murata 公司、德国 EPCOS 公司、美国 Trans-Tech 公司、Narda MICROWAVE-WEST 公司、英国 Morgan Electro-Ceramics、Filtronic 等公司为最高。其产品的应用范围已在 300MHz ~ 40GHz 系列化,年产值均达十亿美元以上。

同时中国移动通信市场发展速度位居世界第一。据统计,到目前为止,我国移动电话用户数已达到 2.6 亿户,网络容量达到 3 亿多门,在 GSM 蜂窝通信系统中微波基地站发射机、接收机以及移动电话均需要大量的微波介质陶瓷滤波器、鉴频器、振荡器、双工器,仅此一项对微波介质陶瓷元件的国内市场需求就达数亿元。在中国,生产移动通信手机的公司有 MOTOROLA、NOKIA、夏新、康佳、TCL 等数十家企业,手机的年产量上亿部;另有厦新电子、中兴通讯等公司生产 2.4GHz 无绳电话、直放机、中继站等数量可观的相关产品。介质谐振器、滤波器等微波器件是此类整机产品的重要组成器件。

微波介质陶瓷作为制造微波元器件的关键材料,除了需要具有良好的机械强度、化学稳定性及经时稳定性外,还要求它具有一些不同于一般电子陶瓷的特殊性能,即微波介电性能,主要包括如下三个:小型化、低损耗、高稳定性。即要高的介电常数、低的损耗率、低的谐振频率温度系数。

国家"八五"、"九五"计划都把微波介质材料的研究列入重点攻关课题,可见其的重要性。在"八五"、"九五"期间,一些拥有先进测试设备和科研实力的大学和科研院所取得了初步的成果。"十五"期间,国家 863 高科技发展计划依旧将微波介质陶瓷及其器件的研制列为重大研究项目。而"十一五规划"中,围绕国家发展的重大战略需求,信息产业领域"十一五"期间重大专项重点实施的内容和目标明确提出:重点研究开发微波毫米波器件及自主知识产权拥有量和自主品牌的市场占有率提升。新一代宽带无线移动通信网方面,研制具有海量通信能力的新一代宽带蜂窝移动通信系统、低成本广泛覆盖的宽带无线通信接入系统、近短距离无线互联系统与传感器网络,掌握关键技术,显著提高我国在国际主流技术标准所涉及的知识产权占有比例,加大科技成果的商业应用,形成超过 1000 亿元的产值。

总之,微波介电陶瓷是介电陶瓷中最具发展潜力的研究方向之一。

2.8 最新的介电陶瓷应用技术

2.8.1 厚膜混合集成电路(HIC)技术

集成电路是微电子技术的一个方面,也是它的一个发展阶段。厚膜混合集成电路就以其元件参数范围广、精度和稳定度高、电路设计灵活性大、研制生产周期短、适合于多种小批量生产等特点,与半导体集成电路相互补充,相互渗透,业已成为集成电路的一个重要组成部分,广泛应用于电控设备系统中,对电子设备的微型化起到了重要的推动作用。

其中厚膜介质用来制造微型厚膜电容器。对它的基本要求是介电常数大、损耗角正切值小、绝缘电阻大、耐压高、稳定可靠。介质浆料是由低熔玻璃和陶瓷粉粒均匀地悬浮于有机载体中而制成的。常用的陶瓷是钡、锶、钙的钛酸盐陶瓷。改变玻璃和陶瓷的相对含量或者陶瓷的成分,可以得到具有各种性能的介质厚膜,以满足制造各种厚膜电容器的需要。目前厚膜混合集成电路也受到巨大竞争威胁,印刷线路板的不断改进追逐着厚膜混合集成电路的发展,因而新材料新技术的发展对其意义巨大。

2.8.2 MCM 多层基板

MCM(Multi-Chip Module),即多芯片组件,是将多块半导体裸芯片组装在一块布线基板上的一种封装技术。CM 是在混合集成电路技术基础上发展起来的一项微电子技术,其与混合集成电路产品并没有本质的区别,只不过 MCM 具有更高的性能、更多的功能和更小的体积,可以说 MCM 属于高级混合集成电路产品。针对目前 MCM 的发展趋势,研制用于 MCM 的多种高频应用的 LTCC 介电材料是重点,并且目前国际国内已经取得了一定成果。

2.8.3 低温共烧陶瓷技术

低温共烧陶瓷技术(Low Temperature Co-fired Ceramic,LTCC)是一门新兴的集成封装技术。所谓 LTCC 技术,就是把低温烧结陶瓷制成厚度精确而且致密的生瓷带,在生瓷带上利用激光打孔、微孔注浆、精密导体浆料印刷的工艺制出所需要的电路图形,并将多个无源元件埋入其中,然后叠压在一起,在900℃左右烧结,制成三维电路网络的无源集成组件,也可制成内置无源元件的三维电路基板,其表面可以贴装 IC 和有源器件,制成无源/有源集成的功能模块。以多层 LTCC 开发的产品具有系统面积最小化、高系统整合度、系统功能最佳化、较短的上市时间及成本低廉等优点,从而具有强劲的竞争力。LTCC 介质材料主要包括微晶玻璃系和玻璃/陶瓷系两种体系。目前,为了适应 LTCC 微波器件的要求,诸多低烧陶瓷体系已被广泛开发和利用,如(Zr, Sn)TiO_3 - BaO - TiO_2 体系、BaO - Ln_2O_3 - TiO_2 体系(Ln 稀土元素)、Bi_2O_3 - ZnO - Nb_2O_5 体系、$MgTiO_3$ - $CaTiO_3$ 体系、$BiNbO_4$ 体系、复合钙钛矿结构和钨青铜结构材料体系等。

2.8.4　多层陶瓷电容器

多层陶瓷电容器(Multilayer Ceramic Capacitor,MLCC)是片式元件中应用最广泛的一类,它是将内电极材料与陶瓷坯体以多层交替并联叠合,并共烧成一个整体,又称片式独石电容器,具有小尺寸、高比容、高精度的特点,可贴装于印制电路板(PCB)、混合集成电路(HIC)基片,有效地缩小电子信息终端产品(尤其是便携式产品)的体积和重量,提高产品可靠性。顺应了 IT 产业小型化、轻量化、高性能、多功能的发展方向,国家 2010 年远景目标纲要中明确提出将表面贴装元器件等新型元器件作为电子工业的发展重点。它不仅封装简单、密封性好,而且能有效地隔离异性电极。MLCC 在电子线路中可以起到存储电荷、阻断直流、滤波、祸合、区分不同频率及使电路调谐等作用。在高频开关电源、计算机网络电源和移动通信设备中可部分取代有机薄膜电容器和电解电容器,并大大提高高频开关电源的滤波性能和抗干扰性能。

目前,我国该材料应用领域与国外还有较大差距。因而,加强此领域研究,对提高基础研究水平和掌握核心技术的能力有不可忽视的作用。

2.8.5　微波陶瓷元器件的凝胶注模成型工艺

近年来,微波技术及通信市场的快速发展,对陶瓷材料制作的功能器件提出了更高的要求。特别是微波器件的微型化和形状的复杂化,使得传统的陶瓷成型工艺,如干压成型、流延成型等工艺难以满足要求。此外,目前采用传统成型工艺制作的陶瓷器件,其后期的机加工成本占到了陶瓷器件制造总成本的1/3 ~ 2/3,这些都阻碍了高性能陶瓷材料规模化和商业化生产。20 世纪 90 年代初,美国橡树岭国家重点实验室 M. A. Janney 和 O. O. Omatete 教授等人提出了凝胶注模成形技术(Gel-casting),首次将传统陶瓷工艺和聚合物化学有机地结合起来,开创了在陶瓷成形工艺中利用高分子单体聚合进行成形的技术。目前,随着技术的不断改进,凝胶注模工艺也日臻完善并成为现代陶瓷材料的一种重要的成形方法。

2.8.6　微波介质陶瓷薄膜

考虑到微波介质陶瓷薄膜具有高集成化、低损耗、易耦合等特点以及潜在的应用前景,研究其制备工艺和薄膜介电特性对于实现微波器件的集成化和高品质化具有重要的实际意义和实用价值。目前关于介质薄膜集成化的微波介质陶瓷器件的研究国外还刚刚起步,主要是多层薄膜介质理论计算方面,而微波介质陶瓷薄膜的制备工艺及其薄膜的介电特性的研究在国际上比较新颖。通过对微波介质陶瓷薄膜的制备工艺、薄膜相表征和微波介电特性的研究,获得可集成、高品质的微波介质陶瓷薄膜,探索薄膜微波陶瓷器件的可行性。目前电介质膜介电理论的研究方向主要有两个:一是介质的薄膜特性变化,二是介质的调制结构。

2.9　小结

介电陶瓷是重要的功能材料之一,对于通信、能源、电力、制造业等产业都具有重要的作用,也与我们的日常生活密切相关。因而,其理论及应用研究,在国内乃至国际都是一个竞争激烈的研究领域,目前我国与国外,尤其是日本、美国等西方国家还存在巨大差距,我国今后在该重大领域还有很长的路要走。

习　题

1. 设计功能器件时,其的原材料选择要求有哪些? 应如何设计?

2. 介电陶瓷的用途有哪些? 目前最具活力的是什么? 将来可能的研究热点有哪些?

3. 现用 TiO_2 来制备半导体电容器,设计 0.5cm 厚,直径 2cm 的柱形电容器,其电容量大概有多少? 如何不改变材料而进一步提高其电容量大小?

4. $BaTiO_3$ 室温下是良好的绝缘体,$\rho_v = 10^{12}\Omega \cdot cm$,在直流 100V 电压下,用 $BaTiO_3$ 制造的 1cm 厚的元器件其介质损耗为多少?

5. 电容器陶瓷的介电常数大小有规定,而已知可以通过调整瓷料中具有不同介电常数晶相的含量来实现。体积分数 V_{fi} 表示相含量。现在要制备一通信器件,已知设计 $CaTiO_3$ 陶瓷粉末与 SiO_2 薄膜来制备原件,按每叠层制备后约为 1:5 的厚度比,需制备 10 个叠层。现在,设计中介电常数 ε 需大于 50,问该方案是否可行?

（提示: $\ln \varepsilon_m = \sum_i V_{fi} \ln \varepsilon_i$ ）

参 考 文 献

［1］ 温书林. 现代功能材料导论. 北京:科学出版社,1983.

［2］ 方俊鑫,殷之文. 电解质物理学. 北京:科学出版社,1989.

［3］ 周馨我. 功能材料学. 北京:北京理工大学出版社,2002.

［4］ 胡海泉,郡春根,刘春福,等. 电子陶瓷最新研究动向和开发趋势. 中国陶瓷,2003,39:34.

［5］ 高顺起. 高介微波 LTCC 介质陶瓷的研究. 天津:天津大学电子信息工程学院,2009:5.

［6］ 宋开新. 低介电常数微波介质陶瓷. 浙江:浙江大学材料科学与工程学系,2007:1.

［7］ 赵飞. 新型钙钛矿微波介质陶瓷的结构与性能关系研究. 北京:清华大学材料系,2008:10.

［8］ Cava R J. Dielectric materials for applications in microwave communications. Journal of Material Chemistry, 2001,11:54.

［9］ Reaney M, Iddles D. Microwave dielectric ceramics for resonators and filters in mobile phone networks. Journal of the American Ceramics Society,2006,89:2063.

［10］ Fujii T,Ando A,Sakabe Y. Characterization of dielectric properties of oxide materials in frequeney range from GHz toTHz. Journal of the European Ceramics Society,2006,26:1857.

［11］ Fiedzius S J,Hunter I C,Itoh T. Dielectric materials,deviees,and circuits. IEEE Transaction on Microwave Theory Technolgy,2002,50:706.

［12］ Huiqing Fan,Shanming Ke. Relaxor behavior and electrical properties of high dielectric constant materials. Science in China E,2009,52:2180.

［13］ Zhuo Li,Huiqing Fan. Polaron relaxation associated with the localized oxygen vacancies in $Ba_{0.85}Sr_{0.15}TiO_3$ ceramics at high temperatures. Journal of Applied Physics,2009,106:054102.

［14］ Shanming Ke,Huiqing Fan,Haitao Huang. Revisit of the Vögel-Fulcher freezing in lead magnesium niobate relaxors. Applied Physics Letters,2010,97:132905.

第3章 压电材料

前面介绍了电介质材料的一般性质,电介质材料主要应用于绝缘材料、电容器材料以及电子封装材料。自从居里兄弟发现 α - 石英晶体具有压电效应以来,人们发现某些电介质材料由于其特殊的晶体结构表现出压电性、热释电性及铁电性。经过长时间的探索,人们研制出了多种体系的压电材料来满足现实应用的需求。压电材料电除了在电子工程中作为传感器、驱动器材料,还可以应用到光学、声学、红外探测等领域。本章我们着重介绍压电材料的性质及其主要应用。

3.1 晶体的压电性和铁电性

3.1.1 压电效应

1880 年,居里兄弟(J. Curie,P. Curie)发现了 α - 石英晶体具有压电效应。某些电介质晶体通过外加机械作用是晶体极化,导致介质两端表面上出现符号相反的束缚电荷,电荷密度与外力成正比。由于机械力的作用而使晶体表面产生束缚电荷的现象称为正压电效应。反之,在晶体上施加电场,将产生与电场强度成正比的应变或机械应力,这种现象称为逆压电效应。正压电效应和逆压电效应统称为压电效应(Piezoelectric effect)。具有压电效应的材料叫做压电材料。

晶体的正压电效应机理如图 3 - 1 所示。当晶体不受外力时,如图 3 - 1(a),正电荷重心与负电荷重心重合,整个晶体总电矩为零,因而晶体表面不带电荷;当沿某一方向对晶体施加机械力时,如图 3 - 1(b),(c),晶体由于发生变形破坏了原来的平衡,正负电荷重心不再重合,从而引起表面带电荷现象。由此可见,正压电效应是由于晶体在机械力作用下发生形变而引起带电粒子相对平衡位置发生位移,从而使晶体的总电矩发生改变造成的。

晶体是否具有压电性,取决于晶体结构的对称型,具有对称中心的晶体不可能具有压电性。在这样的晶体中,机械形变并不会破坏正负电荷中心对称式排列。所以,机械力的作用不会使晶体中正负电荷重心之间发生不对称的相对位移,因而不会产生极化。这就是说,具有对称中心的晶体总电矩永远为零,不可能有压电效应。

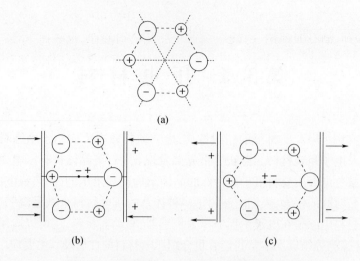

图 3 - 1　压电晶体产生压电效应的机理示意图

(a) 不受外力;(b) 受压力;(c) 受拉力。

表 3 - 1 给出了几何晶体学中 32 种晶体点群。根据几何晶体学,在 32 种点群中,只有 20 种点群的晶体才可能具有压电性。这 20 种点群不具有对称心,它们是:$1,2,m,222,mm,4,422,4mm,\bar{4},\bar{4}2m,3,32,3m,6,622,6mm,\bar{6},\bar{6}m2,23,\bar{4}3m$ 等(点群 43 虽不具对称心,但退化,不具压电性)。但是,并不是凡属上述 20 种点群的所有晶体都必定具有压电性,因为压电晶体首先必须是不导电的(至少也应该是半导电的),同时其结构还必须要有分别带正电荷和负电荷的质点(离子或离子团)存在。也就是说压电晶体还必须是离子性晶体或由离子团组成的分子晶体。

表 3 - 1　晶体的点群

晶系	中心对称点群		无中心对称点群				
			极轴		无极轴		
三斜晶系	$\bar{1}$		1		无		
单斜晶系	2/m		2	m	无		
正交晶系	mmm		mm2		222		
四方晶系	4/m	4/mmm	4	4mm	$\bar{4}$	$\bar{4}2m$	422
三方晶系	$\bar{3}$	$\bar{3}m$	3	3m	32		
六方晶系	6/m	6/mmm	6	6mm	$\bar{6}$	$\bar{6}m2$	622
立方晶系	m3	m3m	无		43	$\bar{4}3m$	23
总数	11		10		11		

目前发现的具有压电性的晶体有几十种,其中应用比较广泛的主要有:石英晶体、钛酸钡、酒石酸钾钠、磷酸二氢钾、铌酸锂、钽酸锂、镓酸锂、锗酸锂、锗酸铋、碘酸锂、二硫化碲、硫碘化锑等等。另外,有一些半导体晶体也具有压电性,如氧化锌、硫化镉、硫化锌、硒化镉等。

3.1.2 热释电效应

除了由于机械应力的作用而引起电极化外,对某些晶体,还可以由于温度的变化而产生电极化,这就是热释电性(Pyroelectricity),亦称热电性。

取一块电气石$[(Na,Ga)(Mg,Fe)_3B_3Al_6Si_6(O,OH,F)_{31}]$,在均匀加热它的同时,让一束硫磺粉(呈黄色)和铅丹粉(呈红色)经过筛孔喷向这个晶体。结果发现,晶体的一端出现黄色,另一端变为红色。这就是坤特法显示的天然矿物晶体电气石的热释电性实验。实验表明,电气石是三方晶系 3m 点群。结构上只有唯一的三次旋转轴,具有自发极化。没有加热时,自发极化电偶极矩完全被吸附的空气中的电荷所屏蔽;加热时,由于温度变化使自发极化改变,则屏蔽电荷失去平衡。在晶体的一端的正电荷吸引硫磺粉呈黄色;另一端的负电荷吸引铅丹粉呈红色。这种由于温度变化而使极化改变的现象称为热释电效应(Pyroelectric Effect)。

热释电效应是由于晶体中存在着自发极化所引起的。在没有外电场作用时,晶体中存在着由于电偶极子的有序排列而产生的极化,称为自发极化。自发极化和感应极化不同,它不是由外电场作用而发生的,而是由于物质本身结构在某方向上正负电荷重心不重合而固有的。当温度变化时,引起晶体结构上的正负电荷重心相对位移,从而使得晶体的自发极化发生改变。

既然晶体具有热释电效应的必要条件是自发极化,因此,具有对称中心的晶体不可能具有热释电性,这一点与压电晶体的要求是一样的。但是,具有压电效应的晶体不一定就具有热释电性。因为在压电效应发生时,机械力可以沿一定的方向作用,由此而引起的正负电荷重心的相对位移在不同方向上一般是不等的(如图 3 - 1);而晶体在均匀受热时的膨胀却是在各个方向上同时发生,并且在相互对称方向上必定具有相等的线膨胀系数值,因而在这些方向上所引起的正负电荷重心的相对位移也都是相等的。图 3 - 2 示意地表示了 α 石英晶体在(0001)面上质点的排列情况,图 3 - 2(a)是表示受热前的情况,图 3 - 2(b)是受热后的情况,可以看出,沿三个极轴(X_1,X_2,X_3)方向上,正负电荷重心并没有发生相对位移,总的电矩并无改变,因而也就不出现热释电效应。

由此可见,仅当晶体中存在有与其它极轴都不相同的唯一极轴时,才有可能由热膨胀来引起晶体总电矩的改变,从而表现出热释电效应。或者说,该极轴与

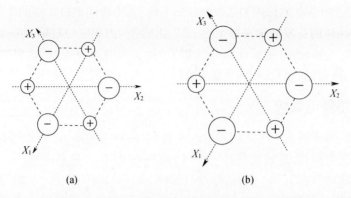

图 3 - 2 α 石英晶体不产生热释电效应的示意图

结晶学的"单向"重合(所谓单向,就是指晶体中唯一的不能用晶体本身的对称操作来与其它方向重合的方向)才有热释电效应。

对各种对称性作了分析之后,了解到只有属于 $1, 2, m, 2mm, 3, 3m, 4, 4mm$, $6, 6mm$ 这 10 种点群的晶体,才可能具有热释电性。这些晶体往往也称为电极性晶体,并且具有压电性(静水压也像温度一样,是没有方向的标量)。当然,也并非属于这 10 种点群的全部晶体都必定具有热释电性,因为具有热释电性的晶体必须是不导电的(介电体)。属于 $222, 422, \bar{4}, \bar{4}2m, 32, 62, 6, \bar{6}m2, 23, \bar{4}3m$ 这十种点群的晶体,可以具有压电性,但却不可能有热释电性,因为它们的极轴方向是对称的,不存在唯一的单向重合的极轴。

目前,已经发现的热释电晶体有 1000 多种,而真正符合实用要求的仅有 10 多种,它们可分为两大类:一类是除具有热释电效应外,还具有铁电性的晶体。如硫酸三甘肽(TGS)、钽酸锂(LiTaO$_3$)铌酸锶钡(SBN)等晶体及钛酸铅(PbTiO$_3$)、锆钛酸铅(PZT)、掺镧锆钛酸铅(PLZT)陶瓷等。另一类是只具有热释电性质,而不具有铁电性质的晶体,如硫酸锂(Li$_2$SO$_4 \cdot$ H$_2$O)、锗酸铅(Pb$_5$Ge$_3$O$_{11}$)、硫化镉(CdS)等晶体。

利用晶体的热释电效应,可以制造红外热释电探测器、红外热释电摄像管等。

3.1.3 晶体的铁电性

1. 铁电性

1920 年法国人 Valasek 发现罗息盐(NaKC$_4$H$_4$O$_6 \cdot$ 4H$_2$O)具有特异的介电性,其极化强度随外加电场的变化会产生电滞回线。在热释电晶体中,有些晶体不但在某温度范围内具有自发极化,而且其自发极化强度可以因外场的反向而反向。这种性质称为铁电性(Ferroelectricity),具有铁电性的晶体称为铁电晶体。铁电晶体的自发极化来源于在一定温度范围内非中心对称的晶体结构。

例如,$BaTiO_3$ 在居里温度($T_c = 120℃$)以上没有自发极化,而在 $5℃ \sim 120℃$ 之间是有自发极化的四方相。四方相的 $BaTiO_3$ 有六种稳定的极化方向,因而有六种不同的晶体变种。图 3-3 是 $BaTiO_3$ 晶体结构随温度变化的示意图。

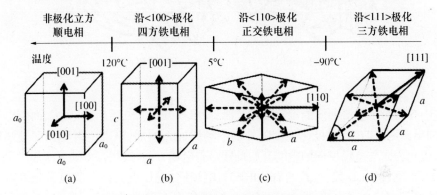

图 3-3　$BaTiO_3$ 在不同温度的相

(a)立方晶系;(b)四方晶系的 6 种晶体变种;
(c)正交晶系的 12 种晶体变种;(d)三角晶系有 8 种晶体变种。

铁电体具有自发极化、电矩、电畴、电滞回线及顺电—铁电相变等性质;这些性质与铁磁体的自发磁化、磁矩、磁畴、磁滞回线及顺磁—铁磁相变等性质有着相对应的类似。所以人们习惯地将这种具有电滞回线的晶体称为铁电晶体,其实铁电晶体中不一定含有铁。

2. 电畴与电滞回线

假设一铁电体整体上呈现自发极化,其结果是晶体正、负端分别有一层正、负束缚电荷。束缚电荷产生的电场(电退极化场)与极化方向相反,使静电能升高。在受机械约束时,伴随着自发极化的应变还将使应变能增加,所以整体均匀极化的状态不稳定,晶体趋向于分成多个小区域。每个区域内部电偶极子沿同一方向,但不同小区域的电偶极子不同,这每个小区域称为电畴(Domain)。畴之间边界地区称之为畴壁(Domain Wall)。现代材料研究技术给我们提供了观察电畴的方法(例如透射电镜、偏光显微镜等)。

图 3-4 给出了随机取向的多晶铁电材料极化前后电畴的取向分布。极化前,电畴随机取向,材料整体的剩余极化强度(P_R)为零;极化后,电畴取向会趋于电场方向分布,材料整体的剩余极化强度(P_R)不再为零。

铁电体最重要的特征就是自发极化会随着外加电场发生反转。电畴的反转使得铁电体会产生电滞回线。电滞回线可以通过 Sawyer-Tower 电路进行测量。

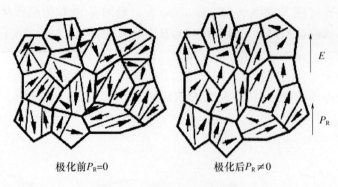

极化前$P_R=0$ 极化后$P_R\neq0$

图 3-4   多晶铁电体极化前后

图 3-5 给出了电滞回线的示意图,AB 段:沿电场方向的电畴扩展、变大,而与电场方向反向的电畴变小,极化强度随外加电场增加而增加;BC 段:电场强度继续增大,极化方向与电场反向的电畴开始反转沿着电场方向,极化强度随电场强度急剧增大(非线性);CD 段:一旦所有的电畴与电场同向(C 点),极化强度又随着电场线性增长直到达到饱和(D 点)。将 CD 线段外推至 $E=0$ 处,相应的 P_s 值称为饱和极化强度,也就是自发极化强度。当电场强度开始减小,一些电畴开始反转,但是电场为零时(E 点)极化强度并不为零,此时的极化强度称为剩余极化强度(P_R)。当反向电场为 $-E_c$ 时(F 点),剩余极化强度 P_R 全部消失;反向电场继续增大,极化强度开始反向直到达到饱和(G 点)。其中 E_c 称为矫顽电场强度。

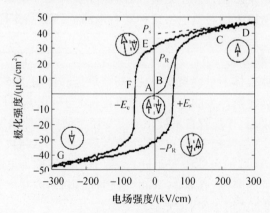

图 3-5   电滞回线

3. 铁电晶体

和热释电晶体一样,具有铁电性的晶体所属的点群有 10 种。目前发现的铁电晶体有 1000 多种,常见的有:酒石酸钾钠($NaKC_4H_4O_6\cdot4H_2O$)、磷酸二氢钾

（KH_2PO_4）、钛酸钡（$BaTiO_3$）、铌酸锂（$LiNbO_3$）、钽酸锂（$LiTaO_3$）、铌酸钡钠（Ba_4 $Na_2Nb_{10}O_{30}$）、硫酸三甘肽[（NH_2CH_2COOH）$_3 \cdot H_2SO_4$]等。

3.1.4 铁电性、压电性、热释电性之间的关系

上一章中我们介绍了一般电介质的特征，结合本章内容，我们可以得到一般电介质、压电体、热释电体、铁电体存在的宏观条件（表3-2）。

表3-2 一般电介质、压电体、热释电体、铁电体存在的宏观条件

电介质	压电体	热释电体	铁电体
电场极化	电场极化	电场极化	电场极化
	无对称中心	无对称中心	无对称中心
		自发极化	自发极化
		极轴	极轴
			电滞回线

图3-6画出了一般电介质、压电晶体、热释电晶体、铁电晶体之间的关系。在32种点群的晶体中，有21种点群的晶体不具有中心对称。在无中心对称的晶体中有20种点群的晶体可能具有压电性，为压电晶体。而在压电晶体中，又有10种点群的晶体具有唯一的单向极轴，即存在自发极化，可能具有热释电性，称为热释电晶体。铁电体一定是压电体和热释电晶体。在居里温度以上，有些铁电体已无铁电性，但其顺电体仍无对称中心，

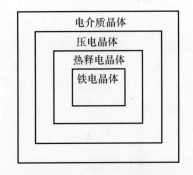

图3-6 一般电介质、压电体、热释电体、铁电体之间的关系

故仍有压电性，如磷酸二氢钾。有些顺电相如钛酸钡是由对称中心的，故在居里温度以上既无铁电性又无压电性。

晶体表现出压电性、热释电性以及铁电性与其晶体结构密切相关。认清他们的区别和联系要以其晶体结构为出发点，进而得到他们相应的性质。

3.2 压电材料的特性参数

描述压电材料的重要参数，除了介电常数 ε、交变场中的介电损耗角正切 $\tan\delta$，还有弹性系数、压电常数、机械品质因数 Q_m 和机电耦合系数 K^2 等。

3.2.1 介电常数

介电常数反映了材料的介电性质(或极化性质),通常用 ε 表示。上一章中曾经介绍了介电常数的定义,它实际上是相对介电常数的概念。这里用片状节点材料在电场中的电行为来加以描述,即用电场强度(E)和其电位移(D)作变量来描述,有

$$D = \varepsilon E \qquad (3-1)$$

考虑到 D 和 E 都是矢量,在直角坐标系中,上式可表示为下列矩阵形式

$$\begin{bmatrix} D_1 \\ D_2 \\ D_3 \end{bmatrix} = \begin{bmatrix} \varepsilon_{11} & \varepsilon_{12} & \varepsilon_{13} \\ \varepsilon_{21} & \varepsilon_{22} & \varepsilon_{23} \\ \varepsilon_{31} & \varepsilon_{32} & \varepsilon_{33} \end{bmatrix} \qquad (3-2)$$

此时,介电常数 ε_{ij} 是一个二阶对称张量,单位是 F/m。实际上,由于对称关系,介电常数的九个分量中最多只有六个是独立的,其中,$\varepsilon_{12} = \varepsilon_{21}$、$\varepsilon_{13} = \varepsilon_{31}$、$\varepsilon_{23} = \varepsilon_{32}$。

对于压电材料,将其极化方向设为 Z,则 $\varepsilon_{11} = \varepsilon_{22} \neq \varepsilon_{33}$。因此,经过极化后的压电材料一般有两个介电常数 ε_{11} 和 ε_{33}。

因压电材料具有压电效应,所以当其处于不同的机械条件时,所测得介电常数数值也不同。在机械自由的条件下,称为自由介电常数,以 $\varepsilon_{ij}{}^T$ 表示;在机械受夹的条件下则成为受夹介电常数,以 $\varepsilon_{ij}{}^S$ 表示。这样,沿方向 Z 极化的压电材料有四个介电常数:$\varepsilon_{11}{}^T$,$\varepsilon_{11}{}^S$,$\varepsilon_{33}{}^T$,$\varepsilon_{33}{}^S$。

3.2.2 介电损耗

在交变电场下,压电材料所积累的电荷有两种分量:一种为有功部分(同向);另一种为无功部分,(异向,超前90°)(如图3-7所示)。前者由电导过程引起,后者由介质弛豫过程引起。介质损耗即为上述的异向分量与同向分量的比值,通常用 tanδ 表示,tanδ 与压电材料中能量损耗成正比,因此也称为损耗因子或介电损耗。

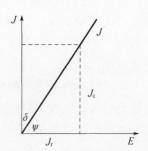

图3-7 交变电路的电流矢量示意图

$$\tan\delta = J_r / J_c \qquad (3-3)$$

压电材料存在介电损耗的一个原因是电导过程,即漏导损耗。此过程在高

温和强电场的情况下尤为明显。可用图3-8所示的等效电路表示漏导损耗,由图可得

$$\tan\delta = I_R / I_C = 1/\omega CR \qquad (3-4)$$

式中:ω 为交变电场的角频率;C 为介质电容;R 为损耗电阻。

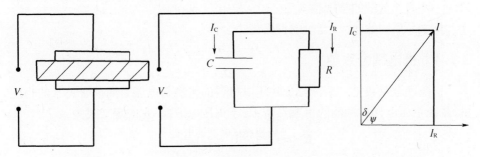

图3-8 漏导损耗的等效电路

介质损耗的另一个原因是极化弛豫过程,即极化损耗,由偶极矩转向引起的,其中也包括了畴壁运动所消耗的能量。极化损耗的等效电路较复杂,请参照其它参考文献。

$\tan\delta$ 的倒数 $Q_e (= 1/\tan\delta)$ 称为电学品质因数,它也是无量纲的物理量。

3.2.3 机械品质因数

机械品质因数是描述压电材料机械振动时,内部能量消耗程度的参数,这种能量消耗原因主要在于内耗。其定义式为

$$Q_m = \frac{\text{揩振时揩振子储存的机械能}}{\text{揩振时揩振子每周期所消耗的机械能}} \times 2\pi \qquad (3-5)$$

可见,当压电材料试片上输出电信号时,若信号频率与试片的机械谐振频率 f_r 一致,通过逆压电效应将使试片产生机械谐振,而这一机械谐振又因正压电效应,使试片能输出电信号。这时压电振子的等效电路如图3-9所示,机械品质因数可由下式来计算

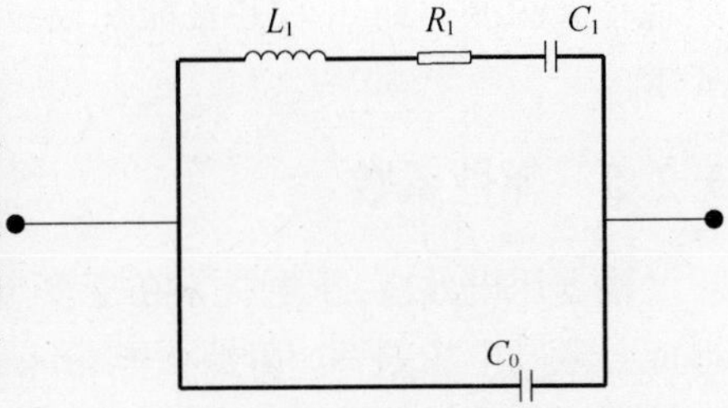

图3-9 压电陶瓷谐振子的等效电路

$$Q_m = \frac{1}{C_1 \omega_S R_1} \qquad (3-6)$$

式中:C_1 为振子谐振时的等效电容(F);ω_S 为串联谐振频率(Hz);R_1 为等效电阻(Ω)。

当压电材料试片径向振动时,可近似地表示为

$$Q_{\mathrm{m}} = \frac{1}{4\pi(C_0 + C_1)R_1\Delta f} \qquad (3-7)$$

式中:C_0 为振子的静态电容(F);Δf 为振子的谐振频率 f_r 与反谐振频率 f_a 之差(Hz);Q_{m} 为无量纲的物理量。

机械品质因数越大,能量的损失越小。

3.2.4 机电耦合系数

机电耦合系数是一个综合反映压电材料的机械与电能之间耦合关系的物理量,是衡量压电材料性能的重要参数,对于正压电效应,它的定义式为

$$K^2 = \frac{\text{由机械能转变的电能}}{\text{输入的机械能}} \qquad (3-8)$$

对于逆压电效应,定义式则为

$$K^2 = \frac{\text{由电能转变的机械能}}{\text{输入的电能}} \qquad (3-9)$$

机电耦合系数是压电材料进行机—电能转换能力的反应,它与机—电效率是完全不同的概念。它与材料的压电常数、介电常数和弹性常数有关,是一个比较综合性的参数。

压电元件的机械能和元件的形状及振动模式有关,因此对不同的模式有不同的耦合系数。例如对薄圆片径向伸缩模式的耦合系数为 K_p(又称平面耦合系数);薄形长片长度伸缩模式的耦合系数为 K_{31}(又称横向耦合系数);圆柱体轴向伸缩模式的耦合系数为 K_{33}(又称纵向耦合系数);薄片厚度伸缩式的耦合系数为 K_t;方形厚片切变模式的耦合系数为 K_{15} 等。机电耦合系数是一个无量纲的物理量。从能量守恒定律可知,K 是一个恒小于 1 的数。压电陶瓷的耦合系数现在大约能达到 0.7,并且能在较宽的范围内进行调整,以满足不同的用途的要求。

3.2.5 弹性系数

根据压电效应,压电材料在交变电场作用下,会产生交变伸长和收缩,从而形成与激励电场频率(信号频率)相一致的受迫振动。这样具有一定形状、大小和被覆工作电极的压电体称为压电振子(简称振子)。实际上振子谐振时的形变很小,在这样微小的变形范围内,可以认为压电材料是一个弹性体,服从胡克定律。当数值为 T 的应力(单位为 Pa)施加在压电材料片上时,其上所产生的应变 S 为

$$S = sT \qquad (3-10)$$

$$T = cS \qquad\qquad (3-11)$$

式中:s 为弹性柔顺系数($\mathrm{m^2/N}$);c 为弹性刚度系数(Pa)。

由于应力 T 和应变 S 都是二阶对称张量,对于三维材料都有六个独立分量。因此,s 和 c 各自有 36 个分量,其中独立的分量最多可达 21 个。对于极化后的压电陶瓷,由于对称关系使独立 s 和 c 各自有五个,即

$$s_{11}, s_{12}, s_{13}, s_{33}, s_{44}$$
$$c_{11}, c_{12}, c_{13}, c_{33}, c_{44}$$

压电陶瓷具有压电效应,因此在不同的电学条件下,有不同的弹性柔性系数和弹性刚度系数。在外电路电阻很小时,即相当于短路($E=0$)条件下测得的弹性柔顺系数,称为短路弹性柔顺系数,用 s^{E} 表示;在外电路电阻很大时,即相当于开路($D=0$)条件下测得的弹性柔顺系数,称为开路弹性柔顺系数,用 s^{D} 表示。因此总共有十个弹性柔顺系数,即

$$S_{11}^{\mathrm{E}}, S_{12}^{\mathrm{E}}, S_{13}^{\mathrm{E}}, S_{33}^{\mathrm{E}}, S_{44}^{\mathrm{E}}$$
$$S_{11}^{\mathrm{E}}, S_{12}^{\mathrm{E}}, S_{13}^{\mathrm{E}}, S_{33}^{\mathrm{E}}, S_{44}^{\mathrm{E}}$$

同样,弹性刚度系数也有十个,即

$$C_{11}^{\mathrm{D}}, C_{12}^{\mathrm{D}}, C_{13}^{\mathrm{D}}, C_{33}^{\mathrm{D}}, C_{44}^{\mathrm{D}}$$
$$C_{11}^{\mathrm{D}}, C_{12}^{\mathrm{D}}, C_{13}^{\mathrm{D}}, C_{33}^{\mathrm{D}}, C_{44}^{\mathrm{D}}$$

3.2.6 压电常数

压电常数是压电材料的重要特征参数,它是压电介质把机械能(或电能)转化为电能(或机械能)的比例常数,反映了应力或应变与电场或电位移之间的联系,直接反映了材料机电性能的耦合关系和压电效应的强弱。

当利用正压电效应时,施加应力将产生额外的电荷,这一电荷量应与所施加的应力成比例。应力有压、拉之分,两者在压电方程中表现为符号相反。当用电位移 D 和应力 T 表示压电效应时,有以下关系

$$D = dT \qquad\qquad (3-12)$$

式中:比例系数 d 为压电应变常数(C/N)。

当利用逆压电效应时,在陶瓷上施加的电场将正比例地产生应变 S,其所产生的应变(膨胀或收缩)则取决于样品的极化方向。应变与电场的关系为

$$S = dE \qquad\qquad (3-13)$$

式中:比例系数 d 为压电应变常数(C/N)。

对于正、逆压电效应来说,d 在数值上是相同的,并且有

$$d_{ij} = (D_i/D_j) = (S_i/E_j) \qquad\qquad (3-14)$$

另一个压电常数称为压电电压常数,它表示内压力所产生的电场或者应变

与所引起的电位移之间的关系,用 g 表示。压电常数 g 和 d 之间的关系为

$$g = d/\varepsilon \tag{3-15}$$

式中:ε 为介电常数。

此外,还有压电应力常数 e 和压电刚度常数 h,它们分别表示应力 T 和电场 E 之间以及应变 S 和电场 E 之间的关系,即

$$T = -e/E \tag{3-16}$$

$$E = -h/S \tag{3-17}$$

只是 e 和 h 用得不太普遍。

与其它参数一样,压电陶瓷的各向异性使它们的压电常数在不同方向上有不同数值,即

$$d_{31} = d_{32} \text{、} d_{33}, d_{15} = d_{24}$$

$$g_{31} = g_{32} \text{、} g_{33}, g_{15} = g_{24}$$

$$e_{31} = e_{32} \text{、} e_{33}, e_{15} = e_{24}$$

$$h_{31} = h_{32} \text{、} h_{33}, h_{15} = h_{24}$$

这四组压电常数并非彼此独立,有了其中一组,即可求得其它三组。当然,它们在不同边界条件(如自由或受夹,短路或开路)时都具有不同的数值。

3.2.7　频率常数

它是压电振子谐振时的频率时的频率 f_0 和振动方向上线度 L 的乘积

$$N = f_0 L \tag{3-18}$$

如果外加电场垂直于振动方向,此谐振频率为串联谐振频率;如果外加电场平行于振动方向,此谐振频率为并联谐振频率。由于频率常数 N 只与材料性质有关,而与外形尺寸无关,因此在测知某一材料的值后就可方便地按要求的频率 f_0 来设计压电振子的尺寸。只是由于压电陶瓷性能的分散性,使材料的频率常数会有一定的波动,因此实际设计是需要留有尺寸余量以便调测时修正。

另外,振动薄膜不同,根据波的传播性质需使用不同的频率常数,例如同一材料的薄圆片径向伸缩振动频率常数 N_d 与长条片横向伸缩振动频率常数 N_L 之间有 $N_L \approx 0.733 N_d$ 的关系。

从应用的角度来看,压电材料使用的场合不同,对这些参数的要求也不一致。

(1) 在超高频、高频器件中使用的压电材料要求其介电常数 ε 小,高频介电损耗小;

(2) 对于换能器材料,要求耦合系数大,声阻抗匹配好;

(3) 用作标准频率振子的压电材料,稳定性要高,机械品质因数要高;

（4）用作滤波器的材料，时间稳定性、温度稳定性要好，机械品质因数要高，介电损耗要小，K_p则依滤波器通带宽度而定；

（5）高压发生及引爆等方面的材料，压电常数要大K_{33}要大，介电常数适当地高，同时机械品质因数要大些，介电损耗要小些。

3.3 压电陶瓷材料

具有压电效应的陶瓷称为压电陶瓷，组成压电陶瓷主晶相的晶体都是铁电晶体，故又称之为铁电陶瓷。具有多晶结构的铁电陶瓷其自发极化方向是紊乱取向的，材料整体没有压电效应。只有经过强直流电场的预极化处理后的压电陶瓷才具有压电特性。这是因为，在居里温度以下，具有自发极化特性的铁电多晶体在足够高的直流电场作用下，其内部的电畴结构发生电畴转向，由原来混乱的取向变为沿电场方向择优取向。去除电场后，陶瓷体内仍保留着一定的总体剩余极化，从而使陶瓷体有了压电性能。图 3-10 示意地表示了陶瓷中的电畴在极化处理前后的变化情况。

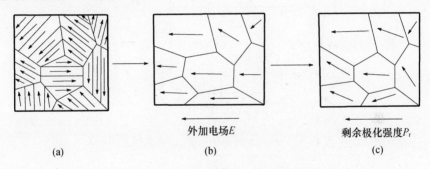

图 3-10 压电陶瓷的人工极化过程
（a）极化前 $P=0$；（b）外加电场后 P 与 E 方向一致；（c）去掉外加电场 $P_r \neq 0$。

与压电单晶材料相比，压电陶瓷具有以下优势：①制造容易，可做成各种形状；②可以任意选择极化轴方向；③易于调控陶瓷的组分而得到各种性能的材料；④成本低，始于大量生产。但是由于是多晶材料，所以在性能一致性、稳定性和精度方面不如单晶材料好。

常用的压电陶瓷有钛酸钡、钛酸铅、锆钛酸铅、掺镧锆钛酸铅、铌酸盐系以及锆钛酸铅和铌酸盐组成的三元系陶瓷等。它们主要用于制造超声、水声、电声换能器，陶瓷滤波器、陶瓷变压器以及点火、引发装置等。此外，还可用压电陶瓷制作表面波器件、电光器件和热释电探测器等。研究表明，具有压电性的陶瓷材料主要有钙钛矿型、钨青铜型、焦绿石型、含铋层状结构四种晶体结构类型。下面主要介绍广泛使用的钙钛矿型结构的压电陶瓷。

3.3.1 钙钛矿型结构压电陶瓷

钙钛矿型晶体结构的化学通式为 ABO_3，目前应用最广泛的压电陶瓷，如 $BaTiO_3$、$PbTiO_3$、PZT、$Pb(Mg_{1/3}Nb_{2/3})O_3$ 等，都具有钙钛矿型结构。通式中 A 为半径较大的正离子，化合价可以是 +1、+2、+3；B 为半径较小的正离子，化合价可为 +5、+4 和 +3；负离子通常为氧离子，也可以是 F^-、Cl^- 和 S^{2-} 等。

典型的钙钛矿型晶体结构如图 3-11 所示。以 $BaTiO_3$ 为例，半径较大的正离子(Ba^{2+})位于简单立方体的顶角处(A 位)，较小的正离子(Ti^{4+})位于立方体结构的体心；而氧离子(O^{2-})则处于立方体的面心。这种结构的主要特征是 Ti-O 离子构成$[TiO_6]$八面体，并以顶角相连构成网络，在$[100]$方向形成 Ti-O-Ti 线性链。这种排列有利于远程力(如偶极矩间力)的相互作用，也有利于铁电性的产生。

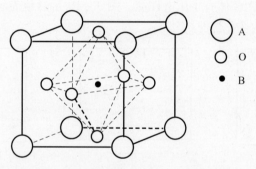

图 3-11　钙钛矿结构示意图(以 $BaTiO_3$ 为例)

钙钛矿结构铁电体的化学键一般为离子型，但离子的极化率不完全为零，故他们仍具有一定的共价键性质。特别是 Pb^{2+} 具有非惰性气体的电子结构，极化率较大。所以，含 Pb^{2+} 的钙钛矿结构化合物共价性较大，它们的铁电性也较强。

构成 ABO_3 型结构化合物的离子半径应满足下列条件

$$R_A + R_0 = 2^{1/2}t(R_B + R_0) \qquad (3-19)$$

式中：R_A 为 A 离子的半径(nm)；R_B 为 B 离子的半径(nm)；R_0 为氧离子的半径(nm)；t 为容忍因子(又称宽容系数)。

当 $t=1$ 时，为理想钙钛矿结构。一般情况下，t 在 0.86~1.03 之间均可组成钙钛矿结构结构，这时 A 离子的半径约为 0.10nm~0.14nm，B 离子的半径约为 0.045nm~0.075nm，氧离子的半径约为 0.132nm。具有铁电性化合物的 t 值多数在 1~1.03 之间。

1. 钛酸钡（BaTiO₃）压电陶瓷

前面已经提到了 $BaTiO_3$ 在不同温度范围内具有不同的晶体结构，在居里温度以下具有铁电性。

$BaTiO_3$ 陶瓷通常是把 $BaCO_3$ 和 TiO_2 按等摩尔比混合后成型，并在 1350℃ 左右烧结 2h～3h 而成。烧成后的陶瓷被覆银电极后，于居里点附近的温度下通过强直流电场进行极化处理，剩余极化仍比较稳定地存在着，于是呈现相当大的压电性。

$BaTiO_3$ 的居里温度为 120℃，限制了它在高温的用途。同时它还存在第二相变（相变点约在 0℃），在第二相变点下，自发极化方向从 [011] 变为 [001]，此时介电、压电、弹性性质都将突变且不稳定。因此，在相变点温度，介电常数和机电耦合系数出现极大值，而频率常数出现极小值。此外，在相变点上，这些性能随温度升高和下降呈现滞后现象，这对用于压电材料的目的来说是十分不利的。

为了扩大 $BaTiO_3$ 陶瓷的使用温度范围，并使其在工作温度范围内不发生相变，须进行改性处理。在 $BaTiO_3$ 中加入 $CaTiO_3$，居里点几乎不变，但使第二相变点向低温区移动。当加入摩尔分数 16% 的 $CaTiO_3$ 时，第二相变点降至 -55℃。但是随着 $CaTiO_3$ 置换量的增加，压电性降低，所以加入量一般不超过 8%（摩尔分数）。

另外，将 $PbTiO_3$ 加入 $BaTiO_3$ 中，可使居里点移向高温区，而第二相变点移向低温区，矫顽场增高，从而能够得到性能稳定的压电陶瓷。同样，若 $PbTiO_3$ 加入量过多，压电性也会降低，因此实用中也是将其控制在 8% 左右。目前已能制造出居里点升高 160℃，第二相变点降至 -50℃，且容易烧结的 $Ba_{0.88}Pb_{0.88}Ca_{0.04}TiO_3$ 压电陶瓷。因居里点高，已在超声波清洗机、超声波加工机等大功率超声波发生器及声纳、水听器等水声换能器等方面得到广泛应用。

$BaTiO_3$ 铁电性的发现是铁电材料研究中的一个重要突破，在 $BaTiO_3$ 基础上人们又研制出其它一些材料体系：①置换 Ba 得到 $(BaPb)TiO_3$、$PbZrO_3$、$(BaPb)ZrO_3$、$PbHfO_3$；②同 $BaTiO_3$ 有类似结构的 ABO_3 型铁电体，如 $PbTiO_3$、$NaNbO_3$、$NaTaO_3$、$KNbO_3$、$KTaO_3$、$LiNbO_3$ 和 $LiTaO_3$ 等。

2. 锆钛酸铅压电陶瓷

对锆酸铅和钛酸铅二元固溶体压电陶瓷材料的研究开始于 20 世纪 50 年代，60 年代得到广泛应用，70 年代之后涌现出大量的 PZT 及 PLZT 应用于换能器的报道。这是由于这类材料比 $BaTiO_3$ 机电耦合系数要高；高的居里温度（T_c）可以满足在高温下制备器件；易极化；有一个较宽的介电常数范围；较 $BaTiO_3$ 易于低温烧结；形成固溶体时有许多不同要素，可以得到一系列特殊的性能。

1）钛酸铅压电陶瓷

$PbTiO_3$ 也是一种典型的钙钛矿结构铁电体。$PbTiO_3$ 的熔点为 1285℃。其晶体结构与 $BaTiO_3$ 相似，室温下为四方相，轴比 c/a 高达 1.063，因此，其性能的各向异性非常显著。它在 490℃ 四方相变为立方相时，铁电性才消失，是一种居里点较高的铁电体。由于其晶体的各向异性大，矫顽场又高，所以致密的纯 $PbTiO_3$ 很难获得优良的压电性能。

改性钛酸铅陶瓷主要通过掺杂来改善其工艺性能，以便获得电阻率较高又不开裂的致密陶瓷体。其中较成功的是加入高价离子置换 Pb^{2+} 或 Ti^{4+}，在晶格中引入 A 缺位。例如以 $La_{2/3}TiO_3$ 置换一部分 $PbTiO_3$ 时，其轴比将逐渐减小，有利于得到完整的材料。在这类钛酸铅陶瓷的组成中再辅以一定量的 Mn^{4+}、Sm^{3+}、Y^{3+} 或 Ce^{4+} 等离子，可以得到介电常数低、耦合系数各向异性大（如 $K_t/K_p \geqslant 19$）、机械品质因数高的压电陶瓷。

由于 $PbTiO_3$ 陶瓷的介电常数低，机械品质因数高，特别是厚膜振动耦合系数比径向耦合系数大得多，非常适合于高频和高温下应用。表 3-3 列出了典型钛酸铅压电陶瓷的性能。

表 3-3　典型钛酸铅压电陶瓷的性能

K_p	K_{33}	K_t	K_{15}	频率常数/Hz·m			
				N_p	N_{33}	N_t	N_{15}
0.096	0.48	0.43	0.34	2600	2030	2120	1330
$\tan\delta/\%$	$\varepsilon_{33}^T/\varepsilon_0$	d_{15} $(10^{-12}C \cdot N^{-1})$	d_{33} $(10^{-12}C \cdot N^{-1})$	g_{15} $(10^{-3}V \cdot m \cdot N^{-1})$	g_{33} $(10^{-3}V \cdot m \cdot N^{-1})$	S_{11}^E $(10^{-12}m^2 \cdot N^{-1})$	Q_m
0.8	190	-68	56	-32	33	7.7	1050

2）锆钛酸铅二元系压电陶瓷

锆钛酸铅是 $PbTiO_3$-$PbZrO_3$ 系固溶体陶瓷的统称。$PbZrO_3$ 是一种具有钙钛矿结构的化合物，在常温下是斜方反铁电体。与铁电体不同，在反铁电 $PbZrO_3$ 的晶胞中存在着反平行的偶极子，且数值上相互抵消，对外不呈现净的电偶极矩。$PbZrO_3$ 的居里点是 230℃，居里点以上为立方顺电相。但在居里点和室温之间尚存在另一晶相，此晶相存在的区域甚小，对杂质十分敏感。$PbZrO_3$ 的不一致熔融温度为 1570℃。

图 3-12 给出了锆钛酸铅固溶体的相图。该固溶体属钙钛矿型结构（ABO_3），其化学式为 $Pb(Zr_{1-x}Ti_x)O_3$-PZT，晶胞中 B 的位置可以是 Ti^{4+}，也可以是 Zr^{4+}。由相图可见，锆钛酸铅固溶体在 Zr/Ti = 54/46 附近，存在一个同质异相相界，相界的富锆一侧为三方铁电相，而富钛的另一侧为四方铁电相。在相界

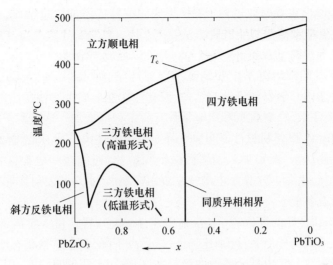

图 3 - 12 PbTiO₃-PbZrO₃ 系固溶体的相图

附近,随着 Ti 离子浓度的增加,自发极化的取向将从[111]向[001]变化,在这一过程中,晶体结构不稳定,因此,介电性和压电性都显著提高。

图 3 - 13 是 PbTiO₃-PbZrO₃ 系压电陶瓷的机电耦合系数(K_p)和介电常数(ε_r)在相界附近随成分的变化曲线。因相界主要取决于成分,几乎不受温度影响,所以能够利用在相变状态下压电性大的特性。PZT 陶瓷的压电性大约比 BaTiO₃大两倍,特别是在 -55℃~200℃的范围内无晶型转变。但是由于材料中有大量铅,而 PbO 在烧结过程中易挥发,难以获得致密的烧结体,同时又由于在相界附近体系的压电性对 Ti/Zr 比非常敏感,故较难以保证性能的重复性,给使用带来困难。于是又发展了改性的 PZT。

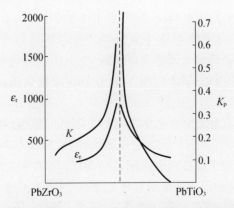

图 3 -13 PZT 机电耦合系数(K_p)和介电常数(ε_r)随组成的变化

对 PZT 改性主要是通过离子置换形成固溶体或添加少量杂质,以获得所需的性能。改性主要通过以下几种方法:

(1) 以等价离子置换 Pb^{2+} 或 $(Zr,Ti)^{4+}$ 以形成固溶体。

置换 Pb^{2+} 的常用离子主要是碱土金属离子,如 Ba^{2+}、Sr^{2+}、Ca^{2+}、Mg^{2+} 等。置换后的固溶体一般保持钙钛矿结构,但有些性能会发生一些变化,如居里点下降,机电耦合系数、介电常数和压电常数有一定程度增加。这些离子的置换量一般不超过 $20x\%$,以免材料性能明显下降。引入上述离子后,固溶体相界会移向稍偏富锆一侧,这些离子加入到锆钛酸铅固溶体,还能在一定程度上抑制铅挥发,促进材料致密化。这类压电陶瓷主要用在超声、水声的发射换能器及高电压发生元件等设备上。

置换 $(Zr,Ti)^{4+}$ 的等价离子主要有 Sn^{4+} 和 Hf^{4+},置换量一般在 $3x\% \sim 10x\%$ 以下。引入这些离子后,将使轴比降低,居里点下降,介电常数稍有增加,有时还能改善介电常数和机电耦合系数的稳定性,但作用不很明显,故应用不多。

(2) 添加不等价的离子化合物。

添加物又可分为施主添加物(如 La_2O_3、Nd_2O_3、Nb_2O_5、Ta_2O_5、Bi_2O_3、Sb_2O_3、ThO_2 和 WO_3 等)、受主添加物(如 Cr_2O_3、Fe_2O_3 和 CoO 等)和化合价变化的添加物(如 Cr_2O_3 和 U_2O_3 等)。

① 施主添加物。此类添加物根据化合价和离子半径的大小,将分别置换 Pb^{2+} 或者 $(Zr,Ti)^{4+}$,由于它们比置换离子带有较多的正电荷,将在晶格中生成一定量的正离子(主要是 A 位)缺位。因此,陶瓷材料的介电系数、介电损耗、弹性柔顺系数和体积电阻率增大,而机械品质因数、矫顽电场降低,并显示矩形电滞回线,同时降低了老化速率。具有这类添加物的 PZT 陶瓷通常称为"软性"压电陶瓷。

② 受主添加物。与前者相反,加入受主添加物后,将在晶格中形成一定量的负离子(氧位)缺位。PZT 晶格中氧缺位的存在使晶胞收缩,抑制畴壁运动,降低离子扩散速率,最终导致陶瓷介电常数、介电损耗、体积电阻率减小,而机械品质因数和电气品质因数、矫顽电场提高,使其较难极化及较难退极化。这类添加物的 PZT 陶瓷通常称为"硬性"压电陶瓷。

③ 变价化合物。添加变价化合物在 PZT 晶格中呈现一种以上的化合价态,因此能部分地起到产生 A 空位的施主杂质作用,部分地起到产生氧缺位的受主杂质作用,它们本身似乎能在两者之间自动补偿,结果导致机械品质因数、介电损耗、体积电阻率、机电耦合系数稍有增加,同时改善了温度稳定性、降低了老化速率。有这类添加物的 PZT 性能介于"软性"和"硬性"压电陶瓷材料之间。因其稳定性良好,在水声、超声换能器中作发射和接受兼用元件以及在滤波器、延

迟线换能器等高频器件中应用较为广泛。

除了上述三种类型的不等价离子添加物外,在压电陶瓷材料中还采用 CeO_2、MnO_2 和 NiO 等氧化物作添加剂,以改善某些性能。例如,CeO_2 被认为有类似于 Cr_2O_3 的作用,使材料兼有硬性和软性的性能。MnO_2 则能明显的提高机械品质因数,且不损害其它性能。NiO 常与 Cr_2O_3 和 MnO_2 等连用,以改善材料的时间稳定性和温度稳定性。

(3)锆酸铅—锆钛酸铅—ABO_3 多元系压电陶瓷。

ABO_3 结构中的 B 位由两种非四价的金属离子占据,即以 $A(B,B')O_3$ 形式出现,有时 A 位也有两种离子占据,称为复合钙钛矿型化合物。其中 B 和 B',A 和 A' 均按严格的比例(化合价组合法则)以达到化学式中的电荷平衡。

复合钙钛矿铁电体与 PZT 可构成三元或多元固溶体。多元固溶体压电陶瓷一般具有良好的烧结性能,烧结温度较低,烧结时 PbO 挥发少,故易获得致密度高的均匀陶瓷体,使材料的机电耦合系数、介电常数和机械品质因数等参数都有提高。多元系与锆钛酸铅二元系一样,只不过它们的相界不再是点,而扩展为一条线(三元系)或一个面(多元系),这就使它们的性能可以在更宽的范围内调节。

$Pb(Mg_{1/3}Nb_{2/3})O_3$-$PbZrO_3$-$PbTiO_3$ 是最早发现的具有铁电性的三元固溶体,图 3-14 给出了其室温平衡相图。由图可见,该三元系在室温下有三个铁电相:富 $Pb(Mg_{1/3}Nb_{2/3})O_3$ 的假立方相、富 $PbZrO_3$ 的三方相和富 $PbTiO_3$ 的四方相,三相的交点位于 $0.27Pb(Mg_{1/3}Nb_{2/3})O_3$ $-0.38PbZrO_3 -0.35PbTiO_3$ 处与 $Pb(Mg_{1/3}Nb_{2/3})O_3$-$PbZrO_3$-$PbTiO_3$ 相类似的体系还有许多,下面列举了常用的几个体系。

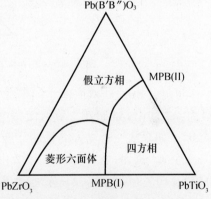

图 3-14 $Pb(B'B'')O_3$-$PbZrO_3$- $PbTiO_3$ 室温相图

$Pb(Zn_{1/3}Nb_{2/3})O_3$-$PbZrO_3$-$PbTiO_3$ 系
$Pb(Mn_{1/3}Sb_{2/3})O_3$-$PbZrO_3$-$PbTiO_3$ 系
$Pb(Mg_{1/3}Ta_{2/3})O_3$-$PbZrO_3$-$PbTiO_3$ 系
$Pb(Co_{1/3}Nb_{2/3})O_3$-$PbZrO_3$-$PbTiO_3$ 系
$Pb(Sb_{1/2}Nb_{1/2})O_3$-$PbZrO_3$-$PbTiO_3$ 系
$Pb(Cd_{1/2}W_{1/2})O_3$-$PbZrO_3$-$PbTiO_3$ 系
$Pb(Li_{1/4}Nb_{3/4})O_3$-$PbZrO_3$-$PbTiO_3$ 系

3.3.2 钨青铜型压电陶瓷

氧化物铁电体中有一部分是以钨青铜结构存在,例如 $PbNb_2O_6$、$NaSr_2Nb_5$ O_{15} 等。钨青铜来源于化合物 $K_{0.57}WO_3$,这一结构的特征是存在 $[BO_6]$ 式八面体,其中 B 以 Nb^{5+}、W^{6+} 等离子为主。这些氧八面体以顶角相连构成骨架,并形成 B-O-B 链。图 3-15 为钨青铜结构在(001)面的投影图。

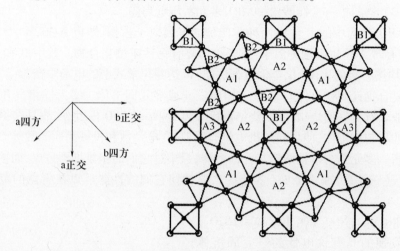

图 3-15 钨青铜结构在(001)面上的投影图

可见,$[BO_6]$ 式八面体之间形成了三种不同的空隙 A1、A2 和 A3,其中 A2 最大,A1 居中,A3 最小。氧八面体中心又因所处位置的对称性不同而成为 B1 或 B2。如果从一个立方晶系的元胞来看,这种结构包括了两个 A1 位、4 个 A2 位、4 个 A3 位、两个 B1 位、8 个 B2 位和 30 个氧离子,结构式应为 $(A1)_2(A2)_4$ $(A3)_4(B1)_2(B2)_8O_{30}$,A1、A2、A3、B1 和 B2 位可填充价数不同的正离子,其中一部分可以是空着的。对于铌酸盐系统,Nb^{5+} 填充于氧八面体中心,其它正离子填充(或部分填充)于 A1、A2 和 A3 位。正离子在其中占有数目取决于根据电中性要求而存在的离子种类。例如,对于 $PbNb_2O_6$,5 个 Pb^{2+} 随机分布与 6 个 A 位,故称"非填满型钨青铜结构"。若全部 A1、A2 位均被正离子填充,则称为"填满型钨青铜结构",如 $Ba_4Na_2Nb_{10}O_{30}$。若 A1、A2 和 A3 位都被正离子填充,则称为"完全填满型钨青铜结构",如 $K_6Li_4Nb_{10}O_{30}$。钨青铜型铁电体的成分和结构上的差别对性能有很大影响。

下面介绍一下常见的钨青铜型压电陶瓷——偏铌酸铅压电陶瓷。

偏铌酸铅($PbNb_2O_6$)是 PbO 和 Nb_2O_5 形成的多种化合物的一种,此时

$PbO:Nb_2O_5 = 1:1$。在室温下有两种相,一种是具有斜方结构的铁电相,居里点为 570℃ ,高于居里点转变为四方顺电相;另一种是三方非铁电相,在 1200℃ 时转变为四方相。其中,非铁电相为室温稳定相,铁电相为亚稳相。要在室温下获得铁电相,在烧结时需采用快速冷却(甚至淬火)或者添加稳定剂。

$PbNb_2O_6$ 是第一个被发现的非钙钛矿结构的氧化物铁电体,其主要特点是:居里点高,故在较高温度下不发生严重的退极化;同时 d_{33}/d_{31} 比值很大,故静水压压电性能比其它陶瓷高得多,单位体积材料在给定静水压下产生的电能值 $(g_h \times d_h)$ 高达 $2.0 \times 10^{-12} m^2/N$;另外,它的机械品质因数异常低,因而在超声缺陷检测、人体超声诊断及水听器等方面有特殊应用。

3.3.3　含铋层状结构型压电陶瓷

含铋层状结构是由二维的钙钛矿层和 $(Bi_2O_2)^{2+}$ 层有规则地相互交替排列而成,沿 $(Bi_2O_2)^{2+}$ 层面易引起劈裂,其组成可由下式表示

$$(Bi_2O_2)^{2+}(A_{x-1}B_xO_{3x+1})^{2-}$$

式中:x 为钙钛矿层厚度方向上的元胞数,其值可为 1 ~5;A 为较大正离子,配位数为 12;B 为较小正离子,配位数为 6。

A、B 离子组合应满足下列关系:

$$\sum X_A V_A + \sum X_B V_B = 6x \qquad (3-20)$$

式中:X 为相应于 A、B 位离子的浓度;V 为相应于 A、B 位离子的化合价。

含铋层状结构的自发极化平行于 O-B-O 链,即沿着层的方向。图 3-16 为 $Bi_4Ti_3O_{12}$ 晶体结构示意图。含铋层状结构化合物中有一部分具有铁电性,其特点是居里点高,自发极化也较高(例如 $Bi_4Ti_3O_{12}$ 的 P_s 估计可达 $50\mu C/cm^2$),压电性能和介电性能的各向异性大,机械品质因数也较高,加上谐振频率的时间稳定性和温度稳定性较好,因此在滤波器、能量转换以及高温换能器方面应用较多。但是这类化合物存在破坏性相变,用常规陶瓷工艺很难制备致密的烧结体,且矫顽电场很高(例如,$Bi_4Ti_3O_{12}$ 的 E_c 达 5KV/mm),故不容易得到实用的压电材料。研究表明,若在层状结构化合物中得到多晶粒取向的"织构陶瓷",会使问题得到改善。

$Pb_{0.91}(La_{1-x}Nd_x)_{0.08}(Ti_{0.93}Mn_{0.02}In_{0.06})O_3$ 为一种较新型的延迟压电材料,适当选择 x 值,可使其延迟温度系数接近于零。同时无铅压电陶瓷 $(Na,Li)NbO_3$ 也受到重视。此类的压电陶瓷主要有有:$AlPO_4$、Tl_3AX_4($A = V,Ta;X = S,Se$)、$Li_2B_4O_7$、$K_3Li_2Nb_5O_{15}$、$Pb_2KNb_5O_{15}$、$(Sr_{0.5}Ba_{0.5})Nb_2O_6$、$(Pb,Nd)(Ti,In,Mn)O_3$ 陶瓷。另外还有在超声波方面应用的:$(Pb,Sm)(Ti,Mn)O_3$ 陶瓷、$(Pb,Ca)[TiCo_{1/2}W_{1/2}]O_3$ 陶瓷。

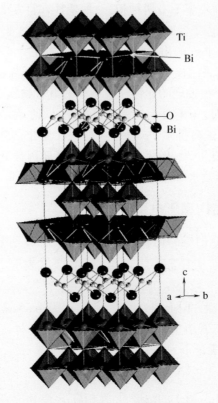

图 3 – 16 $Bi_4Ti_3O_{12}$ 晶体结构示意图

3.4   压电材料的应用

压电陶瓷由于它的压电性及由压电性而引起的机电性能的多样性,获得广泛的应用。压电陶瓷材料的研究仍处在发展阶段,电子器件的小型化、片状化、高频化、高性能化的发展趋势也促进着压电陶瓷材料和器件的发展。由于压电陶瓷器件种类繁多和应用广泛,目前很难使用一种简单的方法对它们进行严格分类。一般压电陶瓷主要应用在压电振子和压电换能器两类。压电振子主要利用电—机以及机—电转换原理进行工作,其主要应用见表 3 – 4。

表 3 – 4   陶瓷压电振子的主要应用

应用方面	应用例子
压电振子	振荡器、谐振器、滤波器
复合振子	压电音叉、压电音片、音叉滤波器、压电耦合器

应用方面	应用例子
机械滤波器	机械滤波器
高压发生装置	压电变压器用于电视阴极射线管升压、静电复印升压、静电吸附升压等压电点火
延迟装置	电视、通信设备、计算机等用延迟线

3.4.1　压电陶瓷高压发生装置

1. 压电陶瓷点火器

压电陶瓷点火器是应用压电陶瓷材料的机—电转换特性最早而且广泛的一个领域。这类器件是利用压电陶瓷元件受机械力的作用发生弹性形变而产生的高压输出，然后高压火花放电，点燃易燃气体。打火机用压电陶瓷点火器和燃气灶具用的压电陶瓷点火器，由于其结构简单、使用方便、成本低廉、经济耐用、安全可靠的优点，得到广泛的应用。

用于压电点火器的压电陶瓷元件除了要求具有较大的压电电压常数（g_{33}）外，还要求具有较大的纵向机电耦合系数（k_{33}）和较高的介电常数以及较高的机械强度等。通常用于压电陶瓷点火器的压电陶瓷有：$Pb(Mg_{1/3}Nb_{2/3})O_3$-$PbTiO_3$二元系压电陶瓷、PMN-PZT 以及 $Pb(Mg_{1/3}Ta_{2/3})O_3$-$PbTiO_3$-$PbZrO_3$ 等三元系压电陶瓷。

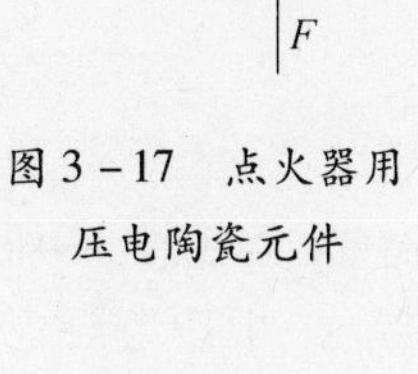

典型的压电陶瓷点火器中的压电陶瓷元件如图3－17所示，圆柱体的截面积为 A，高度为 L，两端面被有电极，沿轴向极化（P 表示极化方向）。当力 F 作用于压电陶瓷元件端面时，压电陶瓷体发生晶格畸变，导致原来晶体中的电荷中心偏移，从而在压电陶瓷元件的电极端面上出现自由电荷的大量积聚，产生高压而导致放电，达到点火的目的。

图 3－17　点火器用压电陶瓷元件

当压电陶瓷元件受到外力 F 作用时，其端面间产生的电压 U，可用下式表示：

$$U = \frac{g_{33}FL}{A} \tag{3－21}$$

式中：A 为圆柱体的横截面积；L 为圆柱体的高度；g_{33} 为压电电压常数。

由式（3－21）可知，压电陶瓷元件的输出电压与该元件的外形尺寸有关，与所受的压力和压电陶瓷材料的压电电压常数成正比。常见的压电陶瓷圆柱体的

规格为 $\phi 3.6\text{mm} \times 6\text{mm}$。

2. 压电陶瓷变压器

压电陶瓷变压器是利用压电陶瓷振子实现电能→机械能→电能的能量二次转换,在谐振频率上获得适当升压比而输出高电压的新型变压器。在一些要求高电压输出的电气设备中,压电陶瓷变压器与线绕变压器相较尤其明显优势。由其组成的高压电源已用于高电压、小电流、较小功率的仪器设备中,例如用于各种雷达显示系统、电子计算机显示设备、扫描电子显微镜、静电喷漆、静电除尘、静电分选以及示波管、夜视仪、光电倍增管等高压发生装置中。

压电陶瓷变压器实际上是一种压电陶瓷振子。振子的振动方式分为三种,沿长度方向或沿直径方向的伸缩振动、弯曲振动和剪切振动。压电陶瓷变压器可以用其中任意一种振动形式进行工作,所以压电陶瓷变压器的结构和种类很多,下面主要以典型的横—纵向型为例来说明压电陶瓷变压器的工作原理及主要特性。如图 3-18 所示,长方形的压电陶瓷左半部分上下两面敷设银电极,沿厚度方向进行极化,当加上交变电场时,陶瓷片产生机械振动,这一部分称为驱动部分。右半部分的端面敷设银电极,并沿长度方向极化,这部分能将机械能转化为电能,称为发电部分。把一定频率的交变电场加在驱动部分时,由逆压电效应产生机械形变,由此引起机械谐振,并沿陶瓷片的长度方向传播。这种机械谐振又通过正压电效应,使陶瓷片的发电部分端面聚集大量束缚电荷,束缚电荷越多,吸引的空间电荷越多,从而在发电部分的端部电极上获得相当高的电压输出。

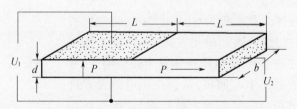

图 3-18 横—纵向型压电陶瓷变压器原理图

在无负载时,变压器的开路升压比用下式表示:

$$\gamma_{\infty} = \frac{U_2}{U_1} = \frac{4}{\pi_2} Q_{\text{m}} k_{31} k_{33} \frac{L}{d} \qquad (3-22)$$

式中:U_1、U_2 为输入电压和输出电压的有效值;Q_{m} 为材料的机械品质因数;k_{31}、k_{33} 为材料的横向及纵向机电耦合系数;L 为陶瓷片的发电部分的长度;d 为陶瓷片的厚度。

因为 $Q_m L/d$ 可以很大,所以能够得到的升压比很大的陶瓷变压器。

压电陶瓷变压器输出电压的高低与频率直接有关,变压器的输出电压只有在谐振频率附近才达到最大值;若偏离谐振频率电压下降幅度就很大,这是压电陶瓷变压器的重要特性,它与线绕变压器不同,不能在较宽的频率范围内工作。此外,压电陶瓷变压器的谐振频率会随温度的变化而变化,当环境温度发生变化或变压器本身因机械和介质的损耗而发热时,将会引起谐振频率的漂移。

3.4.2 压电振子方面的应用

PZT 系压电陶瓷出现以后,使得利用压电振子的不同振动模式制作不同频率的压电陶瓷滤波器和谐振器成为可能,用以代替 LC 回路及晶体谐振子,适用于各种电子电气设备。从而使得压电陶瓷性能够满足了元件小型化的趋势。

1. 压电陶瓷滤波器

压电陶瓷滤波器是压电振子中应用最广的一种。压电陶瓷振子是构成压电陶瓷滤波器的基本元件,在交变电场的作用下,压电陶瓷振子会产生振动,当外加交变电场频率增大到某一频率时,振子的阻抗变的很小,输出电流变的很大,此时的频率叫做最小阻抗频率 f_m。当频率继续增大到某一频率时,振子的阻抗会变的最大,输出地电流变的最小,此时的频率叫做最大阻抗频率 f_n。压电陶瓷振子的阻抗随频率的变化如图 3-19 所示。滤波器就是利用压电陶瓷的这一特性制作的。

一个两端滤波器的衰耗特性是相当差的,不能完全满足使用的要求。为了获得性能良好的滤波器,通常是将二端振子按一定组合方式组合成三端或四端滤波器。如图 3-20 中所示的 L 节四端滤波器,就是由 1 和 2 两个陶瓷振子组成的。

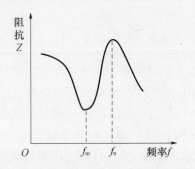

图 3-19 谐振频率附近电振子的阻抗特性

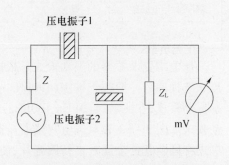

图 3-20 L 节滤波器的测量电路

由二段阵子组成的四端滤波器，按照电路结构可以组成 L 型、T 型、π 型以及桥型多节陶瓷滤波器，如图 3-21 所示。多节陶瓷滤波器按其特性可分为带通、带阻、高通、低通等四种。由于陶瓷滤波器具有独特优点，它可应用于各种电气设备中，已经在载波机、通信设备中得到广泛应用。

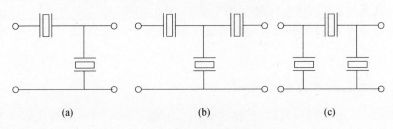

图 3-21　滤波器的电路结构

(a) L 型；(b) T 型；(c) π 型。

2. 压电陶瓷谐振器

压电陶瓷谐振器是近年来迅速发展的一种压电器件，它的原理是：具有一对电极的二端压电振子在其固有频率附近产生振荡。表 3-5 给出了压电陶瓷谐振器与其它谐振器的特征比较。压电陶瓷谐振器具有以下优点：①制造方便，价格便宜；②不易受环境影响；③起振快；④Q_m高于 RC 谐振器。广泛应用的陶瓷谐振器的稳定性稍逊于石英谐振器，但是完全能满足单片微处理级 1% 的指标要求。

表 3-5　几种谐振器的特征比较

名称	价格	尺寸	调整性	频率精度	长期稳定型
LC 谐振器	便宜	小	需要	±2.0	不太好
RL 谐振器	便宜	小	需要	±2.0	不太好
石英晶体谐振器	贵	小	不需要	±0.001	优
压电陶瓷谐振器	便宜	小	不需要	±0.3	优

压电陶瓷谐振器的振动模式是根据所要求的谐振频率和生产工艺的难易程度来选择的。一般在千赫级(190kHz～800kHz)频段内，采用圆片径向振动或轮廓振动模式；在兆赫级(3kHz～30kHz)频段内，采用厚度纵向振动或厚度切变振动模式。图 3-22 表示压电陶瓷谐振器的结构。图 3-22(a)为千赫级的结构，利用中间凸起的金属片夹持陶瓷片，使其能自由振动，并采用树脂或塑料做外壳包封。图 3-22(b)为兆赫结构，陶瓷片采用能阱厚度振动模式，中央设置电极，电极部分的周围留有空隙，其余部分用树脂浸封。

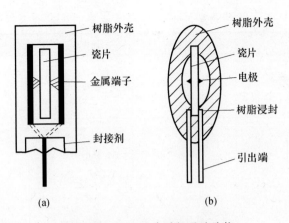

图 3 – 22 压电陶瓷谐振器的结构

　　随着数字集成电路技术的发展,将随机存取存储器、只读存储器、输入输出接口、振荡器等功能集成在一块芯片上的单片微处理机的应用不断扩大,单片微处理机不仅在工业自动控制方面,而且在电视机、洗衣机、空调机等家用电器控制方面也获得了越来越广泛的应用。微处理机中都自备有振荡电路,可用压电陶瓷谐振器作为振荡元件。随着电子技术的发展和压电陶瓷谐振器性能的不断改进,其应用将日益扩大。

3.4.3　压电陶瓷在超声设备中的应用

　　许多压电陶瓷换能器的工作频率在超声范围以内,根据其功率、频率、使用方式等不同,换能器可分为大功率超声换能器、空气声学换能器、水声换能器、固体换能器、医用换能器等。在这些换能器中,水声换能器是开发应用最早的一种。鱼群探测器于 1951 年获得实际应用,声纳也是开发较早的水声换能器之一,它的性能由于复合压电材料的应用而大大提高。近年来医用超声换能器发展较快,高性能的压电陶瓷的出现,使得制作厚度 0.5mm,宽度为 0.5mm 的振子数为 30 ~300 个的线性阵列探头成为可能,应用此探头能观测到人体内部各部位的断层图像,使超声诊断学前进了一大步。表 3 – 6 给出了几种典型的用于超声换能器的压电陶瓷振子。新型的压电陶瓷超声器件不断涌现,下面将介绍其几种典型应用。

　　1. 水声换能器

　　在陆地或水面上进行观测、通信和探测时,最常用的设备是雷达和无线电,它们大都是利用电磁波来传递信息的。由于电磁波在空气传播时衰减很小,因而用它在空气中进行观测、通信和探测的距离很远。但是,电磁波在水中衰减很大,雷达和无线电设备不能被用来有效地完成水下观测、通讯和探测的任务。到

表 3 – 6　几种典型的用于超声换能器的压电陶瓷振子

形状	振子名称	谐振模式	谢振频率
	厚度振子	厚度振动	$70kHz \sim 10^6 kHz$
	纵向振子	纵向振动	$10kHz \sim 100kHz$
	横向振子	横向振动	$10kHz \sim 100kHz$
	圆筒振子	扩张振动	$10kHz \sim 200kHz$
	郎芝万型振子	纵向振动	$10kHz \sim 100kHz$

目前为止,借助于声波的水中的传播来实现上述目的,仍是最基本和最有效的方法。近年来,压电陶瓷在水声换能器方面的应用取得了重大进展,特别是锆钛酸铅和其它三元系、四元系压电陶瓷性能的不断改善和提高,使水声用的压电陶瓷材料迅速进入商品化阶段。

压电陶瓷换能器是水声换能器中应用最多最广的换能器。水声换能器的性能指标主要有工作频率、机电耦合系数、机电转换系数、品质因数、频率特性、阻抗特性、方向特性、振幅特性、发射灵敏度、接收灵敏度、发射器功率、温度稳定性、时间稳定性等。对于一种实用的换能器,也不是一律提出这样多的指标要求,而是根据其用途和使用场合,有重点的提出具有代表性的指标要求。对于发射用换能器,工作频率一般都选在其本身的谢振频率上,这样可以获得最佳的工作状态,取得最大的发射功率和效率。根据用途不同,水声换能器的发射功率一般在几瓦甚至几十千瓦。对接受用换能器,其工作频率要求有一个较宽的频带,以保证换能器有平坦的接收特性。如最早付诸实用并用于鱼群探测仪的郎芝万换能器,是在一片压电陶瓷片的两侧(极化方向和厚度方向平行)各粘结一个金属柱。这种结构既利用了陶瓷的纵向效应,又有利于获得较低的谐振频率,而且具有体积小、重量轻、结构简单等优点。根据不同的使用场合,压电陶瓷换能器可以被做成不同的结构形状。

2. 超声清洗机

超声清洗是超声波在动力上的主要应用之一。超声清洗是利用超声波的所谓空化作用来实现的。当超声声压作用于液体时,会在液体中产生空洞,蒸气或溶入液体的气体进入空洞就会生成许多微气泡,这些气泡将随着超声作剧烈的生长和强烈的闭合作用,气泡破灭时,将产生非常大的冲击力(约10MPa),在这种巨大的冲击压力作用下,清洗物中的污垢被乳化、分散,离开被清洗物,从而达到清洗的目的。由于超声清洗的去污能力强,清洗效果好,已被广泛用于对清洗质量要求高的光学、钟表零件、微型轴承、半导体器件、导弹制导系统、化学纤维喷丝头、医用注射针头、油环和油嘴等的清洗。此外,利用超声清洗机可以进行超声粉碎、超声乳化、超声搅拌、加速化学反应等工作。

超声波清洗机用压电陶瓷换能器的工作频率一般在 20kHz ~ 500kHz 范围。在低频(20kHz ~ 50kHz)、大功率的场合,大多使用以螺栓紧固的郎芝万型换能器,如图 3 - 23 所示。在低频小功率(50W ~ 100W),用径向模振动的圆形单片或圆筒型换能器。在高频(50kHz 以上)的场合,则使用厚度振动的圆片或方片状的压电陶瓷换能器,如图 3 - 24(a)所示,振动片一般为不锈钢片。为了提高机械强度和输出功率,可以在另一面粘贴增强金属

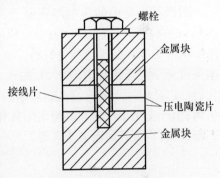

图 3 - 23 用螺栓紧固的
郎芝万型换能器的结构

片,如图 3 - 24(b)所示。图 3 - 24(c)为另一种改进型设计,它使功率提高并改善了振动性能。在一些需要大功率的场合,可以在许可范围内尽量增大换能器的面积,也可以采用增加换能器个数的方法来提高功率。

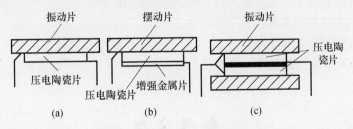

图 3 - 24 单片型换能器的结构

3. 超声雾化器

近年来,随着空调机的普及,加湿器的
需求量不断增大。使用压电陶瓷超声雾化
器,无需将水加热,就能使其直接雾化。超
声加湿器的雾化机理可以作如下解释:在
如图 3-25 所示的装置中,作厚度振动的
压电振子将振动传给水,使水面产生隆起,
并在隆起的周围产生空化作用,由这种空
化作用所产生的冲击波将以振子的振动频
率不断反复振动,使水面上产生有限振幅
的表面张力波。这种波的波头分散,使水

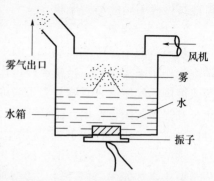

图 3-25 超声雾化器的原理示意图

雾化成 $1\mu m \sim 3\mu m$ 的水微粒,雾化的水粒子由风机送出,达到雾化的目的。

超声雾化器中的压电陶瓷振子,一般用厚度 1mm ~ 2mm,直径为 15mm ~
20mm 的圆片形压电振子。其纵向机电耦合系数为 70% ,介电常数为 1900,机械
品质因数为 250 的压电陶瓷材料。驱动频率为 1MHz ~ 2MHz,大约以 20W 的功
率便可每小时雾化 0.3L ~ 0.5L 的水。随着人们生活水平的日益提高,超声雾
化器已广泛应用于家庭、商店、宾馆的空气湿度调节;医疗上用于治疗上呼吸道
疾病;生产上用于机械化养殖场的雾化免疫。随着技术的发展,它的应用范围将
不断扩大,将更好地服务于人类。

习　题

1. 何谓压电效应? 哪类晶体才可能具有压电效应? 图示说明产生压电效
应的原因。

2. 热释电效应是什么? 热释电晶体与压电晶体有什么异同?

3. 什么是铁电性? 解释电滞回线的形成过程。

4. 压电材料的机械品质因数代表了什么?

5. 压电陶瓷与压电晶体相比,有何优点? 介绍其应用情况。

6. PZT 陶瓷的改性方法有哪些? 并叙述不同改性方法的效果。

参 考 文 献

[1]　郝虎在,田玉明,黄平. 电子陶瓷材料物理. 北京:中国铁道出版社,2002.

［2］　田莳. 材料物理性能. 北京:北京航空航天大学出版社,2004.

［3］　钟维烈. 铁电体物理学. 北京:科学出版社,1996.

［4］　李标荣,莫以豪,王筱珍. 无机介电材料. 上海:上海科学技术出版社,1986.

［5］　陈鸣. 电子材料. 北京:北京邮电大学出版社,2006.

［6］　贾德昌. 电子材料. 哈尔滨:哈尔滨工业大学出版社,2000.

［7］　李言荣. 电子材料导论. 北京:清华大学出版社,2001.

［8］　GH Heartling. Ferroelectric ceramics:history and technology. Journal of the American Ceramic Society,1999,82:797.

［9］　Fan H,Kim H. Effect of lead content on the structure and electrical properties of $Pb((Zn_{1/3}Nb_{2/3})_{0.5}(Zr_{0.47}Ti_{0.53})_{0.5})O_3$ ceramics. Journal of the American Ceramic Society,2001,84:636.

［10］　Liu L,Fan H. Influence of sintering temperatures on the electrical property of bismuth sodium titanate based piezoelectric ceramics. Journal of Electroceramics,2006,16:293.

［11］　Stojanovic B D,Paiva-Santos C O,Cilense M. Structure study of $Bi_4Ti_3O_{12}$ produced via mechanochemically assisted synthesis. Matererial Research Bulltin,2008,43:1743.

［12］　Fan H,Kim H. Perovskite stabilization and electromechanical properties of polycrystalline lead zinc niobate-lead zirconate titanate. Journal of Applied Physics,2002,91:317.

［13］　Fang P,Fan H,Li J,et al. Lanthanum induced larger polarization and dielectric relaxation in Aurivillius phase $SrBi_{2-x}La_xNb_2O_9$ ferroelectric ceramics. Journal of Applied Physics,2010,107:064104.

第4章 传感器材料

4.1 传感器的基本知识

4.1.1 传感器的基本概念

传感器技术是一门多学科的交叉和综合,涉及物理、化学、生物、材料、医学、微电子学、精密机械学等的学科,是获得自然界中信息的主要途径与手段,是摄取信息的关键器件。传感器与通信技术、计算机技术共同构成了信息技术的三大支柱。

传感器的历史源远流长。7000 多年前,古埃及人就开始使用一种悬挂式的双盘称作为测重工具称量麦子,这种称一直流传至今。16 世纪时,出现了利用液体膨胀特性的温度测量。以电学基本原理为基础的传感器是在近代电磁学发展的基础上产生的,在电子技术、计算机技术和自动控制技术的推动下飞速发展。

传感器除了广泛应用于航空航天、军事国防、海洋开发、工业自动化等尖端科学工程领域外,也与人们的生活息息相关,比如汽车、家电、生物工程、医疗卫生、环境保护、安全防范、网络家居等。随着科技的进步和发展,传感器的用途将越来越广泛,更好地为人们的生产生活服务。

1. 传感器的定义

所谓的传感器是指能感受规定的被测量并按照一定的规律转换成可用输出信号的器件或装置。它包括以下几个方面的意思:

（1）传感器是测量装置,能完成检测任务。

（2）它的输出量是某一被测量,可能是物理量,也可能是化学量、生物量等。

（3）它的输出量是某些物理量,这种量要便于传输、转换、处理、显示等,这种量可以是气、光、电量,但主要是电量。

（4）输入输出有对应关系,并且应有一定的精确度。

2. 传感器的组成

传感器一般是由敏感元件、转换元件、信号转换电路三部分组成。如图 4 - 1 所示。

图 4-1 传感器的组成框图

（1）敏感元件。直接感受被测量,且输出与被测量成确定关系的某一物理量的元件。

（2）转换元件。以敏感元件的输出为输入信号,把输入信号转换为电路参数,如电阻 R、电感 L、电容 C 或转换成电流、电压等电量。

（3）信号转换元件。将转换元件输出的电路参数转入信号转换电路并将其转换成电流输出。

实际上,有些传感器很简单,仅由一个敏感元件组成,用来感受被测量时直接输出电量,如热电偶;有些传感器由敏感元件和转换元件组成,没有信号转换电路;有些传感器的要经过若干次转换,转换元件不止一个。

4.1.2 传感器的分类

传感器种类繁多,目前常用的分类方法有:

（1）按被测量来分,如表4-1所列。

表 4-1 按被测量分类

被测量类别	被 测 量
热工量	温度、热量、比热;压力、真空度;流量;流速、风速
机械量	位移、尺寸、形状;力、力矩、应力;重量、质量;转速、线速度;频率、振动幅度、加速度、噪声
物性和成分量	气体、液体化学成分;pH 值、盐度、浓度、黏度;密度
状态量	颜色、透明度、磨损量、材料内部裂缝或缺陷、气体泄漏、表面质量

（2）按传感器的工作原理、构成原理或能量关系分。

① 按传感器的工作原理分。按传感器的工作原理可分为:电阻式、电感式、电容式、压电式、磁电式、热电式、光电式、光纤式、红外式、超声式、微波式、光纤光栅式等。

这类传感器的特点是其工作原理是以传感器中元件相应位置变化引起物理场某些参数的变化为基础,而不是以材料特性变化为基础。

② 按构成特点分。按构成特点,可分为结构型、物性型与能量转换型三种。

结构型传感器是利用物理学中场的定律构成的,包括力场的运动定律、电磁场的电磁定律等。

物性型传感器是利用物质定律构成的,如胡克定律、欧姆定律等。其性能随着材料的不同而异。所有的半导体传感器,以及所有利用环境变化而引起金属、半导体、陶瓷、合金等性能参数变化的传感器,都属于物性型传感器。

按能量转换特点,传感器分为能量控制型传感器和能量转换型传感器。能量控制型传感器,在信息变化过程中,其能量需要外电源供给,如电阻传感器、电感传感器、电容型传感器。基于应变电阻效应、磁阻效应、热阻效应、光电导效应、霍耳效应的传感器均属于能量控制型传感器。能量转换型传感器,主要由能量变换元件构成,不需要外加电源,基于压电效应、热电效应、光电动势效应的传感器都属于能量转换型传感器。

4.1.3　传感器的基本特征

传感器的基本特征是指其对输入信号进行敏感反应和转换的特征,通常用传感器的输入和输出的关系来反映。传感器的基本特征反映的是输出和输入是否为具有唯一性的对应规律的关系。传感器的输入—输出作用如图 4 - 2 所示。

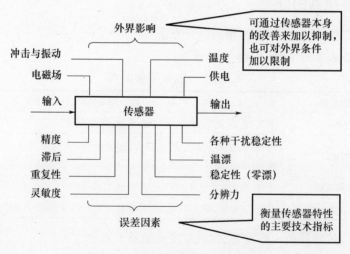

图 4 - 2　传感器的输入—输出作用

从图 4 - 2 可知,传感器基本特性的研究目的就是从传感器的"外部"特性着手,从测量误差的角度分析传感器输入量 x 与输出量 y 之间的量能关系,得出传感器基本特性指标作为评价传感器产生误差的内因的依据,得出改善的意见并指导传感器的设计、制造、校准与使用。

传感器的基本特性有静态特性和动态特性两种。静态特性的关系式为:$y = f(x)$;动态特性为:$y(t) = f[x(t)]$。只有具有良好的静态和动态特性的传感器,才能进行信号的不失真转换。

1. 传感器的静态特性

传感器在稳态信号($x(t)$ = 常数)作用下,其输出—输入关系称为传感器的静态特性,即 $y = f(x)$。传感器的静态特性指标有:线性度、灵敏度、分辨率(力)、迟滞、重复性、精度、量程等。

1)线性度

传感器的线性度是指传感器的输出与输入之间的线性程度。传感器的静态特性曲线如图 4-3。实际传感器的输出—输入特性一般为非线性,为了方便起见,可以用直线近似地表示实际曲线,称为拟合直线。采用直线拟合时,实际输出—输入的特性曲线与拟合直线之间的最大偏差,称为线性度或非线性误差,通常用相对误差表示:

$$\delta_{L} = \pm \frac{\Delta_{max}}{\nu_{F \cdot S}} \times 100\% \qquad (4-1)$$

式中:δ_{L} 为非线性误差(线性度);Δ_{max} 为最大非线性绝对误差;$y_{F \cdot S}$ 为输出满量程(测量上限—测量下限)。

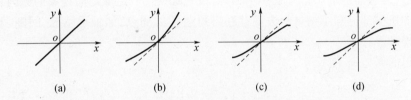

图 4-3 传感器的静态特性

(a)理想线性;(b)只有偶次项非线性;(c)只有奇次项非线性;(d)实际特性曲线。

常用的拟合方法有:理论拟合、端点连线拟合、端点连线平移法、最小二乘拟合法等。其中,最小二乘拟合法的拟合精度较高。

设 y 和 x 之间满足线性关系

$$y = a + Kx \qquad (4-2)$$

假设实际测试点有 n 个,即测试点(x_i, y_i),$i = 1, 2, \cdots, n$。第 i 个测试点数据(x_i, y_i)与拟合直线上相应值之间的残差为

$$\nu_i = y_i - (a + Kx_i) \qquad (4-3)$$

最小二乘法原理就是要使 $V = \sum_{I=1}^{n} \nu_i^2$ 最小,这就要求 V 对 a 和 K 的一阶偏导数为零,即

$$\frac{\partial V}{\partial a} = 0, \frac{\partial V}{\partial K} = 0$$

由数学推导可得拟合直线方程的待定参数 a、K 分别为

$$a = \frac{\sum\limits_{i=1}^{n} x_i \sum\limits_{i=1}^{n} (x_i y_i) - \sum\limits_{i=1}^{n} x_i^2 \sum\limits_{i=1}^{n} y_i}{(\sum\limits_{i=1}^{n} x_i)^2 - n \sum\limits_{i=1}^{n} x_i^2} = \frac{1}{n} (\sum\limits_{i=1}^{n} y_i - K \sum\limits_{i=1}^{n} x_i) = \bar{y} - K\bar{x}$$

$$(4-4)$$

$$K = \frac{\sum\limits_{i=1}^{n} x_i \sum\limits_{i=1}^{n} y_i - n \sum\limits_{i=1}^{n} (x_i y_i)}{(\sum\limits_{i=1}^{n} x_i)^2 - n \sum\limits_{i=1}^{n} x_i^2}$$

在获得 K 和 a 的值后代入式(4-2),即可得到拟合直线,然后按照式(4-3)求出残差的最大值,即可算出非线性误差。

2) 迟滞

传感器在正向(输入量增大)和反向(输出量减小)行程中输出—输入曲线不重合的程度,称为迟滞,如图4-4所示。迟滞现象说明对应于同一大小的输入信号,传感器的输出信号大小不相等,没有唯一性。造成迟滞现象的原因是传感器的机械部分和结构材料方面存在不可避免的弱点,如轴承摩擦、间隙、紧固件的松动等。

迟滞误差 δ_H 表示为

$$\delta_H = \pm \frac{\Delta_{\max}}{y_{F \cdot S}} \times 100\% \qquad (4-5)$$

$\Delta_{\max}$ 为正反向行程间输出的最大差值。

3) 重复性

重复性表示传感器在输入量按同一方向作全量程连续多次测试时,所得特性曲线不一致的程度。如图4-5所示。重复特性好的传感器,误差也小。重复性的产生与迟滞现象有相同的原因。

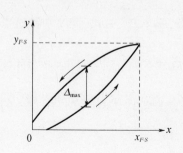

图4-4 迟滞特性

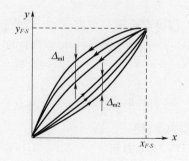

图4-5 重复性特性

重复性误差 δ_R 表示为

$$\delta_R = \pm \frac{3\bar{\sigma}}{y_{F \cdot S}} \times 100\% \qquad (4-6)$$

式中：$\bar{\sigma}$ 为平均标准偏差。

平均标准偏差 $\bar{\sigma}$ 的计算方法有两种：极差法和标准法。测量次数较少时，一般采用极差法。本章对 $\bar{\sigma}$ 的计算方法不做进一步研究。

4) 灵敏度

传感器输出的变化量 Δy 与引起该变化量的输入的变化量 Δx 之比即为其静态灵敏度。灵敏度表示为

$$K = \frac{\Delta y}{\Delta x} \qquad (4-7)$$

对于线性传感器，其灵敏度为常数，即传感器特性曲线的斜率。对于非线性传感器，灵敏度为变量，其表达式为 $K = dy/dx$。

5) 分辨力和阈值

分辨力指传感器能检测到的最小的输入增量。分辨力可以用绝对值表示，也可以用最小的输入增量与满量程的百分数表示。

阈值指当一个传感器的输入从零开始极缓慢地增加，只有在达到了某一最小值后，才测得出输出的变化，这个最小值称为传感器的阈值。

分辨力说明了传感器可测出的最小的输入增量，阈值则说明了传感器可测出的最小的输入量。

6) 漂移

漂移指在一定时间间隔内，传感器输出量存在着与被测输入量无关的、不需要的变化。漂移包括零点漂移和灵敏度漂移。漂移产生的原因包括传感器自身结构参数老化（零点漂移）、测试过程中环境发生变化（温度漂移）等。

2. 传感器的动态特性

传感器的动态特性是指传感器对动态激励（输入）的响应（输出）特性，即其输出对随时间变化的输入量的响应特性。

一个动态特性好的传感器，输出随时间变化的规律，能再现输入随时间变化的规律，即具有相同的时间函数。

传感器动态特性研究，就是从测量误差角度分析传感器产生动态误差的原因（固有特性）及其改善措施。

1) 微分方程

工程实用的传感器是线性定常系统，其数学模型为高阶常系数线性微分方程。

$$a_n \frac{\mathrm{d}^n y}{\mathrm{d}t^n} + a_{n-1} \frac{\mathrm{d}^{n-1} y}{\mathrm{d}t^{n-1}} + \cdots + a_1 \frac{\mathrm{d}y}{\mathrm{d}t} + a_0 y =$$

$$b_m \frac{\mathrm{d}^m x}{\mathrm{d}t^m} + b_{m-1} \frac{\mathrm{d}^{m-1} x}{\mathrm{d}t^{m-1}} + \cdots + b_1 \frac{\mathrm{d}x}{\mathrm{d}t} + b_0 x \qquad (4-8)$$

式中:x 为输入量;y 为输出量;t 为时间;$a_0, a_1, \cdots, a_n$ 和 $b_0, b_1, \cdots, b_n$ 为系数(由传感器的结构参数决定)。

求解微分方程,可以得到暂态响应和稳态响应。

2)传递函数

传递函数是以代数式的形式表征了系统对输入信号的传输、转换特性,包含了瞬态和稳态时间响应的全部信息。传递函数与微分方程表达的信息一致,运算上,求解传递函数比求解微分方程简便。

$$H(s) = \frac{Y(s)}{X(s)} = \frac{b_m s^m + b_{m-1} s^{m-1} + \cdots + b_1 s + b_0}{a_n s^n + b_{n-1} s^{n-1} + \cdots + a_1 s + a_0} \qquad (4-9)$$

3)频率响应函数

对动态特性研究的频率响应法是采用谐波输入信号来分析传感器的频率响应特性,即从频域角度研究传感器的动态特征。

频率特性关系式:

$$H(j\omega) = \frac{Y(j\omega)}{X(j\omega)} = \frac{b_m (j\omega)^m + b_{m-1}(j\omega)^{m-1} + \cdots + b_1(j\omega) + b_0}{a_n(j\omega)^n + a_{n-1}(j\omega)^{n-1} + \cdots + a_1(j\omega) + a_0}$$

$$(4-10)$$

频率响应函数 $H(j\omega)$ 是一个复数函数,可写成

$$H(j\omega) = A(\omega) e^{j\varphi}(\omega) \qquad (4-11)$$

式中:$A(\omega)$ 为 $H(j\omega)$ 的模;$\varphi(\omega)$ 为 $H(j\omega)$ 的相角。

$$A(\omega) | Hj\omega | = \sqrt{\left[H_R(\omega) \right]^2 + \left[H_I(\omega) \right]^2} \qquad (4-12)$$

称为传感器的幅频特性。

$$\varphi(\omega) = \arctan H(j\omega) = -\arctan \frac{H_I(\omega)}{H_R(\omega)} \qquad (4-13)$$

称为传感器的相频特性。

对于常系数线性系统,频率响应函数仅是频率的函数,与时间、输入量无关;如果为非线性系统,则 $H(j\omega)$ 与输入量有关;若为非常系数系统,则 $H(j\omega)$ 与时间有关。

3. 传感器系统实现动态测试不失真的频率响应特性

设传感器输出和输入满足下列关系

$$y(t) = A_0 x(t - \tau_0) \tag{4-14}$$

式中，A_0 和 τ_0 都是常数。此时传感器的输出波形精确地与输入波形相似。只不过对应瞬时放大了 A_0 倍和滞后了 τ_0 时间，它们的频谱完全相同，即输出真实地再现输入波形。

对式(4-14)取傅里叶变换

$$Y(j\omega) = A_0 e^{-j\omega\tau_0} X(j\omega) \tag{4-15}$$

可见，若输出波形要无失真地复现输入波形，则传感器的频率响应 $H(j\omega)$ 应当满足

$$H(j\omega) = \frac{Y(j\omega)}{X(j\omega)} = A_0 e^{-j\omega\tau_0} \tag{4-16}$$

即

$$A(\omega) = A_0 = 常数 \tag{4-17}$$

$$\varphi(\omega) = -\omega\tau_0 \tag{4-18}$$

这就是说，精确地测定各频率分量的幅值和相对相位，理想的传感器的幅频特性应当是常数(即水平直线)，相频特性应当是线性关系，否则就要产生失真。$A(\omega)$ 不等于常数所引起的失真称为幅值失真，$\varphi(\omega)$ 与 ω 不是线性关系所引起的失真称为相位失真。

4.1.4 传感器的选用原则

1. 灵敏度的选择

通常情况下，在传感器的线性范围内，灵敏度越高越好。灵敏度越高，输出的信号值越大，有利于信号处理。但是，传感器的灵敏度高，容易混入与测量无关的噪声，影响测量精度。因此，要求传感器具有较高的信噪比，尽量减少干扰信号的引入。

2. 频率响应特性的选择

传感器的频率响应特性决定了被测量的频率范围。传感器的频率响应高，可测的信号频率就宽。由于结构特性的影响，机械系统的惯性较大，因而频率低的传感器可测信号的频率较低。动态测量中，应根据信号的特点(稳态、瞬态、随机等)及响应特性进行测量，避免产生大的误差。

3. 线性范围的选择

传感器的线性范围指输出与输入成正比的范围。理论上，在线性范围内，灵敏度恒定。线性范围越宽，量程越大，并且能保持一定的测量精度。因此在选择传感器时，应考虑其量程能否满足需要。但实际上，任何传感器都不能保证绝对的线性，因此线性度是相对的。当所需的测量精度较低时，在一定的范围内，

可将非线性误差较小的传感器近似看作线性的。

4. 稳定性的选择

传感器性能保持不变的能力称为稳定性。影响稳定性的因素除了传感器本身结构外,主要是传感器的使用环境。因此,要使传感器具有良好的稳定性,传感器必须具有较强的环境适应能力。选择传感器时,应对其使用环境进行调查,根据具体的使用环境选择合适的传感器,或者采取适当的措施,以减小环境的影响,使其能够经受住长时间的考验。

5. 精度的选择

精度是传感器的一个重要的性能指标,是关系到整个测量系统测量精度的一个重要部分。传感器的精度越高,价格越昂贵,因此,传感器的精度只要满足整个测试系统的精度要求即可,没必要选的过高。在满足同一测量目的的诸多传感器中,选择比较便宜和简单的传感器。比如定性分析时,选择重复精度高的传感器即可,不宜选绝对值精度高的;定量分析时,应选择精度等级能够满足要求的传感器。

4.1.5 传感器的一般要求、发展方向

1. 传感器的一般要求

一个完美的气敏传感器应具有如下几个优点:

(1) 选择性好,能够在多种气体共存情况下,仅对目标气体有明显反应;

(2) 灵敏度高,对超低浓度气体亦可进行检测;

(3) 稳定性好,对环境条件依赖性小,寿命长;

(4) 气敏现象可逆,重现性好;

(5) 响应—恢复时间短;

(6) 工作温度宽,尤其适用于常温检测,不安全隐患因素小;

(7) 制作简单,成本低,耗能少,无污染。

目前存在的主要问题是上述几个方面无法同时得到满足。一般应根据应用目的、使用环境、被测对象、精度要求等条件进行全面综合考虑。

2. 改善传感器性能的途径

从目前发展状况来看,改善传感器性能的途径主要有以下几点:

(1) 通过使用新材料、新结构、新原理或掺杂、表面改性工艺,进一步提高传感器的灵敏度,满足医疗卫生等特殊场合的检测要求。

(2) 通过工作温度调节、使用催化剂和表面滤层等手段改善传感器的选择性,或通过传感器阵列与神经网络、模式识别技术结合使选择性低的传感器具有较高的选择性,满足工业控制、环境监测等领域的应用要求。

（3）通过敏感材料、元器件结构及生产工艺控制提高传感器的稳定性，延长使用寿命，实现半定量和定量检测。

（4）降低传感器的功耗，满足便携和节能的需要。

（5）提高传感器的响应和恢复速度，满足快速检测的要求。

3. 传感器的发展方向

目前国内外对传感器的研究，在开发及应用等方面都取得了较大的进展，但也存在一些亟待解决的问题，例如传感器的选择性、高灵敏度、常温化、快速响应—恢复、稳定性等方面难以同时满足。在实际生产应用中，传感器的重复性差，可靠性、成品率低，缺乏在国际市场上的竞争力。基于上述问题，应从以下几个方面予以重视和研究：

（1）把传感器的研究同其它学科结合起来。

（2）开发新型的材料，对现有材料通过复合、改变掺杂或工艺条件，提高其灵敏度。

（3）深入对传感器机理的研究，促进传感器的产业化和实用化。

（4）提高传感器的稳定性及响应—恢复特性。

（5）制备过程中采用更多新工艺、新技术。充分利用纳米技术、薄膜技术、分子设计技术、表面修饰技术等新材料制备技术来不断改善传感器各方面的性能。

4.2　传感器材料

4.2.1　常见的传感器材料

常见的传感器材料主要分为半导体材料、陶瓷材料、金属材料和有机材料四大类。

半导体传感器材料主要是硅，其次是锗、砷化镓、锑化铟、碲化铅、硫化镉等。用于制造力敏、热敏、光敏、磁敏等传感器。

陶瓷传感器材料主要有氧化铁、氧化锡、氧化锌、氧化锆、氧化钛、氧化铝、钛酸钡等，用于制造气敏、湿敏、热敏、红外敏、离子敏等传感器。

金属用作传感器的功能材料不如半导体和陶瓷材料广泛，主要用于机械传感器和电磁传感器中。常用的金属材料有铂、铜、铝、金、银、钴合金等。

有机材料用于传感器还处在开发阶段，主要用于力敏、湿度、气体、离子、有机分子等传感器。所用材料有高分子电解质、吸湿树脂、高分子膜、有机半导体聚咪唑、酶膜等。

1. 半导体材料

半导体材料对很多信息量具有敏感特性,具有成熟的制备工艺,易于实现功能化、集成化和智能化,同时自身为很好的基底材料,因此是理想的传感器材料,并在今后仍会占据主导地位。

近年来利用超晶格结构制备技术研制能带可控的新材料,如 AlGaAs/In-GaAs/GaAs 是高灵敏低温漂的磁敏元件材料。利用超精细机械加工的立体工艺技术、键结合封接技术,提供廉价、提高使用温度和扩宽应用领域的多孔硅、多晶和非晶半导体材料技术等,这些都给半导体材料传感器带来了突破性进展。化学场效应二极管传感器随着 MOS 电路、栅极材料(纳米材料、高取向膜技术等)和精细加工技术的发展,有望成为商品化的智能传感器。

2. 陶瓷材料

陶瓷材料是一种资源丰富、价格低廉、具有较大技术潜力的传感器材料。

陶瓷材料作为传感器辅助材料,常用于保护、包封和绝缘材料等。随着厚膜、薄膜和新型传感器的迅速发展,陶瓷类基底材料引起人们极大关注。例如 InSb 薄膜磁敏元件要求高密度、高磁导率和一定晶粒分布的铁氧体作基底材料;高 T_c(T_c 即导体由普通状态向超导状态转变时的温度,称为超导体的转变温度或临界温度)超导材料作传感器时要求基底材料有良好的晶格匹配、低的介电损耗和较好的化学稳定性等;SAW 传感器要求基底具有良好的压电特性等。陶瓷基底材料除机械性能外,表面状态、晶粒大小和取向、热学性能、电学性能、满足工业化生产要求等逐渐成为热门课题。采用精细复合技术制备新基底材料也在积极探索中。

敏感陶瓷材料出现于 20 世纪 30 年代,60 年代中期迅速发展。利用敏感陶瓷的物化性能、半导体特性、表面效应、体效应,以及近来提出的量子效应和小尺寸效应等,已在热敏、光敏、力敏、磁敏、压敏、气敏、湿敏和离子敏等传感器的制造中得到广泛应用。

固体电解质(快离子导体)陶瓷材料基于每种材料都有一种起主宰作用的迁移离子,具有很好的离子选择性,根据离子传导对周围物质的活度、温度、湿度、压力的敏感特性已开发出多种传感器。近来配合环保要求成功开发了 CO、SO_x 等气体传感器。

纳米材料、纳米复合材料具有力、热、电、光、磁、表面效应和小尺寸量子效应等特殊的物化性能,已成为研究开发新陶瓷材料和发现新效应的重要内容,例如纳米 TiO_2 光催化化学传感器等。溶胶—凝胶技术不但可得到分子级均匀材料,而且可从材料组分和微观结构入手实现材料特性的"剪裁",已被公认为制备传感器材料十分有效的方法,因而被广泛应用。自从报导膜厚、多层膜、复合膜、高取向膜与敏感特性关系与其在微传感器、微执行器中的应用后,膜材料及相关技术已引起人们高度重视,如钛酸锆铅压电薄膜等。

3. 金属及合金材料

利用金属及合金的磁、力、热、电等功能及不同使用温区的应变电阻合金和形状记忆合金等,已设计制造出很多传感器,并在国民经济中发挥着重要作用。

随着传感器技术的发展,该类材料除向精、细、薄和非晶态方向发展外,也在开发新材料、新功能和利用金属及合金制作膜型传感器等方面得到重要发展。厚膜、薄膜铂电阻温度计是大家熟悉的产品。近来有利用坡莫合金沉积在基底上经光刻处理制造磁敏元件;将应变电阻合金沉积在基底上生产应变计和利用纳米材料的大磁阻效应的磁敏元件等报导。

金属及合金浆料、引线、保护材料等是传感器不可或缺的辅助材料。近来提出的 $\phi < 0.018mm$、具有一定强度的贵金属丝,就是亟待解决的问题。耐不同介质腐蚀的合金材料及表面改性技术也在积极探索中。

4. 无机材料

光纤传感器有体积小、重量轻、灵敏度高、抗干扰和耐腐蚀能力强等优点,在智能系统中扮演着重要角色。敏感光纤材料有快离子导体光纤(如银、钠、锂的卤化物玻璃)和硫属化合物玻璃等。探索中的纳米精细复合功能光纤和多功能玻璃,将会进一步推动传感技术的发展。导电、高透明、多孔和多层布线的玻璃基底,高性能和高取向的宝石、石英基底,是人们十分关注的材料。

5. 有机材料

传感器用的有机材料有有机半导体材料、有机驻极体材料、有机光电材料、有机光致变色材料、有机磁性材料、有机导电材料和高分子固态离子导体等,在气敏、湿敏、力敏、热敏和光敏等领域发挥作用。该类材料通过缩聚、嫁接、嵌段等方法实现结构的可调性、功能复合、功能特性"剪裁",同时具有易加工、材料来源丰富等优点,因此有机材料已形成不可忽视的技术优势,在传感器中的地位逐年上升。有机柔性基底材料、分离膜、表面改性膜、有机光纤材料等传感器辅助材料也呈现出较好的应用前景。

6. 生化材料

生物传感器是利用生物固有分子识别能力(进来研究人工合成)和产生的光、电、热等效应来识别化学量,广泛应用于医疗、环保、食品、生命科学和生物工程,是传感器的重要分支。

4.2.2　传感器材料发展中的问题及建议

传感器材料是传感器技术发展的基础和保证。这种提法虽已取得共识,但在实际操作中往往被忽视。随着材料—元件—整机一体化的科研发展趋势,研制新型传感器,必须材料、工艺、原理和设计一起搞。为此必须开展新型传感器材料的研究开发工作,建立传感器材料实验室,为研制新型传感器打好坚实基础。

传感器材料的特点是品种规格繁多,性能要求苛刻,数量少。因此应尽快建立传感器材料研究开发和工程化的技术中心,选择一些有基础和实力的单位,扶植和加强传感器材料供应点,只有这样,传感器材料才能真正起到促进传感器迅速发展的基础和保证作用。

4.3 气敏材料

4.3.1 气敏传感器

气敏传感器是用来检测气体类别、浓度和成分的传感器。气敏传感器的种类很多。按照构成材料可将气敏传感器分为半导体和非半导体两大类,目前使用最多的是半导体气敏传感器。从结构上可以将气敏传感器分为干式(构成气体传感器的材料为固体)和湿式(利用水溶液或电解液感知待测气体)两种。本节以半导体气敏传感器为例进行介绍。

常见的半导体气敏元件如表 4-2 所列。

表 4-2 常见的半导体气敏元件

物理分类	主要物理特性	类型	气敏元件	工作温度	被测气体
电阻型	电阻	表面控制型	氧化锡、氧化锌(烧结型、薄膜、厚膜)	室温至450℃	可燃性气体
		体控制型	氧化镁、氧化锡、氧化钛、$La_{1-x}Sr_xCoO_3$、$\gamma-Fe_2O_3$	700℃以上	酒精 可燃性气体 氧气
非电阻型	二极管整流特性	表面控制型	铂—硫化镉、铂—氧化钛(金属—半导体结型二极管)	室温至200℃	氢气 一氧化碳 酒精
	晶体管特性		铂栅、钯栅 MOS 场效应管	150℃	氢气、硫化氢

1. 半导体气敏材料的机理

半导体气敏传感器是利用气体在半导体表面的氧化和还原反应导致敏感元件阻值发生变化的原理制成的。当半导体器件加热至稳定状态,在气体接触半导体表面被吸附时,被吸附的分子首先在物体表面自由扩散,失去运动能量,一

110

部分分子被蒸发掉,另一部分残留分子产生热分解而化学吸附在吸附处(化学吸附)。当半导体的功函数小于吸附分子的亲和力(气体的吸附和渗透特性)时,吸附分子将从器件中夺取电子而变成负离子吸附,半导体表面呈现电荷层。氧气等具有负离子吸附倾向的气体称为氧化型气体或电子接收性气体。如果半导体的功函数大于吸附分子的离解能,吸附分子将向器件释放电子,变成正离子吸附。具有正离子吸附倾向的气体有氢气、一氧化碳、碳氢化合物和醇类,它们被称为还原型气体或电子供给型气体。

当氧化型气体吸附到 N 型半导体上,还原型气体吸附到 P 型半导体上时,半导体的载流子减少,电阻值增大;当还原型气体吸附到 N 型半导体上,氧化型气体吸附到 P 型半导体上时,半导体的载流子增多,电阻值下降。由于空气中的含氧量大体上是恒定的,因此氧的吸附量也是恒定的,器件阻值也相对恒定。如果气体浓度发生变化,阻值也将发生变化。根据这一特性,可以由阻值的变化得知吸附气体的种类和浓度。半导体气敏时间(响应时间)一般不超过 1min。常见的 N 型材料有 SnO_2、ZnO、TiO_2、In_2O_3,P 型半导体有 MoO_2、CrO_3 等。

2. 半导体气敏传感器的类型及结构

1) 电阻型半导体气敏传感器

目前广泛使用的电阻型气敏元件,一般由敏感元件、加热器和外壳三部分组成。按照制造工艺可分为烧结型、薄膜型、厚膜型三种。其典型结构如图 4 - 6 所示。

(1) 烧结型气敏元件。这类器件是以半导体 SnO_2 为基体材料,将铂电极和加热丝埋入 SnO_2 材料中,用加热、加压、温度为 700℃～900℃ 的制陶工艺烧结成形的。烧结型器件的结构如图 4 - 6(a)所示。烧结型器件的制作方法简单,器件寿命长;但由于烧结不充分,器件机械强度不高。电极材料较贵重、电性能一致性较差,应用受到一定限制。

(2) 薄膜型气敏元件。采用蒸发或溅射工艺,在石英基片上形成氧化物半导体薄膜(厚度小于 100nm),制作方法简便。薄膜型气敏元件的结构如图 4 - 6(b)所示。实验证明,SnO_2 半导体薄膜的气敏特性最好。但这种半导体薄膜为物理性附着,器件间性能差异较大。

(3) 厚膜型气敏元件。这种器件是将 SnO_2 或 ZnO 等材料与 3%～5%(重量)的硅凝胶混合制成能印刷的厚膜胶,把厚膜胶用丝网印刷到装有铂电极的氧化铝或氧化硅等绝缘体基片上,再经 400℃～800℃ 温度烧结 1h 制成。厚膜型气敏元件的结构如图 4 - 6(c)所示,这种工艺制成的元件离散度小,机械强度高,适合大批量生产,是一种很有前途的器件。

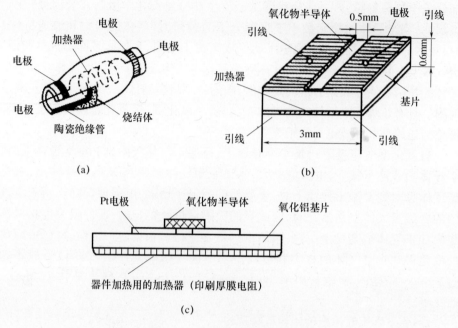

图 4 -6   电阻型气敏器件结构

(a) 烧结型器件；(b) 薄膜型器件；(c) 厚膜型器件。

以上三种气敏器件都附有加热丝,用以将附着在敏感元件表面上的尘埃、油雾等烧掉,加速气体的吸附,从而提高器件的灵敏度和响应速度。加热器的温度一般控制在 200℃~400℃ 。

加热方式一般有直热式和旁热式两种,形成直热式和旁热式气敏元件。直热式是将加热丝直接埋入 SnO_2 或 ZnO 粉末中烧结而成,常用于烧结型气敏结构。这类器件制造工艺简单、成本低,可在高电压回路中使用,但热容量小,易受环境气流的影响,测量回路和加热回路间没有隔离而相互影响。直热式结构如图 4 -6(a)和 4 -6(b)所示。旁热式是将加热丝和敏感元件同置于一个陶瓷管内,管外涂梳状电压做测量极,加热丝不和气敏材料接触,测量极和加热极分离,避免了测量回路和加热回路间的相互影响,器件热容量大,降低了环境温度对器件加热温度的影响,因此,旁热式气敏元件的稳定性、可靠性都比直热式好。

2) 非电阻型气敏器件

非电阻型气敏器件是利用 MOS 二极管的电容—电压特性(CV 特性)的变化,以及 MOS 场效应晶体管(MOSFET)的阈值电压的变化等物理特性制成的半导体气敏器件。这类器件的制造工艺成熟,便于器件集成化,性能稳定且价格便宜。

112

3. 气敏传感器的主要参数及特性

1) 灵敏度

灵敏度(S)是气敏元件的一个重要参数,标志着气敏元件对气体的敏感程度,决定了测量精度。

灵敏度用阻值变化值 ΔR 和气体浓度变化值 ΔP 之比表示:

$$S = \frac{\Delta R}{\Delta P} \qquad\qquad (4-19)$$

灵敏度的另外一种表示方法为气敏元件在空气中的阻值 R_0 与在被测气体中的阻值 R 之比,用 K 表示:

$$K = \frac{R_0}{R} \qquad\qquad (4-20)$$

2) 响应时间

从气敏元件与被测气体开始接触,到气敏元件的阻值达到新的恒定值所需要的时间,称为响应时间。表示气敏元件对被测气体浓度的反应速度。

3) 选择性

多种气体共存时,气敏元件区分气体种类的能力,称为选择性。选择性是气敏元件的重要参数。选择性高,表示气敏元件对某种气体的灵敏度高。

4) 稳定性

当气体浓度不变,其它条件改变时,在规定时间内气敏元件输出特性维持不变的能力,称为稳定性。稳定性表示气敏元件对于气体浓度以外的各种因素的抵抗能力。

5) 温度特性

气敏元件灵敏度随着温度变化的特性,称为温度特性。温度有元件自身温度与环境温度之分,这两种温度均对灵敏度造成影响。元件自身温度对灵敏度的影响很大,解决方法通常为温度补偿法。

6) 湿度特性

气敏元件的灵敏度随环境湿度变化的特性,称为湿度特性。湿度特性是影响检测精度的另一个因素。解决这一问题的措施之一为湿度补偿。

7) 电源电压特性

气敏元件的灵敏度随电源电压变化的特性称为电源电压特性。为改善这种特性,需采用恒压源。

8) 初期稳定、恢复特性

电阻式气敏元件长时间不通电存放,其阻值将比初始稳定值高 20% 左右。通电开始到一段时间后,元件电阻才恢复到初始时的电阻值并稳定下来。一般将通电开始到元件阻值达到稳定的时间,称为初期稳定时间,用以表示气敏元件的初期稳定性。

气敏元件在短期不通电状态下存放后,再通电时,不能立即正常工作,其阻值会先有一个急剧变化,然后逐渐趋于稳定。气敏元件的这种特性称为初期恢复特性。

电路设计过程中,必须考虑初期恢复时间和初期稳定时间。在元件通电后、检测气体前,必须要经过一段时间的高温处理,以便缩短初期恢复时间和初期稳定时间,并最终将其影响降至最低。

9) 时效性和互换性

电阻值气敏元件由于在较高温度等恶劣环境下长期使用后,造成气敏特性漂移,同时传统元件参数性能分散,互换性差,对实际应用带来很大不便。一般用时效性表征元件气敏特性稳定程度的时间,用互换性表征同一型号元件之间气敏特性的一致性。

10) 环境依赖性

环境对元件特性的影响主要有两种:其一是由待测气体的温度或湿度引起气体浓度变化造成的;其二是由环境的温度或湿度变化造成元件特性漂移的。因此,在元件使用过程中,需采用特定电路对输出值进行修正或补偿,也可在芯片上集成温敏、湿敏等元件来实现自身补偿,以克服环境造成的不利影响。

4. 气敏传感器的测试技术与方法

1) 晶体结构的测试和分析

产物相结构分析可以采用 X 射线衍射(X-Ray Diffractometer,XRD)技术分析并测定。

2) 材料形貌和成分分析

一般采用场发射扫描电子显微镜(Scanning Electron Microscope,SEM)和透射电子显微镜(Transmission Electron Microscopy,TEM)观察样品的表面形貌,结合 SEM 和 TEM 能谱对样品的成分做定性分析。成分的定量分析,一般采用电感耦合等离子质谱仪(Inductively Coupled Plasma Mass Spectroscopy,ICP-MS)检测过渡族元素掺杂晶体的掺杂的浓度。另外还可以通过高分辨电子显微镜(High Resolution Transmission Electron Microscopy,HRTEM)和选区电子衍射(Selected Area Electron Diffraction,SAED)对材料进行结构表征。

3) 热性能分析

一般采用热重—差热分析仪(Thermo Gravimetric and Differential Thermal Analysis,TG-DTA)研究样品经热处理后的相变,表征样品在温度变化过程中质量的变化,吸热和放热反应的发生,确定样品在特定温度条件下的物相变化。

4）光致发光性能测试

光致发光(Photoluminescence,PL)作为一种检测半导体杂质和缺陷的手段，广泛用来表征半导体的质量。

5）傅里叶变换红外光谱分析

采用傅里叶变换红外光谱仪(Fourier Transform Infrared Spectroscopy,FTIR)检测样品的官能团，进行样品微观结构的分析。

6）紫外—可见漫反射光谱分析

采用紫外—可见漫反射光谱仪(Diffuse Reflection Spectra)表征样品的光吸收性。物质受光照射时，通常发生两种不同的反射现象，镜面反射和漫反射。镜面反射如同镜子反射一样，光线不被物质吸收，反射角等于入射角。对于粒径极小的超细粉体，主要发生的是漫反射。漫反射满足 Kubelka-hunk 方程式：

$$\frac{(1 - R_\infty)^2}{2R_\infty} = \frac{K}{S} \qquad (4 - 21)$$

式中：K 为吸收系数，与吸收光谱中的吸收系数的意义相同；S 为散射系数；R_∞ 表示无限厚样品的反射系数 R 的极限值。

实际上，反射系数 R 通常采用与一已知的高反射系数标准物质比较来测量，测定 $R_{样品}/R_{标准物}$ 比值，将此比值对波长作图，构成一定波长范围内物质的反射光谱。

7）比表面积和孔径分析

采用全自动物理吸附/化学吸附分析仪检测样品的比表面积和孔径分布。绘制吸附—解吸等温线和孔径分布曲线。比表面积计算采用 Brunauer-Emmett-Teller(BET)法，孔径分布采用 Barrett-Joyner-Halenda(BJH)法计算。

8）气敏性能测试

采用静态配气法，在气敏元件测试系统上进行气敏性能测试。气敏元件按传统方法制成旁热式烧结型元件，其结构见图 4-7(a)。具体制作方法如下：在玛瑙研钵中加入少量纳米粉体，研磨均匀后滴入少许黏合剂(松油醇)，调成糊状后均匀涂敷到氧化铝陶瓷管外面，将涂好的陶瓷管放在红外灯下烘干后，于马弗炉中煅烧，以除去材料中所用的黏合剂，形成多孔结构，自然冷却后备用。将陶瓷管的四个铂电极丝焊接在底座上，然后将 Ni-Cr 加热丝从陶瓷管中穿过并将其两端也焊接在底座上，制成气敏元件。为了改善元件的稳定性和重复性，将焊好的元件进行老化处理。测试电路如图 4-7(b)所示。图中，V_h 为加热电压，V_c 为测试回路电压，V_{out} 为负载电阻 R_L 上的电压。其实质就是通过测试与气敏元件串联的负载电阻 R_L 上的电压 V_{out} 来反应气敏元件的敏感特性。

4.3.2 氧化锡气敏材料

通过感应气体在材料表面吸附、解吸时与材料产生电子交换，使材料的电导

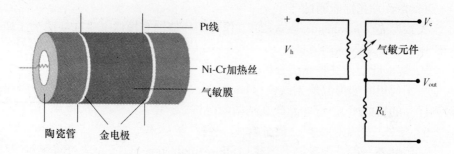

图 4 – 7　旁热式烧结型元件

(a) 气敏元件结构;（b）元件测试电路示意图。

发生变化来实现对气体的检测,这一过程称为表面控制过程。对于 N 型半导体气敏元件:元件在空气中吸附氧分子并从半导体表面获得电子形成 O^{2-} 、O^- 等受主表面能级,表面电阻增加。如果 H_2 、CO 等还原性气体为被检测气体与气敏器件表面接触时,这些气体与氧进行以下反应:

$$O_{(ads)}^{n-} + H_2 \rightarrow H_2O + ne^-$$
$$O_{(ads)}^{n-} + CO \rightarrow CO_2 + ne^-$$

被氧原子捕获的电子重新回到半导体中,表面电阻下降。半导体器件就是利用这种表面电阻的变化来检测各种气体的。而对于 P 型半导体,则与之相反,遇到还原性气体,电阻增加;遇到氧化性气体,电阻下降。

在众多的半导体气敏材料中,锡酸盐系、钨酸盐系、氧化锌系等大多属于表面控制型气敏器件。

SnO_2 是一种典型的 N 型半导体,属于表面电阻控制型气敏器件。氧化锡类多孔质烧结体气敏元件是目前广泛应用的一类元件,它是由氯化锡和氧化锡粉末在 700℃～900℃烧结制成的。

SnO_2 半导体气敏元件与其它类型气敏元件相比,具有以下优点:

（1）气敏元件的阻值随被测气体浓度呈指数变化关系,适用于检测微量低浓度气体。

（2）材料本身具有较好的物理化学稳定性,元件稳定性好、寿命长、耐腐蚀。

（3）元件对气体检测可逆,吸附—脱附时间短,可长时间连续使用。

（4）元件结构简单、价格便宜、可靠性高、力学性能好。

（5）对气体检测时所需处理设备简单。一般待测气体可通过元件电阻变化直接转变为电信号输出,元件电阻率变化大,信号处理时无需高倍数放大电路。

综上,SnO_2 半导体气敏元件是目前应用最广泛的一种气敏元件。

116

1. 氧化锡气敏材料的制备

SnO_2气敏材料的制备方法通常有沉淀法、水解法、固相热分解法、化学气相沉积法、室温固相反应法、微乳液法、溶胶—凝胶法、喷雾干燥法、水热法、溶剂热法、有机配合物前驱体法、辐射合成法等方法。

2. 氧化锡的气敏性能

纳米颗粒是指颗粒尺寸为 $1nm \sim 100nm$ 的微粒。纳米材料具有五大效应：表面效应、体积效应、量子效应、小尺寸效应和宏观量子隧道效应。随着纳米微粒粒径的减小，材料的比表面积增大，表面原子数大量增加，表面原子数的增加及表面原子配位的不饱和性导致更多不饱和键和悬键，使表面吸附气体的能力大大增强，因此表面电荷层厚度受气体吸附的影响更大；同时，随着粒径的减小，产生更多晶界，晶界势垒也相应增加，由于吸附气体而造成的势垒变化也会更为显著。因此，采用纳米气敏材料对气体检测，灵敏度会显著提高。通常，纳米材料的粒径在 $10nm$ 以下，表面原子之比会迅速增大，化学活性也会大大增强。研究表明，纳米 SnO_2 在平均晶粒度为 $5nm$ 左右时，气敏特性最好。

提高 SnO_2 气敏特性的另一个方法是材料的薄膜化。薄膜材料表面积大，气体敏感性好。可以采用溅射法、化学气相沉积法等方法制备出晶粒尺寸只有几个纳米的超微粒薄膜，而且易于实现掺杂，晶体生长可控。

如果气敏元件是由单一氧化物制成，可能会出现灵敏度、稳定性和选择性都不理想的现象，可通过掺杂(如 Sb, In, V, Pd, Pt 等贵金属)或掺杂金属氧化物来提高器件的气敏性能。

1) SnO_2 结构对气敏性能的影响

SnO_2 具有金红石型晶体结构，化合价为二价和四价，为变价氧化物，有 SnO_2、SnO 等，用于制备气敏元件的 SnO_2 一般都是偏离化学计量比的，在 SnO_2 中有氧空位或 Sn 间隙离子。这种结构缺陷直接影响 SnO_2 的气敏性能，一般来讲，SnO_2 中氧空位越多，气敏性能越好。

2) 掺杂对 SnO_2 气敏性能的影响

可以通过掺杂来提高 SnO_2 气敏性能。例如在 SnO_2 中掺入 V_2O_5 可改变元件的电阻，提高稳定性，当 V_2O_5 含量为 $0.56wt\%$ 时电阻最小。掺碱土金属氧化物的半导体薄膜元件可以提高对乙醇的灵敏度，而降低对苯、丁烷、液化气、氨气、煤气的灵敏度，对元件的增敏顺序与碱土金属氧化物的活性顺序一致：$MgO > CaO > SrO > BaO$。贾维国通过控制 $SbCl_4$ 的掺杂量来改变 SnO_2 氧化物半导体薄膜的电阻率，当 Sb 的含量达到 10% 时，电阻率达到极小值。表 4-3 为添加物对 SnO_2 气敏性能的影响。

表 4 - 3   添加物对 SnO₂ 气敏性能的影响

添加物	待测气体	使用温度/℃
PdO、Pd	CO、C₃H₃、酒精	200 ~ 300
Pd、Pt、过渡金属	CO、C₃H₃	200 ~ 300
PdCl₂、SbCl₃	CH₄、CO、C₃H₃	200 ~ 300
PdO + MgO	还原性气体	150
Sb₂O₂、TiO₂、TlO₂	LPG、CO、城市煤气、酒精	200 ~ 300
V₂O₅、Cu	酒精、丙酮	250 ~ 400
稀土类	酒精系可燃性气体	
过渡金属	还原性气体	200 ~ 300
Sb₂O₃	还原性气体	500 ~ 800
高岭土、Bi₂O₃	碳氢系还原性气体	200 ~ 300

3）复合对氧化锡气敏性能的影响

复合对 SnO_2 气敏性能的影响机理类似于掺杂。复合是采用两种或两种以上不同性质的材料,通过化学或者物理方法,在宏观上组成具有新性能的材料。各种材料在性能上取长补短,产生协同效应,使得复合材料的性能优于组成材料。复合可以显著提高 SnO_2 气敏性能。

具有钙钛矿结构的 $ZnSnO_3$ 属广谱型气敏材料,是大家公认的乙醇敏感材料,成为近年来气敏材料研究的热点。李国强等对 SnO_2 材料进行复合,制备了 $ZnSnO_3$ 材料,发现 700℃ 煅烧的 SnO_2 材料对 50×10^{-6} 乙醇的灵敏度仅为 12.25,而复合了 ZnO 的 $ZnSnO_3$,相同条件下对相同浓度的乙醇的灵敏度为 47。复合显著提高了 SnO_2 材料对乙醇的气敏性能。

4）烧结温度和加热温度对 SnO_2 气敏性能的影响

图 4 - 8 为不同煅烧温度气敏材料对 100×10^{-6} 乙醇的灵敏度曲线。如图所示,元件的灵敏度随工作温度的升高,先增加后下降。700℃ 和 900℃ 煅烧的材料的最佳工作温度皆为 200℃,此时灵敏度分别为 12.25、19.72;800℃ 煅烧的材料的最佳工作温度为 225℃,此时元件的灵敏度为 127。800℃ 煅烧的材料灵敏度远远高于 700℃ 和 900℃ 处理的材料,表明烧结温度和加热温度会对 SnO_2 气敏性能造成影响。

5）被测气体浓度对 SnO_2 气敏性能的影响

图 4 - 9 为工作温度为 225℃ 时,不同乙醇气体浓度对元件灵敏度的影响。如图所示,700℃、800℃、900℃ 煅烧材料所制元件的灵敏度都随着乙醇的浓度增大而升高。一般来讲,元件的灵敏度随着被测试气体浓度的增加而增加。

118

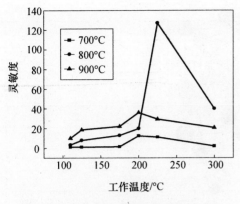

图4-8 元件工作温度与灵敏度的关系

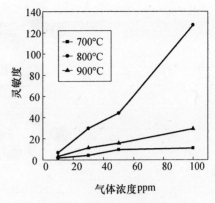

图4-9 浓度与灵敏度的关系

4.3.3 氧化锌气敏材料

氧化锌(ZnO)是一种 N 型半导体,属于表面电阻控制型气敏器件,具有压电和光电特性,室温下禁带宽度为 3.37eV。ZnO 具有三种晶体结构:四方岩盐矿结构、闪锌矿结构和纤锌矿结构,如图 4-10 所示。以立方相的材料作为衬底,可能会生长出闪锌矿 ZnO。只有在高压下才能获得四方岩盐矿结构,也就是氯化钠结构的 ZnO。常温常压下,ZnO 具有单一的纤锌矿结构稳定结构,晶体结构如图 4-11 所示。

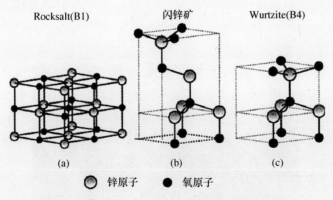

图4-10 ZnO 的晶体结构示意图
(a) 岩盐矿;(b) 闪锌矿;(c) 纤锌矿。

与其它传统半导体材料,如 Si、GaAS 和 GaN 相比,ZnO 具有以下三大优点:①激子结合能为 60meV(GaN 为 25meV),远高于室温热激活能(26meV)。因此在室温下也有较高的激子浓度,发光效率高,能耗低,工作温度高,是理想的发光器件材料;②击穿强度和饱和电子迁移率高,是理想的高温、高能、高速电子器件

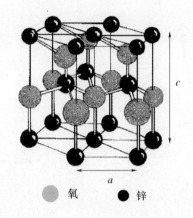

氧 ● 锌

图 4 – 11 六方纤锌矿 ZnO 单元

材料;③抗辐射损伤能力强,是潜在的空间应用材料。ZnO 纳米材料由于颗粒尺寸小,比表面积大,使得纳米 ZnO 具有块体所不具备的表面效应、小尺寸效应和宏观量子隧道效应等。纳米 ZnO 在很多方面,如室温紫外激光器、场效应晶体管、紫外光探测器、气体传感器、太阳能、发电机等方面都有重要应用。

1. 氧化锌气敏材料的制备

纳米 ZnO 的制备方法很多,可以分为气相法(物理气相沉积法、化学气相沉积法、喷雾热解法、分子束外延法)、液相法(水热法、溶剂热法、溶胶—凝胶法、离子液体法、化学沉淀法、微乳液法等)和固相法(固相分解法、高能球磨法等)。

图 4 – 12 为热蒸发法调控合成的 ZnO,图 4 – 13 为水热法合成的层状前驱体及多孔 ZnO。

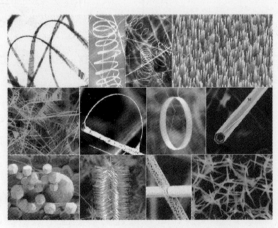

图 4 – 12 热蒸发法调控合成的 ZnO

120

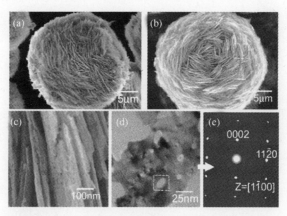

图4-13 水热法合成的层状前驱体及多孔ZnO

2. 氧化锌的气敏性能

由于ZnO气敏元件的性能(敏感性、选择性、稳定性等)存在着诸多不足,国内外研究人员一直在探索如何提高其气敏性能。研究发现,通过表面修饰、掺杂与复合、光激发以及形貌调控等方法可以改善ZnO气敏元件的气敏性能。

1)薄膜化对ZnO光致发光的影响

以单分散的ZnO胶体颗粒为前驱体,采用ESD法制备ZnO膜。分析研究雾化膜的光致发光行为。

图4-14为"锥—射流"图。液体从喷嘴末端喷洒出来的形态随着电压的增大主要经历三个过程:①"滴"模型;②"脉动"模型;③"锥—射流"模型。静电雾化过程就是采用"锥—射流"模型,在这种模型下静电雾化才是稳定的,并且能产生单分散的液滴。这种模型是由一个圆锥状的液面和圆锥顶点处很细的射流组成,此圆锥通常被称为 Taylor 锥。在射流的下游,细射流破碎成很小的液滴。

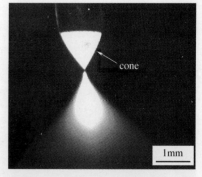

图4-14 "锥—射流"的光学照片

图4-15给出不同退火温度下样品的室温光致发光(PL)谱。从图中可以看出紫外发光峰的积分强度随着退火温度的升高而下降,同时缺陷发光峰也随着退火温度的升高而降低,经600℃退火后,缺陷发光峰几乎完全消失,因此确定600℃为最佳退火温度。紫外发光峰是由于近带边的自由激子复合引起的。样品a、b的可见光区域都存在相当弱的蓝色发光峰和比较强的绿色发光峰。通常认为绿光发射与带隙中的氧空位等缺陷有关。认为蓝色发光源于氧空位。说

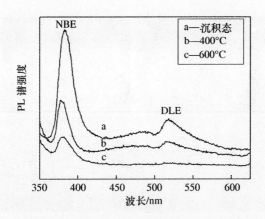

图 4-15 不同退火温度 ZnO 膜的室温 PL 谱

明制备的 ZnO 膜中存在着很多氧空位等结构缺陷。

2）表面修饰对 ZnO 气敏性能的影响

纳米材料的表面修饰技术是用物理或化学方法改变纳米材料的表面结构和状态,从而赋予其新的机能并使其物性得到进一步的改善。气敏材料的表面修饰主要是通过在纳米材料表面沉积第二相,此第二相物质既可以提高纳米材料表面的活性,又可以作为气体分子离解的良好催化剂。对于 ZnO 气敏材料而言,表面修饰的方法主要包括金属敏化、氧化物以及复合氧化物表面修饰。气敏材料的表面修饰主要是采用物理、化学方法,人为地掺入一些金属、氧化物等,提高气敏材料的表面活性,从而改善气敏材料的气敏性能。图 4-16 为 Au 吸附 ZnO 纳米线的 SEM 照片和该纳米线对 CO 气体的响应恢复曲线。

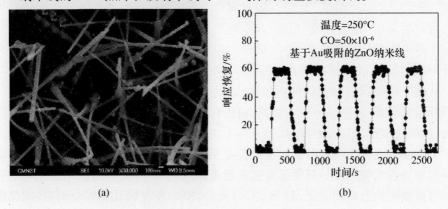

(a)   (b)

图 4-16 Au 吸附 ZnO 纳米线的 SEM 照片和该纳米线对 CO 气体的响应恢复曲线

(a) Au 吸附的 ZnO 纳米线；(b) 基于 Au 吸附的 ZnO 纳米线

在 250℃ 时对 50×10^{-6} CO 气体的响应恢复曲线。

金属表面修饰主要为贵金属修饰。其中作为修饰的贵金属主要包括 Pd、Pt、Au、Ag、Ru、Rh 等。由于贵金属具有高的催化活性,使得被测气体催化氧化速率增加,进而气敏性能得到提高。

3）掺杂对 ZnO 气敏性能的影响

掺杂元素或氧化物不仅能改变 ZnO 的能带结构,也可以提高材料的活性。从这个角度看,掺杂和表面修饰并没有严格的限制。根据掺杂元素的不同,可以分为:贵金属掺杂、过渡元素掺杂、稀土元素掺杂等。

如图 4-17 所示,Co 掺杂后的 ZnO 元件 $Zn_{0.979}Co_{0.021}$ 对乙醇气体具有很好的响应,以及优异的重复性。元件对于 5×10^{-6} 的乙醇气体灵敏度高达 12.8。而纯的 ZnO 元件对 5×10^{-6} 的乙醇气体的灵敏度仅为 5.7。随着测试气体浓度的增大,两种元件对乙醇的响应能力的差距越来越明显,纯的 ZnO 元件对乙醇气体的响应更是显现出饱和迹象。图 4-18 为 $Zn_{0.979}Co_{0.021}O$ 元件的响应恢复曲线,元件的响应恢复时间分别为 6s 和 4s。由此可得,基于 $Zn_{0.979}Co_{0.021}O$ 的传感器元件具有优异的检测乙醇气体的能力,有望得到实际应用。

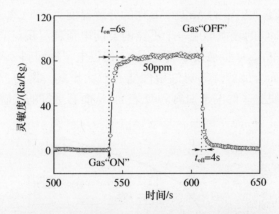

图 4-17　纯 ZnO 和 Co 掺杂 ZnO 元件的灵敏度

4）复合对 ZnO 气敏性能的影响

由于大多数金属氧化物半导体材料具有普敏的特点,选择性比较差,因此单一气敏传感器很难应用于气体分子种类的识别和混合气体浓度的检测。而且不同材料的最佳工作温度以及灵敏对象有所区别,这样可以通过复合或者混合多种半导体氧化物来改善其敏感性能以及选择性。

图 4-19 为纯 ZnO 及 Ag 复合的 ZnO 两种元件对不同浓度乙醇气体的灵敏度如所示。由图可见,两种元件的灵敏度随乙醇气体浓度的增加而相应升高。Ag/ZnO 异质结对不同浓度乙醇气体的灵敏度均要高于纯 ZnO 的。Ag/ZnO 异质结元件对于 5×10^{-6}、10×10^{-6}、30×10^{-6}、50×10^{-6} 和 100×10^{-6} 乙醇气体的

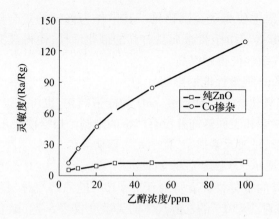

图 4-18 Co 掺杂 ZnO 元件的响应恢复曲线

灵敏度分别为 9.83、16.99、30.4、36.11 和 44.65。

Ag 作为一种重要的贵金属增敏剂,是通过电子增敏的方式,提高元件的气敏性能的。当 Ag/ZnO 异质结的元件的工作温度为 350℃时,Ag 在 184℃与空气中的 O_2 反应生成更加稳定的 Ag_2O(Ag_2O 的分解温度为 395℃)。然后,Ag_2O 作为电子受体,在 ZnO 的表面形成一个更宽的空间电荷耗尽层。当元件暴露在还原气体中时,O^- 和 Ag_2O 将被还原成金属 Ag 使得电子返回到 ZnO。需要指出的是,Ag 在 ZnO 表面分散的好坏对气敏性能有较大影响。因为,Ag 在 ZnO 表面分布好的话将会使更多的电子抽离 ZnO 表面,从而有更好的气敏性能。

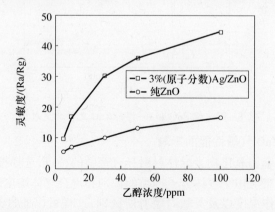

图 4-19 纯 ZnO 以及 Ag 含量为 3.0%(原子分数)的 Ag/ZnO 纳米晶传感元件
的灵敏度在 350℃时随乙醇浓度的变化关系

5)紫外光激发对 ZnO 气敏性能的影响

紫外光激发是降低金属氧化物半导体型气敏元件工作温度的另外一种有效

的方法。在常温下,金属氧化物半导体属于绝缘体。除了热激发外,具有一定波长的紫外光激发同样也可以把电子激发到导带中去,改变其导电能力。对于ZnO,其禁带宽度为 3.37eV,理论上只要激发光的波长小于367nm,在室温下都可以将电子激发到导带中而成为导体。所以,采用紫外光激发是大幅降低气敏元件工作温度的有效方法。图 4-20 为 ZnO 纳米线对 532nm 和 365nm 的光响应及对紫外光开关的响应和重复性。图 4-21 给出了紫外光激发的气敏测试示意图。

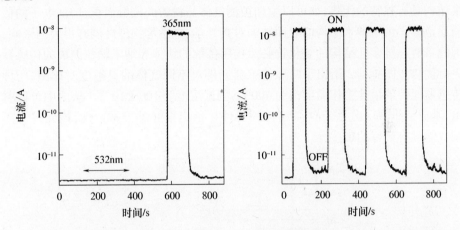

图 4-20　ZnO 纳米线对 532nm 和 365nm 的光响应及对紫外光开关的响应和重复性
(a) ZnO 纳米线对 532nm 和 365nm 的光响应;(b) ZnO 纳米线对紫外光开关的响应和重复性。

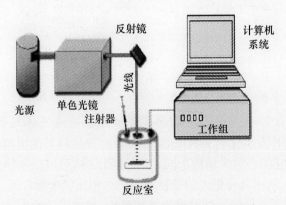

图 4-21　紫外光激发的气敏测试示意图

6) 形貌调控对 ZnO 气敏性能的影响

金属氧化物半导体纳米材料形态的控制生长也是提高其气敏性能的一种有效手段。在探测气体时,材料与气体分子的相互作用主要集中在材料的表面。

纳米材料表面的缺陷、原子排列的疏密程度、暴露的晶面等特性都会对材料与气体分子的相互作用产生重要的影响。相同的 ZnO 半导体材料,采用不同的工艺制备,纳米材料的尺寸、形态等特征也就有所不同,材料微粒表面的特性也会千差万别。因此,通过不同的工艺,制备具有不同表面缺陷的气敏材料,可以改善材料的气敏性能。

随着合成技术的进步,越来越多的具有独特结构的 ZnO 被合成出来,如三维多级、多孔、多层的 ZnO 微结构。与零维、一维、二维的 ZnO 纳米结构相比,三维结构具有独特的优势,如可以增加被测气体与材料的接触面积,增加电子的传输通道等。由于纳米结构的表面缺陷对其光学、电学等物理性能有很大的影响,因此具有三维多孔结构的氧化物必然比用传统的块体和纳米颗粒制成的传感器更有优势。图 4 - 22 给出了两种传感器元件对不同气体的灵敏度对比图,两种传感器元件的最佳工作温度都为 400℃,测试浓度为 100×10^{-6}。从图中可以看出,基于三维多层多孔 ZnO 微结构的元件显示出很好的灵敏特性,该元件对丙酮气体具有最好的敏感性。

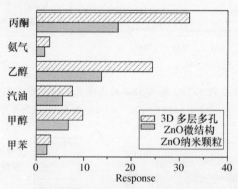

图 4 - 22　三维多层多孔 ZnO 微结构以及 ZnO 纳米颗粒的传感元件
在 400℃对不同气体的响应值(气体浓度 100×10^{-6})

三维多层多孔 ZnO 微结构的敏感机制涉及到检测气体与其表面的 O_2^-、O^{2-} 和 O^- 等氧物种发生化学和物理的作用,从而导致材料的电阻发生变化。与纳米颗粒以及其它实心纳米结构不同,这种多孔结构可以使气体分子在三维结构中自由地进出,从而具有更大的活性表面积。相比纳米颗粒而言,三维多层多孔 ZnO 微结构敏感元件的元件敏感膜更加疏松,构成了一个四通八达的网络结构,使得空气中的氧分子不再局限于吸附表层敏感膜的电子,甚至可以与所有纳米晶发生作用。由于上述原因,在 400℃的工作条件下,吸附的氧气分子从 ZnO 纳米晶捕获电子,形成 O^-,形成比纳米颗粒更厚的电荷排空区域—耗尽层,导致三维多层多孔 ZnO 微结构元件的敏感膜在空气中呈现出更高的电阻。当还原性气体(丙酮气体)引入气室时,气体分子与氧离子物种发生反应,使原来被氧离子物种捕获的电子再次转移回三维多层多孔 ZnO 微结构,导致敏感膜的电阻大大降低。显然,作用的活性比表面积越大,敏感性能越好。这就是三维多层多孔 ZnO 微结构元件具有良好气敏性能的原因。

4.3.4　氧化铁气敏材料

氧化铁(Fe_2O_3)系气敏元件是体电阻控制型元件。所谓的体电阻控制型气敏传感器是利用体电阻的变化来检测气体的半导体气敏传感器。很多氧化物半导体由于化学计量比的偏离,尤其是化学反应强而容易被还原的氧化物半导体,在比较低的温度下与气体接触,使电阻改变,利用这种机理检测各种气体。比如,$\gamma - Fe_2O_3$气敏器件,当与气体接触时,随着气体浓度的增加,形成 Fe^{2+} 离子,它们之间的氧化还原反应为

$$\gamma - Fe_2O_3 \underset{还原}{\overset{氧化}{\rightleftharpoons}} Fe_3O_4$$

$\gamma - Fe_2O_3$ 和 Fe_3O_4 都属于尖晶石结构,进行上述转变时,晶体结构并不发生变化。这种转变又是可逆的,当被测气体脱离后,又恢复到原状态。这就是 $\gamma - Fe_2O_3$气敏器件的工作原理。

$\gamma - Fe_2O_3$是亚稳态的,其稳态为 $\alpha - Fe_2O_3$。$\gamma - Fe_2O_3$气敏元件最佳工作温度为 $400℃ \sim 420℃$,温度过高会使 $\gamma - Fe_2O_3$ 向 $\alpha - Fe_2O_3$转化而失去气敏特性。这也是 $\gamma - Fe_2O_3$元件失效的原因。

铁的几种氧化物有如下关系:

通常认为 $\gamma - Fe_2O_3$气敏元件在 $400℃ \sim 420℃$ 工作条件下,检测丙烷时 Fe^{2+} 离子的生成正比于气体浓度。与此同时,$\gamma - Fe_2O_3$ 向 Fe_3O_4 转变,引起电阻率下降。$\gamma - Fe_2O_3$ 和 Fe_3O_4 都属于尖晶石结构,发生上述转变时,晶体结构并不发生变化,产生了 $\gamma - Fe_2O_3$ 和 Fe_3O_4 的固溶体,即

$$Fe^{3+}[\square_{(1-x)/3} Fe^{2+}_x Fe^{3+}_{(5-2x)/3}]O_4$$

式中:x 为还原程度;$\square$ 为阳离子空位。

这种转变时可逆的,即当被测气体脱离后又恢复原态,这就是 $\gamma - Fe_2O_3$气敏元件的工作原理。

1. 氧化铁气敏材料的制备

纳米氧化铁的制备方法很多,按反应物料的状态来分可以分为湿法和干法。湿法即液相法,多以绿矾、氯化亚铁或硝酸铁为原料,采用沉淀法、水热法、溶胶—凝胶法、水热反萃法、微乳液法、压力热晶法、柠檬酸溶解—热解法等方法制备。沉淀法有均相沉淀法、酶诱发均匀沉淀法、直接沉淀法、氧化沉淀法等。干法包括气相法和固相法两种,常以羰基铁[$Fe(CO)_5$]或二茂铁($Fe(C_5H_5)_2$)为原料,采用火焰热分解、气相沉积、低温等离子化学沉积法(PCVO)或激光热分解法等方法制备。

2. 氧化铁的气敏性能

由于Fe_2O_3气敏元件的性能(敏感性、选择性、稳定性等)存在诸多不足,国内外研究人员一直在探索如何提高其气敏性能。研究发现,可以通过制备方法、掺杂与复合等方法来改善Fe_2O_3气敏元件的性能。

1)制备方法对气敏性能的影响

如图4-23是50×10^{-6}气体下,均相沉淀法、溶胶—凝胶法、柠檬酸溶解—

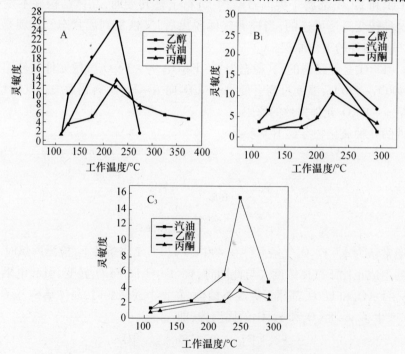

图4-23　三种方法A、B_1、C_3所得材料的工作温度与灵敏度关系

A—均相沉淀法；B_1—溶胶—凝胶法；C_3—柠檬酸溶解—热解法。

热解法三种方法所得材料在不同测试温度下的灵敏度曲线图。由图可知,均相沉淀法所得到的材料在225℃时对汽油的灵敏度最高;溶胶—凝胶法得到的材料在225℃时,对乙醇的灵敏度最高;柠檬酸溶解—热解法制备的材料在250℃时,对汽油的灵敏度为15.38。三种方法制备的气敏材料相比较,溶胶—凝胶法所得的材料气敏性质最好,可以在不同的温度下可以实现对汽油和乙醇两种气体的监测。

2) 掺杂对气敏性能的影响

图 4 - 24 为 Ni 掺杂 Fe_2O_3 对 50×10^{-6} 乙醇气体的灵敏度随工作温度变化情况。如图所示,Ni 掺杂 Fe_2O_3 对 50×10^{-6} 汽油的灵敏度为 122.8。结合图 4 - 23 可知,Ni 掺杂后,Fe_2O_3 对乙醇的灵敏度由 26 增大到 122.8。图 4 - 25 为 La_2O_3 掺杂 Fe_2O_3 对 50×10^{-6} 乙醇气体的灵敏度关系曲线。在 La_2O_3 掺入量为 5%(质量分数)时,元件对乙醇的灵敏度为 105.8。结合图 4 - 23 可知,La_2O_3 掺杂后,Fe_2O_3 对乙醇的灵敏度由 26 增大到 105.8。因此,掺杂可以有效提高 Fe_2O_3 对乙醇的灵敏度。

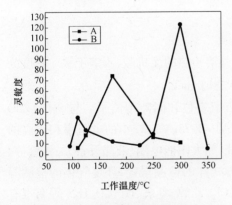
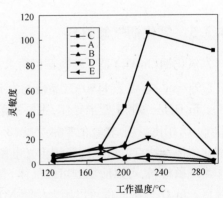

图 4 - 24 Ni 掺杂 Fe_2O_3 的气敏性能   图 4 - 25 La_2O_3 掺杂 Fe_2O_3 的气敏性能

3) 复合对气敏性能的影响

钙钛矿型复合氧化物是一种具有独特物理性质和化学性质的新型无机非金属材料,A 位一般是稀土或稀土元素离子,B 位为过渡元素离子,A 位和 B 位皆可通过掺杂被半径相近的其它金属离子部分取代而保持其晶体结构基本不变,并且它的能隙较窄(小于 3eV),其功能性质不仅可以通过改变 A、B 位的元素来控制,还可以通过的对 A、B 位元素的掺杂形成 $A_{1-x}A'_xB_{1-x}B'_xO_3$ 来控制。

钙钛矿型复合氧化物 $LaFeO_3$ 对乙醇有更高的灵敏度,图 4 - 26 为 $LaFeO_3$ 气敏元件对乙醇的灵敏度。如图所示,$LaFeO_3$ 材料对乙醇的灵敏度达到 141.6。

结合图 4-23 可知,钙钛矿型复合氧化物 $LaFeO_3$ 比单纯的 Fe_2O_3 对乙醇具有更高的灵敏度。由 26 增大到 141.6。因此,掺杂可以有效提高 Fe_2O_3 对乙醇的灵敏度。

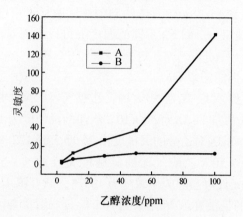

图 4-26 $LaFeO_3$ 元件灵敏度与乙醇浓度的关系

4.3.5 氧化铟气敏材料

氧化铟(In_2O_3)是一种淡黄色粉末。微溶于热的无机酸,不溶于水。密度为 $7.179g/cm^3$,熔点为 1190℃,晶格能为 13928kJ/mol。

In_2O_3 是一种 N 型半导体,主要缺陷有氧空位和间隙铟离子。与 SnO_2、ZnO 和 Fe_2O_3 相比,具有较宽的禁带宽度(3.6eV ~3.75eV)、较小的电阻率和较高的催化活性等特点。可广泛应用于光电领域,如太阳能电池、液晶设备、二极管等。作为气敏材料,可以应用到可燃气体、有毒气体的检漏报警、环境气体的检测等领域。In_2O_3 气敏元件可以用来检测 NO_2、Cl_2、乙醇、臭氧、H_2、CO、H_2S 等有毒有害气体。

1. 氧化铟气敏材料的制备

纳米 In_2O_3 粉体的制备方法通常有化学沉淀法、溶胶—凝胶法、脉冲激光沉积法、气相沉积法、沉淀法、室温固相反应法、电弧放电共沸蒸馏法、减压—挥发氧化法、熔化雾化燃烧法、高压喷雾分解法、模板法等。

2. 氧化铟的气敏性能

1)制备方法对 In_2O_3 气敏性能的影响

图 4-27 为不同方法制备的 In_2O_3 粉体制得的气敏元件对 $100 \times 10^{-6}Cl_2$ 的灵敏度—工作温度关系曲线。如图所示,室温固相合成法、化学共沉淀法、均匀沉淀法、溶胶—凝胶法、微乳液法、水热法制备的粉体在 110℃ 工作温度下对

100×10^{-6}Cl$_2$灵敏度分别为 54.096、174.439、1175.491、11.682、3.511、14.723。结果表明用均匀沉淀法所得的 In$_2$O$_3$元件对 Cl$_2$ 的灵敏度最高，可达 1175，化学共沉淀法所得的 In$_2$O$_3$元件 Cl$_2$ 灵敏度也较高，达到 175。而溶胶凝胶法、水热法、微乳液法制备的元件在此条件下灵敏度相对较低。

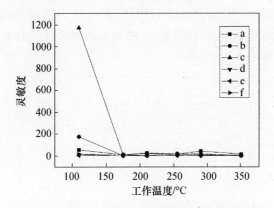

图 4-27　不同方法制备的 In$_2$O$_3$气敏传感器的灵敏度

a—室温固相合成法；b—化学共沉淀法；c—均匀沉淀法；

d—溶胶凝胶法；e—微乳液法；f—水热法。

　　图 4-28 为不同方法制备的 In$_2$O$_3$ 粉体的 XRD 图谱。不同方法制备的 In$_2$O$_3$气敏材料对 Cl$_2$的灵敏度差别很大，结合 Scherrer 公式计算的晶粒度可以看出，化学共沉淀法、均匀沉淀法制备的样品，具有相对较小的晶粒度，其气敏性能也最好。说明材料的晶粒度会对灵敏度造成较大的影响。同时也说明 In$_2$O$_3$气敏材料属于表面控制型的气敏元件。对于表面控制型气敏元件，如氧化锡、氧化

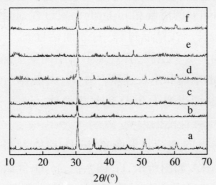

图 4-28　不同方法制备的 In$_2$O$_3$气敏材料的 XRD 图谱

a—室温固相合成法；b—化学共沉淀法；c—均匀沉淀法；

d—溶胶凝胶法；e—微乳液法；f—水热法。

131

锌、氧化铟等,降低颗粒尺寸可提高传感器的气体灵敏度。因此,进一步减小 In_2O_3 气敏材料的粒径,可有效提高其气敏性能。

2)添加剂对 In_2O_3 气敏性能的影响

在新相形成的过程中,表面活性剂可以降低反应能,从而对 In_2O_3 的气敏性能造成了影响。图 4-29 为灵敏度对比图,其中 A 为添加 PEG—600 表面活性剂的 In_2O_3,B 为纯的 In_2O_3。如图所示,添加了表面活性剂的 In_2O_3 气敏元件,其气敏性能要优于纯的 In_2O_3 元件。

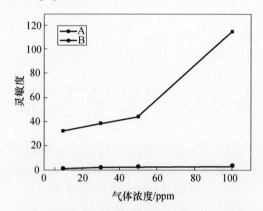

图 4-29　灵敏度对比

A—添加 PEG-600 表面活性剂的 In_2O_3;B—纯 In_2O_3。

在 In_2O_3 的生长过程中,PEG-600 一方面降低溶液的表面张力,从而降低生成新相——In_2O_3 晶体所需的能量;另一方面,PEG-600 还可通过静电作用和立体效应来影响 $In(NO_3)_3$ 的溶解和 In_2O_3 的形成过程,起到"引导剂"的作用,引导 In_2O_3 晶体的定向生长。在结晶过程中,表面活性剂分子是晶体生长的控制者,在新形成晶体表面形成一层膜,有效地阻止了团聚。晶体表面对表面活性剂的吸附显著影响晶体的定向和生长速度。在 In_2O_3 晶体与溶液界面的表面活性剂膜降低了界面能。从而影响了 In_2O_3 的气敏性能。

3)掺杂对 In_2O_3 气敏性能的影响

图 4-30 为 Fe 的不同掺杂量制备的 In_2O_3 粉体制得的气敏元件对 $100 \times 10^{-6} Cl_2$ 的灵敏度对比图。如图所示,Fe 掺杂后,In_2O_3 气敏元件的灵敏度均比未掺杂的元件灵敏度高。纯 In_2O_3 粉体对 Cl_2 的灵敏度很低,$12.87\% Fe(NO_3)_3$ 掺杂时,110℃ 工作温度下,灵敏度为 183。

图 4-31 为不同 $La(NO_3)_3$ 掺杂量制备的 In_2O_3 粉体制得的气敏元件对 Cl_2 的灵敏度对比图。如图所示,La 掺杂后,In_2O_3 气敏元件的灵敏度均比未掺杂的

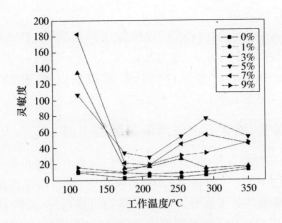

图 4 - 30　Fe 掺杂的元件灵敏度对比

元件灵敏度高。纯 In_2O_3 粉体对 Cl_2 的灵敏度为 12.8,而 $7\%\,La(NO_3)_3$ 掺杂的 In_2O_3 粉体的灵敏度在 110℃ 工作温度下,对 Cl_2 灵敏度高达 1665.7。

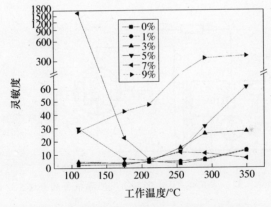

图 4 - 31　$La(NO_3)_3$ 掺杂的元件灵敏度对比

由于 In_2O_3 材料是 N 型半导体,晶粒内有大量导电电子,当 O_2 吸附在材料表面时,由于掺入的金属元素对化学吸附 O_2 的催化活化作用,在 In_2O_3 颗粒表面形成空间电荷层,其势能比没有掺杂时更大,电子更不容易移动,促进吸附氧流到材料表面活性位置上放出电子,使元件电导增大,从而使 In_2O_3 气敏材料的灵敏度提高。

4.4　气敏传感器的应用

半导体气敏传感器具有灵敏度高、响应恢复时间短、使用寿命长、成本低等优点,应用非常广泛。

按照用途,可分为检漏仪(或称为探测仪)、报警器、自动控制仪器、测试仪器等。按照检测气体的对象,分为特定气体的检测仪器(如甲烷、一氧化碳等某种特定单一气体)、混合气体的选择性检测仪器、环境气氛的检测仪器等。

4.4.1 家用煤气、液化石油气泄漏报警器电路

图4-32是一种最简单、廉价的家用煤气、液化石油气报警器电路。该电路能承受较高的交流电压,可直接由220V市电供电,且不需要再加复杂的放大电路,就可以驱动蜂鸣器等来报警。由该电路的组成可见,蜂鸣器与气敏传感器QM-N6的等效电阻构成了简单串联电路,当气敏传感器探测到泄漏气体(如煤气、液化石油气)时,随着气体浓度的增大,气敏传感器QM-N6的等效电阻降低,回路电流增大,超过危险的浓度时,蜂鸣器发声报警。

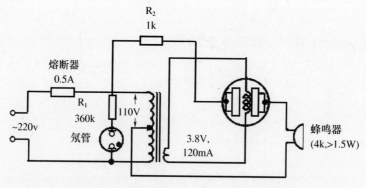

图4-32 家用煤气、液化石油气泄漏报警器电路

4.4.2 酒精测试仪

图4-33为实用酒精测试仪电路。该测试仪只要被试者向传感器吹一口气,便可显示出醉酒程度,确定被试者是否适宜驾驶车辆。气体传感器选用SnO_2气敏元件。当气体传感器探测不到酒精时,加在A_5脚的电平为低电平;当气体传感器探测到酒精时,内阻变低,使A_5脚电平变高。A为显示推动器,它共有10个输出端,每个输出端可以驱动一个发光二极管,显示推动器A根据第5脚电压高低来确定依次点亮发光二极管的级数,酒精含量越高则点亮二极管的级数越大。上5个发光二极管为红色,表示超过安全水平。下5个发光二极管为绿色,代表安全水平,酒精含量不超过0.05%。

134

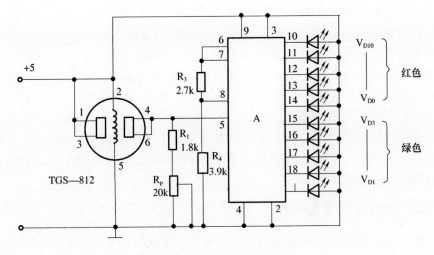

图 4 – 33　酒精测试仪电路

4.4.3　高灵敏度氢气报警器电路

　　应用 3DOH 氢敏传感器制作的高灵敏度的氢气报警器电路如图 4 – 34 所示。由于家用管道煤气中的氢气含量大约为 40%，所以本电路也可以用来作为家用管道煤气的泄漏报警器。图中场效应管 V_1(3DJ6D)接成恒流源形式，作为 3DOH 氢敏传感器内部钯栅 MOS 场效应管的漏极负载，使流过 3DOH 漏极 D 的电流恒定不变，约为几百微安。V_2(3DJ6D)也接成恒流源形式，为 3DOH 内部测温二极管提供几百微安的恒定电流。

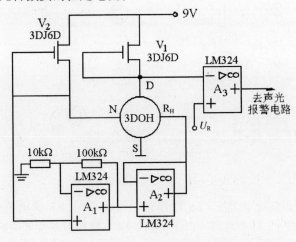

图 4 – 34　高灵敏度氢气报警器电路

内部测温二极管的取样电压(N端电压)通过运算放大器 A_1 放大 10 倍,再通过运算放大器 A_2 构成的跟随器输出给加热电阻 R_H 提供加热电压(约为5V)。当 3DOH 工作温度降低时,N端电压升高,从而使流过加热电阻的电流增加,迫使 3DOH 的工作温度升高。反之,迫使 3DOH 的工作温度降低,使 3DOH 工作在某一恒定温度下。运算放大器 A_3 构成反相比较器,参考电压 U_R 大约为传感器内部钯栅场效应管在未吸收氢气时的静态漏源电压(D端电压)减去 200mV 左右。在传感器 3DOH 未吸收到氢气时,A_3 输出低电平。当 3DOH 吸收到一定浓度的氢气后,漏极(D端)的输出电压下降,当变化量大于 200mV 时,A_3 输出高电平,控制声或光报警。

4.4.4　矿灯瓦斯报警器

矿灯瓦斯报警器的电路如图 4-35 所示。其瓦斯探头由 QM-N5 型气敏元件 R_Q、R_1 及 4V 矿灯蓄电池等组成,其中 R_1 为限流电阻。因为气敏元件在预热期间会输出信号造成误报警,所以气敏元件在使用前必须预热十几分钟以避免报警。一般将矿灯瓦斯报警器安放在矿灯的安全帽中,以矿灯蓄电池为电源。当瓦斯超限时,矿灯自动闪光并发出报警声。图中 ZD 为矿灯,C_1、C_2 为 CD10 电解电容器,D 为 2AP13 型锗二极管;T_1 为 3DG12B,$\beta = 80$;T_2 为 3AX81,$\beta = 70$;T_3 为 3DG6,$\beta = 20$;J 为 4099 型超小型中功率继电器。全部元件均安装在矿帽里。

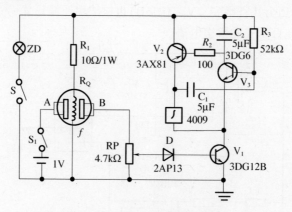

图 4-35　矿灯瓦斯报警器电路

RP 为报警设定电位器。当瓦斯超过某设定点时,RP 输出信号通过二极管 D 加热到 T_1 基极上,T_1 导通,T_2、T_3 便开始工作。而当瓦斯浓度低时,R_p 输出信号电位低,T_1 截止,T_2、T_3 也截止。T_2、T_3 为一个互补式自激多谐振荡器。在 T_1 导通时后电源通过 R_3 对 C_1 充电,当充电至一定电压时 T_3 导通,C_2 很快通过 T_3 充电,

使 T_2 导通,继电器 J 吸合。T_2 导通后,C_1 立即开始放电,C_1 正极经 T_3 的基极、发射极、T_1 的集电结、电源负极,再经电源正极至 T_2 集电结至 C_1 负极,所以放电时间常数较大。当 C_1 两端电压接近于零时,T_3 截止,此时 T_2 还不能立即截止,原因是电容器 C_2 上还有电荷,这时 C_2 经 R_2 和 T_2 的发发射结放电,待 C_2 两端电压接近于零时 T_2 就截止了,自然 J 就释放。当 T_3 截止,C_1 又进入充电阶段,以后过程又同上述,使电路行程自激振荡,J 不断地吸合和释放。由于 J 和矿灯都是安装在安全帽上,J 吸合时,衔铁撞击铁芯发出的"嗒嗒"声通过矿帽传递给矿工听见。同时,矿灯在 J 吸合时释放也不断闪光,引起矿工的警觉,以便及时采取通风措施。对 R_0 要采取防风防煤尘但也要透气,将它安装在矿帽前沿。调试时通电 15min 后,在清洁空气中调节 RP,使 D 的正极对地电压低于 0.5V,使 T_1 截止;然后将气敏元件通入瓦斯气体,报警即可。

习　题

1. 半导体气敏传感器由哪几种类型? 其各自特点是什么?

2. 简述气敏元件的工作原理,为什么大多数气敏器件都附有加热器?

3. 如何提高半导体气敏传感器对气体的选择性和气体检测灵敏度?

4. 试设计一个检测人体呼出的气体中是否含有酒精的酒精探测器的原理图,并简述其工作原理。

5. CO 在空气中的允许浓度一般不超过 50×10^{-6},否则致人死亡;同时 CO 在空气中的浓度达到 12.5% 时,将引起火灾。试设计一个 CO 浓度报警电路,并简述其工作原理。

参 考 文 献

[1] 赵燕. 传感器原理及应用. 北京:北京大学出版社,2010.

[2] 康维新. 传感器与检测技术. 北京:中国轻工业出版社,2009.

[3] 徐甲强,张全法,范福玲. 传感器技术(下册). 哈尔滨:哈尔滨工业大学出版社,2004.

[4] 陈艾. 敏感材料与传感器. 北京:化学工业出版社,2004.

[5] 陈裕泉. 现代传感器原理及应用. 北京:科学出版社,2007.

[6] 陈效鹏,董绍彤,程久生,等. 电雾化装置及雾化模型研究. 实验力学,2000,15:97.

[7] Li J,Fan H,Jia X,et al. Chen. Electrostatic spray deposited polycrystalline zinc oxide films for ultraviolet luminescence device applications. Journal of Alloys and Compounds,2009,481:735.

[8]   Li J,Fan H,Jia X. Multilayered ZnO nanosheets with 3D porous architectures:synthesis and gas sensing ap-
       plication. Journal of Chemical Physics,2010,114:14684.

[9]   Jia X,Fan H. Synthesis and gas sensing properties of perovskite $CdSnO_3$ nanoparticles. Applied Physics A,
       2009,94:837.

[10]   Jia X,Fan H. Self-assembled superstructure and enhanced ethanol sensing properties of the SnO_2/ZnO
        nanocomposites via alcohol-assisted hydrothermal route. Materials Research Bulletin. 2010,45:1496.

138

第5章 能源电池材料

5.1 电池概论

　　能源是一个国家国民经济发展的重要物质基础,能源结构的重大变革导致了人类社会的巨大进步。随着工业化发展和人口的增长、人类对能源的巨大需求和对化石能源的大规模开采和消耗已导致资源基础在逐渐消弱、退化,从可持续性和保护人类赖以生存的高度出发,发展可再生资源具有重大的战略意义。自伏打(Volta)于 1799 年发明电池起至今,化学电池已经经历了 200 多年的发展。在材料科学的进步、人类生活的需求、环境保护的压力等多重刺激下,人们发明了种类繁多的化学电源,从锌—锰电池、镍氢电池、锂离子电池到第一代……第四代锂电池、锌镍电池、锌空气电池、燃料电池等,电池工业发生了天翻地覆般的变化。

　　与其它获得能量的方式相比,化学电源具有能量转换不受卡诺循环的限制、转换效率高、能量密度高、产生的环境污染少、便于携带、使用方便等优点,在国民经济和日常生活中得到了日益广泛的应用。随着科技的进步,航空航天技术、深海技术、现代化通信技术和电动汽车等特殊领域的发展,不仅为化学电源的研究开发指明了方向,而且对电源性能(如能量密度、功率密度和循环寿命等)提出了更高的要求,同时高能或新型化学电源的发展促进了各种高新技术的发展和社会的进步。可以预见,高性能化学电源将是影响 21 世纪人类生存方式的主要技术之一。

5.1.1 电池的原理和组成

　　广义的电池(Battery)是一种电能的储存装置,顾名思义,储存电的池子,是一种将其它形式能量直接转换为直流电的装置。按照转换能量的形式电池可分为两大类,一类为物理电池,又称物理电源,如太阳能电池、温差电池等。另一类为化学电池,是将化学能直接转换成直流电的装置。化学电源比物理电源更为得到广泛应用和常见,人们一般将化学电源通俗地称作电池。本章所叙述的电池均属于化学电源范畴。

　　化学电源在实现能量转换过程中必须具备以下条件:

（1）组成电池的两个电极进行氧化还原反应"共轭"产生，并且分别在两个分开的区域进行，它有别于一般的氧化还原反应；

（2）两个电极的活性物质进行氧化还原反应时，所需要的电子必须有外电路传递，而不能在电池内部进行，这有别于腐蚀过程的微电池（短路原电池）反应；

（3）反应必须是自发进行的，理论上，任何一个氧化还原反应都可以设计成电池，但是电池的反应能否进行以及进行的趋势如何，还要取决于反应体系的热力学和动力学；

（4）两电极间必须有离子导电性的物质（电解质）提供电池内部离子导电。

实际使用的电池除了具备上述条件外，还应该满足：电动势高；放电时的电压降低随时间的变化小；质量比容量或体积比容量大；维护方便；储存性能好；价格低廉。如果是二次电池，还要求充放电反应可逆性好，充放电的效率高，循环寿命长。但是几乎没有电池能同时满足以上的各项要求，通常是从其用途考虑，降低对某些方面的要求。

为了满足以上条件，不管电池是什么系列、形状、大小，均由以下四部分组成：电极（分为正极和负极）、电解质（液）、隔离物（隔膜）、外壳，常称为电池构成的四要素。

1. 电极

电极是电池的核心部分，由活性物质和导电骨架组成。活性物质是指正、负极中参加成流反应的物质，是决定化学电源基本特性的重要部分。导电骨架常称为导电集流体，起着传导电流、均分电极表面电流电位的作用，有的集流体还起着支撑和保持活性物质的作用，如用于铅酸电池的板栅和用于镍氢电池的发泡镍集流体等。

化学电源常用的电极有以下几种：

1）片状电极

片状电极由金属片或块直接制成，如普通锌—锰电池的锌筒负极、锂原电池的锂片负极等。

2）粉末多孔电极

粉末多孔电极常由活性物质、电极骨架（集流体）、导电剂、黏结剂和添加剂等组成，电极多孔而真实面积大，使得电化学极化和浓差极化小，活性物质利用率高，电极性能好，从而应用极广。根据电极的成型方法不同，常用的粉末多孔电极有：

（1）盒式电极：将电极粉装入表面有微孔的管或盒中；

（2）压成式电极：将电极粉装入模具中加压而成；

（3）涂膏式电极：将电极粉用电解液调成膏状，涂覆在导电骨架上；

（4）烧结式电极：将电极粉加压成型并经高温烧结而成；

（5）发泡式电极：将电极粉填充到发泡镍网上；

（6）黏结式电极：将活性物加黏结剂混匀，滚压在导电镍网制成；

（7）电沉积式电极：将活性物质电沉积在导电骨架上；

（8）纤维式电极：将活性物填充到纤维镍毡状基体上。

3）气体扩散电极

气体扩散电极是粉末多孔电极在气体电极中的应用，电极的活性物质是气体。目前工业上已得到广泛应用的是氢电极和氧电极，如燃料电池的正、负极和锌—空气电池的正极都是这种气体扩散电极。

电极活性物质的状态分为固态、液态、气态三种，不同电池所选用的物态不同，以适应不同的设计要求。对活性物质的要求是电化学活性高，组成电池的电动势高，即自发反应的能力强，质量比容量和体积比容量大，在电解液中的化学稳定性高，电子导电性好，物质来源广泛，价格便宜。在实际使用中，如何选择活性物质是个关键问题，一般根据电池性能、用途、经济性、可靠性等来选择不同的电化学对，组成不同系列的电池，目前用作电池的正极活性物质通常是采用电位较正的金属氧化物为主体，如氧化镍、二氧化铅、二氧化锰、氧化银、钴锂氧化物等，负极活性物质多为电位较负的金属承担，如镉、铅、锂、锌等，实用的一次电池除新型锂电池负极用锂外，几乎所有的负极全部用锌。近年来，发展起来的镍氢电池、锂离子电池丰富了电池正负极材料的种类。

2. 电解质

电解质是电池的主要组成之一，其作用是在电池内部正负极之间传递电荷，有时也参与电极反应。通常选用具有高离子导电性的物质，选择电解质时应考虑以下几个因素：

（1）工作温度：电解质都应具有最佳的使用温度范围，可根据电池的工作温度选择相匹配的电解质或根据电解质确定电池的使用温度。

（2）电导率：电解质的电导率高，可以减小电池的内阻和欧姆电压降，在其它条件相同时，电池放电特性能得以改善。

（3）稳定性：由于电解质长期保存在电池内部，所以必须具有足够的化学稳定性。储存期间电解质与活性物质界面的电化学反应速度应尽可能小，这样产生的电池自放电容量损失最小。另外，在电池的储存和使用中，电解质对电极骨架和电池壳体等的腐蚀破坏小，尽可能延长电池的寿命。

（4）电极反应特性：电极反应特性包括电极反应产物的性质、反应机理和活性物质的利用率等。如在铅—酸电池体系中，用高氯酸代替硫酸后，放电反应产物由原来的不溶性硫酸铅变成可溶性的过氯酸铅,提高了活性物质的利用率。

化学电源所用电解质主要有水溶液电解质、有机溶液电解质、熔融电解质、固体电解质、凝胶聚合电解质等。电池具体使用哪种形态的电解质,应根据电池的不同系列的实际要求确定。一般电池采用酸、碱、盐的水溶液为电解质;锂电池则采用不含水的溶剂(有机或无机)与无机盐形成的电解质;热电池采用熔融态的无机盐;某些电池也采用电池运行温度下呈离子导电的固体电解质。

3. 隔膜

隔膜材料作为电池的重要组成部分,对电池的安全性和成本(约占电池成本的20%以上)有重要影响。隔膜置于电池两极之间,其作用是防止正负极活性物质的直接接触,避免电池内造成短路,因而对隔膜的要求是化学性能稳定,有一定的机械强度,隔膜对电解质离子运动的阻力小,应是电的良好绝缘体,并能阻挡从电极上脱落的活性物质微粒和枝晶的生长。

电池制造商多选用在较宽的温度范围内($-55℃\sim85℃$)能保持稳定性,特别是化学稳定性;对电子呈高阻,对离子呈低阻;便于气体扩散的尽量薄的隔离板(隔膜)。现用的隔膜材料种类繁多,较常用的有棉纸、浆层纸、微孔橡胶、微孔塑料、玻璃纤维、尼龙、石棉、水化膜、聚丙烯膜等,可根据化学电源不同系列的要求进行选取,用于各类电池的常用隔膜如表5-1所列。

表5-1　各类电池的常用隔膜

电池种类		隔膜种类
酸性电池	铅酸电池	酚醛树脂浸渍纤维素板
		微孔聚氯乙烯板
		微孔橡胶板
		袋状微孔聚乙烯隔板
		聚乙烯/二氧化硅隔膜
		玻璃纤维/浆粕纸板
		袋状聚丙烯毡状隔板
	密封铅酸电池	超细玻璃纤维纸
		聚丙烯毡
碱性电池	镉—镍电池 铁—镍电池	尼龙毡
		维尼纶无纺布
		聚乙烯辐射接枝膜
	氢—镍电池	聚丙烯毡
		氧化锆纤维纸
	金属氢化物—镍电池	聚丙烯毡
		维尼纶无纺布

电 池 种 类		隔 膜 种 类
碱性电池	锌—银电池	水化纤维素膜 聚乙烯辐射接枝膜 玻璃纸 尼龙布 水化纤维素质 棉纸 聚丙烯毡 钛酸钾纸
	锂电池	聚丙烯毡 超细玻璃纤维纸 玻璃纤维毡 聚丙烯微孔膜
	热电池	烧结陶瓷隔板 氮化硼纤维纸
	钠—硫电池	烧结陶瓷管
	燃料电池	聚四氟乙烯黏结陶瓷粉末制成微孔膜 聚四氟乙烯黏结编织物或纸 离子交换树脂膜 石棉膜

随着化学电池材料应用范围的推广,隔膜材料的需求量将进一步增加,未来二次电池隔膜的发展方向,主要集中在提高电池隔膜的强度、稳定性和孔隙率等方面;并且期望能简化膜的制备工艺,研究开发出适合大规模自动化制膜的工艺。目前,电池隔膜发展的趋势是要求有较高的孔隙率和抗撕裂强度、较低的电阻、较好的抗酸碱能力和良好的弹性等。聚乙烯、聚丙烯隔膜由于其特殊结构与性能,作为锂离子电池隔膜的地位不会动摇,除非真正不含液体的聚合物电解质出现。现在国外已有聚丙烯接枝隔膜,而且用聚苯并咪唑处理聚丙烯隔膜材料可以弥补其润湿能力差的弱点,使性能大为改善。

4. 外壳

外壳主要是作为容器并保护电池的作用,化学电源中,只有锌锰干电池是锌电极兼作外壳。其它各类化学电源均不用活性物质作容器,而是根据情况选择合适的材料作外壳。电池的外壳需要有良好的机械强度,耐振动、冲击,并能耐高低温的变化和电解液的腐蚀。

电池的这四部分组成中,正负极活性物质对电池性能起着决定性的作用,但并非绝对,在一定条件下,每一组成部分都可能成为影响电池性能的决定性因素,如电池正负极活性物质及工艺确定后,隔膜或电解液将成为影响电池性能的关键。锌银电池由于负极枝晶生长并穿透隔膜,使电池两极短路,那么隔膜就成了决定电池寿命的因素。

5.1.2 电池的分类

化学电源的分类方法很多,有按电解液分类的,也有按活性物质的存在方式分类的。尽管化学电源发展至今,品种繁多,用途又广,外形差别大,使上述分类方法难以统一,但习惯上按其工作性质及储存方式不同,一般分为以下四类:

(1) 一次性电池　又称"原电池"。即电池经过连续或间歇放电后不能用充电方法使它复原的一类电池。换言之,这种电池只能使用一次,放电后的电池只能被遗弃。其特点是小型、携带方便,但放电电流不大。一般用于仪器及各种电子器件,常见的原电池有:

锌—锰电池　$Zn \mid NH_4Cl, ZnCl_2 \mid MnO_2$;

锌—汞电池　$Zn \mid KOH \mid HgO$;

锌—银电池　$Zn \mid KOH \mid Ag_2O$;

固体电解质电池(银—碘电池)。

(2) 二次性电池　又称"蓄电池"。即在两极上进行的反应均为可逆的,放电后可用充电方法使活性物质恢复到初始状态以后能够再放电,且充放电能反复多次循环使用的一类电池。这类电池实际上是一个电化学能量储存装置,用直流电把电池充足,这时电能以化学能的形式储存在电池中,放电时化学能再转换为电能。例如:

铅酸蓄电池　$Pb \mid H_2SO_4 \mid PbO_2$;

镉—镍蓄电池　$Cd \mid KOH \mid NiOOH$;

锌—银蓄电池　$Zn \mid KOH \mid Ag_2O$;

锌—空气蓄电池　$Zn \mid KOH \mid O_2$(空气);

锂离子电池。

(3) 储备电池　又称"激活电池"。即其正、负极活性物质和电解质在储存期不直接接触,使用前临时注入电解质作为动力源使电池激活的一类电池。这类电池在使用前处于惰性状态,使电池能储存几年甚至是十几年。如:

镁—银电池　$Mg \mid MgCl_2 \mid AgCl$;

铅—高氯酸电池　$Pb \mid HClO_4 \mid PbO_2$;

热电池　$Ca \mid LiCl - KCl \mid CaCrO_4(Ni)$。

(4) 燃料电池　又称"连续电池",即只要活性物质连续地注入电池,就能长期不断地进行放电的一类电池。它的特点是正负极本身不包含活性物质,电池自身只是一个载体,工作原理同一般的化学电源相似。燃料电池种类繁多,常见的有:

氢—氧燃料电池　$H_2 | KOH | O_2$;

肼—空气燃料电池　$N_2H_4 | KOH | O_2$(空气)。

必须指出,上述分类方法并不意味着某一种电池体系,只能分属于上述四各电池中的一种,恰恰相反,某一种电池体系可以根据需要,设计成不同类型的电池,如锌银电池可以设计为一次电池,也可设计为二次电池或储备电池。

5.1.3　电池的主要性能

化学电源系列品种甚多,性能各异。通常指电性能、力学性能、储存性能,电池设计者、制造者和使用者经常考虑的主要是电性能和储存性能。下面就其这两方面进行简要介绍。

1. 电池的电动势及开路电压

电池在开路时,即没有电流流过的情况下,正负电极之间的平衡电极电势之差称为电池的电动势。它的大小取决于电池的本性及电解质的性质与活度,而与电池的几何结构等无关,即

$$E = \varphi_{\overline{\Psi}}^+ - \varphi_{\overline{\Psi}}^- \qquad (5-1)$$

由于绝大多数实用电池是非可逆电池,且电池内部不可避免地有金属的自溶解现象发生,因此电极建立的不是平衡电极电势,而是稳定电极电势,故电池电动势一般不能用实验方法测定,而是应用电池热力学原理,通过理论计算获得的。在电池恒温恒压可逆条件下放电时,体系吉布斯自由能的减小等于对外所作的最大膨胀功,如果膨胀功只有电功,则

$$\Delta G_{T,p} = -nFE \qquad (5-2)$$

式中:n 为电极在氧化或还原反应中得失电子的计算系数。

当电池中的化学能以不可逆方式转变为电能时,两极间的电位差 E' 一定小于可逆电动势 E。

$$\Delta G_{T,p} < -nFE' \qquad (5-3)$$

式(5-2)揭示了化学能转变为电能的最高限度,为电池设计与改进提供了理论根据。

电池的开路电压是指外线路中没有电流通过时,电池两极之间的电位差,一般用符号 V 表示。电池的电动势是从热力学函数计算得出的,而开路电压是实际测量出来的,两者数值接近。但由于电池的两极在电解质溶液中所建立的电极电位,通常并非平衡电极电位,而是稳定电极电位,因此电池的开路电压总小

于它的电动势。只有当电池的两极体系均达到热力学平衡状态时,电池的开路电压才等于电池的电动势。

2. 电池的工作电压和放电曲线

电池的工作电压又被称为放电电压或端电压,是指有电流通过外电路时,电池两极间的电位差。由于电池存在内阻,工作电流流过电池内部时必须克服由电极极化和欧姆内阻所造成的阻力,因此工作电压总是低于开路电压与电池的电动势。工作电压与电池电动势之间的关系为

$$V = E - IR_i = E - I(R_\Omega + R_f) \qquad (5-4)$$

或

$$V = E - \eta_+ - \eta_- - IR_\Omega \qquad (5-5)$$

式中:η_+ 为正极极化过电位;η_- 为负极极化过电位;I 为工作电流。

图 5-1 可以用来表明式(5-5)的关系。图中曲线 a 表示电池电压随放电电流变化的关系曲线,曲线 b、c 分别表示正负极的极化曲线,直线 d 为欧姆内阻造成的欧姆压降随放电电流变化的曲线。显然随着放电电流的加大,电极的极化增加,欧姆压降也增大,使电池的工作电压下降,因而测量极化曲线是研究电池性能的重要手段之一。

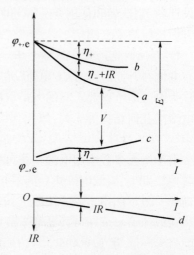

图 5-1　电池的工作电压—电流特性曲线、电极极化曲线及欧姆电压降曲线

电池的工作电压受放电制度的影响很大,所谓放电制度是指电池放电时所规定的各种放电条件,主要包括放电方式、放电电阻、放电电流、放电时间、终止电压、放电环境等。终止电压是指电池放电时,电压下降到电池不宜再继续放电的最低工作电压值。根据不同的电池类型及不同的放电条件,对电池的容量和寿命的要求也不同,一般在低温或大电流放电时,电极极化大,活性物质不能得到充分利用,终止电压规定得低一些;相反小电流长时间或间歇放电时,终止电压值规定得高一些。

电池的电性能常常通过放电试验来了解。在放电试验中作出电池的放电曲线,可测量电池的开路电压、放电过程中的工作电压、放电的终止电压和放电时间等项目,所谓放电曲线就是电池的工作电压随放电时间发生变化的曲线。从放电曲线可以清楚地看出工作电压在放电过程中的变化,同时可计算出放电时

间和放电容量。在同一放电制度下,工作电压下降速度快,放电时间也短,会影响到电池的实际使用效果;工作电压下降速度慢,往往给出较多的容量。工作电压的下降变化速度有时被称作放电曲线的平稳度。

电池的放电曲线反映了放电过程中电池工作电压的变化情况。显然,放电曲线越平稳,表示放电过程中工作电压的变化越小,电池性能也较好。

3. 电池内阻

电池的内阻是指电流通过电池时所受到的阻力,它包括欧姆电阻和电极在电化学反应时所表现的极化电阻。欧姆电阻、极化电阻之和为电池的内阻(R_i)。内阻的存在使电池放电时的端电压低于电池的电动势和开路电压,充电时端电压高于电池的电动势和开路电压。

欧姆电阻由电极材料、电解液、隔膜电阻及各部分零件的接触电阻组成。它与电池的尺寸、结构,电池的成型方式、装配松紧度等因素有关,欧姆内阻遵从欧姆定律。

极化电阻是指电化学反应时因极化引起的电阻。包括电化学极化和浓差极化引起的电阻。为比较相同系列不同型号的化学电源的内阻,引入比电阻(R'_i),即单位容量下电池的内阻。

$$R'_i = R_i/C \qquad (5-6)$$

式中:C 为电池容量;R_i 为电池内阻(Ω)。

电池工作时电池的内阻会消耗能量,且放电电流越大消耗的能量越多。因此,要求大电流放电的电池,其内阻必须很小。而供小电流放电使用的电池,则其内阻稍大一些也无关紧要。例如,供战略或战术武器使用的电池,因其放电电流都是较大的,一般其内阻越小越好,而供电子手表里用的电池,工作电流不大于 $10\mu A$,其欧姆内阻可大到几十欧姆。

4. 电池的容量

电池的容量是指在一定的放电条件下可以从电池获得的电量,单位常用安·时(A·h)表示。电池的容量又有理论容量、实际容量和额定容量之分。

(1) 理论容量(C_0)。假设活性物质全部参加电极的成流反应所给出的电量,它是根据活性物质的质量按照法拉第定律计算求得的。

$$C_0 = 26.8n\frac{m_0}{M} \qquad (5-7)$$

式中:m_0 为活性物质完全反应时的质量;M 为活性物的摩尔质量;n 为成流反应时的得失电子数。

(2) 实际容量(C)。在一定的放电条件下电池实际放出的电量,实际容量的计算方法如下。

恒电流放电时：

$$C = IT \qquad (5-8)$$

恒电阻放电时：

$$C = \int_0^T I\mathrm{d}T = \frac{1}{R}\int_0^T V\mathrm{d}T \qquad (5-9)$$

其近似计算公式为

$$C = \frac{1}{R}V_{平}T \qquad (5-10)$$

式中：I 为放电电流；R 为放电电阻；T 为放电至终止电压的时间；$V_{平}$ 为电池的平均放电电压，即电池放电刚开始的初始工作电压与终止电压的平均值，严格地讲 $V_{平}$ 应该是电池整个放电过程中放电电压的平均值。

（3）额定容量。额定容量是指设计和制造电池时,规定或保证电池在一定的放电条件下,应该放出的最低限量的电量。

（4）电池的比容量。为了对不同的电池进行比较,从而引入比容量这个概念。比容量是指单位质量或单位体积的电池所给出的容量,称之为质量比容量或体积比容量。

$$C'_m = \frac{C}{m}(\mathrm{A}\cdot\mathrm{h}\cdot\mathrm{kg}^{-1}) \qquad (5-11)$$

$$C'_V = \frac{C}{V}(\mathrm{A}\cdot\mathrm{h}\cdot\mathrm{L}^{-1}) \qquad (5-12)$$

式中：C 为电池容量；m 和 V 分别为电池的质量和体积。

电池的容量就是正极（或负极）的容量,而不是正极容量与负极容量之和。因为,电池在工作时通过正极和负极的电量总是相等的,实际工作中正负极的容量一般是不相等的,电池的实际容量决定于容量较小的那个电极,一般常用正极容量控制整个电池的容量,而负极容量过剩。

5. 电池的比能量与比功率

电池的能量就是电池在一定放电条件下对外做功所能输出的电能。它应该等于电池的放电容量和电池平均工作电压的乘积,有理论能量和实际能量之分。

电池的比能量有两种,一种叫质量比能量,常用瓦·时/千克（或 Wh/kg）来表示；另一种叫体积比能量,常以瓦·时/升（或 W·h/L）表示。比能量的物理意义是电池在单位质量或单位体积时所能输出的电能。电池的比能量是电池性能的一个重要指标,提高比能量始终是化学电源工作者的努力目标。表 5-2 中列出了常见的一些电池的比能量数据,由表 5-2 可知,在常见的一些电池中,锌银电池、锌空气电池和锌汞电池具有较高的比能量。我们可以认为,电池的比能量不仅是选择电池的重要依据,而且还是估计所使用的电池或电池组的质量(或体积)的依据。

表5-2 常见的一些电池的比能量

电池体系	实际比能量 $A/(W \cdot h/kg)$	理论比能量 $B/(W \cdot h/kg)$	B/A
铅—酸	10~50	170.4	17.0~3.4
镉—镍	15~40	214.3	14.3~5.4
铁—镍	10~25	272.5	27.3~10.9
锌—银	60~160	487.5	8.2~3.1
镉—银	40~100	270.2	6.8~2.7
锌—汞	30~100	255.4	8.5~2.6
锌—锰(干电池)	10~50	251.3	25.1~5.0
锌—锰(碱性)	30~100	274.0	9.1~2.7
锌—空气	100~250	1350	13.5~5.4
镁—氯化银(储存电池)	40~100	446	11.3~4.5

在一定的放电制度下,电池在单位时间内输出的能量称为电池的功率(W或kW)。电池在单位质量或单位体积时的功率称为比功率,单位为 W/kg 或 W/L。比功率的大小,表征电池所能承受的工作电流的大小。例如,锌银电池在中等电流密度下放电时,比功率可达 100W/kg 以上,说明这种电池的内阻小,高速率放电的性能好,而锌锰干电池在小电流密度下工作时,比功率也只能达到 10W/kg,说明电池的内阻大,高速率放电的性能差。因此,电池的比功率也是评价电池性能的一个重要指标。

6. 电池的寿命

电池的寿命分为电池的储存寿命,一次电池的使用寿命,二次电池的循环寿命。

电池的储存寿命是指在标准规定或人为规定的条件下电池荷电储存的时间,一般地,待电池储存结束后,电池仍具有所要求的容量值,否则视为未达到储存寿命的要求。一次电池的使用寿命是指电池给出额定容量的工作时间,这与电池放电倍率大小密切相关。

对二次电池来讲,在一定放电制度下,电池容量降至某一规定值之前,电池所能耐受的循环次数,称为电池的使用周期。各种二次电池的使用周期都有差异,即使同一系列、同一规格的产品,使用周期也有差异。一般地说,在目前常用的蓄电池中以镉镍电池的充、放寿命最长,其循环寿命可达几千次,铅蓄电池的充、放寿命次之,而锌银电池的充、放寿命较前二者短得多。

影响蓄电池循环寿命的因素很多,除正确使用和维护外,主要为:在充放电循环过程中,电极活性表面积不断减小,使工作电流密度上升,极化增大;电极上活性物质脱落或转移;某些电极材料发生腐蚀;隔离物的损坏;活性物质晶形发生改变,使活性降低。

7. 电池的储存性能

化学电源的性能,不仅要看它在刚制成后的放电性能,还要看它的储存性能。电池的储存性能是指荷电态电池开路时,在一定条件下(如温度、湿度等)储存时荷电保持能力,通常用容量下降率来表示,下降率小即储存性能好。电池在储存过程中容量的下降主要是由于两个电极的自放电引起的。

负极的腐蚀:化学电源的负极活性物质多为活泼的金属,其标准电极电位比氢电极还负,从热力学的观点来看就是不稳定的,特别是当有正电性的金属杂质存在时,这些杂质和负极活性物质形成腐蚀微电池,发生负极金属的溶解和氢气的析出。如果电解液中含有杂质,这些杂质又能够被负极金属置换出来沉积在负极表面上,而且氢气在这些杂质上的过电位又较低的话,会加速负极的腐蚀。

正极自放电:在正极上会有各种副反应发生,消耗了正极活性物质,使电池容量下降。例如铅酸蓄电池正极 PbO_2 和板栅铅的反应,消耗部分活性 PbO_2。

减小电池自放电的措施,一般是采用纯度较高的原材料或除去其中的有害杂质,在负极中加入氢过电位高的金属,如汞、铅等,也有的在电解液里加缓蚀剂,目的都是抑制氢气的析出,减小负极自放电反应的速率,还有是改进电池的隔膜、降低储存温度等措施。

5.1.4 电池的选择和应用

化学电源具有能量转化效率高、方便、安全可靠等优点,广泛地用于工业、军事及日常生活中。各类电池的主要应用范围如图 5 - 2 所示。

一次电池常用于低功率和中等功率放电,从外形上分为圆柱形、纽扣形、扁形,常以单体或电池组形式用于各种便携式电器和电子设备,圆柱形电池广泛用于照明、信号、报警装置和半导体收音机、吸尘器等家庭生活用品上。纽扣形电池用于手表,薄形电池用作 CMOS 电路记忆储存电源。一次电池还广泛用于军事便携通信、雷达、气象和导航仪器等。

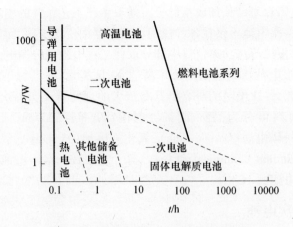

图 5-2　各种类型电池的主要应用范围

二次电池及电池组常用于较大功率放电,如汽车启动、照明和点火等电源。另外在辅助和备用电源以及负荷平衡供电方面也有用途,应用在人造卫星、宇宙飞船、电动车辆等作为储能装置也显示出广阔的前景。

储备电池常在特殊的环境下使用,可用作导弹电源、心脏起搏器电源等。

燃料电池适用于长时间连续工作的场合,已成功地应用于"阿波罗"飞船的登月飞行和载人航天器中。正在研制的各种类型的燃料电池有望作为电动车和车站等的工作电源。

化学电源有着广泛的用途,在实际的应用中选择适宜的电池使其能够满足应用要求是非常重要的。除了要衡量可能选用的电池的相关特性是否符合指定设备的要求,还要考虑影响电池性能的因素,考虑设备能否确保电池维持最佳性能的必要条件。通常选择电池时须考虑的重要事项有:电池类型、电化学体系、工作电压和放电曲线、负载与放电形式、放电制度、工作温度范围和时间长短、电池的尺寸及形状、储存性能、充放电循环、工作环境条件、安全性与可靠性、维护和补充等。

5.2　一次电池

5.2.1　一次电池概述

一次电池又称干电池,是由法国化学家勒克朗谢(1839—1882)于1868年发明的,所以又称勒克朗谢电池。这种电池不能用简单方法再生,不能充电,用后废弃。一次电池的主要特点是方便简单容易使用、维修工作量极少、适当的比能量和比功率、储存寿命长和成本低等。随着生产工艺条件的不断改进,多种性能优良的新型一次电池不仅在各种民用小型电器中广泛应用,而且在测距仪、雷达监测系统、发报机等高功率仪器中部分取代二次电池或公用电源。

世界上一次电池市场的消费每年高达 40 亿美元,并以每年超过 10% 的增长率增长。因此,一次电池的研究仍具有重大的现实意义。一次电池的种类很多,根据电池材料可分为:锌—锰碱性电池(Zn-Mn Alkaline),锌—空气电池(Zinc Air),锌—碳电池(Carbon-Zinc),氧化汞电池(Mercury),氧化银电池(Silver),锂电池(Lithium Cylindrical 和 Coin)等。其中锌—锰干电池仍是至今使用最为广的一次电池。

5.2.2　锌一次电池

1. 锌—锰干电池

锌—二氧化锰电池(简称锌—锰电池)采用二氧化锰作正极,锌作负极,氯化铵和氯化锌的水溶液作电解质溶液,面淀粉或浆层纸作隔离层。锌—锰电池的电解液通常制成凝胶状或被吸收在其它载体上,而呈不流动状态,所以又称"干电池"。其电化学体系可表示为

$$(-) \, Zn \mid NH_4Cl , ZnCl_2 \mid MnO_2 , C(+)$$

锌—锰干电池虽然是一个老的化学电源系列,但至今仍是一次电池中使用最广,产值产量最大的一种电池。锌—锰电池在过去的一百年来迅速发展,是因为它具有使用方便,原料丰富,与其它化学电源系列相比价格便宜,制造工艺简单,可以在中等电流下放电,储存寿命较长等优点。但其缺点也限制了它的应用,例如不适宜大电流放电,比功率较小,放电电压不平稳。

锌锰干电池的开路电压随正极二氧化锰的不同(天然二氧化锰、电解二氧化锰等)以及储存时间的长短而改变,一般在 1.50V ~ 1.80V 之间。电池的电极反应为

负极:$Zn + 2NH_4Cl \rightarrow Zn(NH_3)_2Cl_2 \downarrow + 2H^+ + 2e^-$

正极:$2H^+ + 2MnO_2 + 2e^- \rightarrow 2MnOOH$

电池反应:$Zn + 2NH_4Cl + 2MnO_2 \rightarrow Zn(NH_3)_2Cl_2 \downarrow + 2MnOOH$

目前常用的锌—锰干电池有两种结构,即圆筒式和叠层式两种类型。圆筒式电池常用于放电电流较大或工作电压不太高时的情况,在需要较高的工作电压而工作电流较小的情况下,则用叠层式电池。锌—锰电池按使用隔离层的区别分为糊式电池和纸板电池。由于糊式锌—锰干电池只适用于小电流间歇放电使用,不能满足现代用电器要求电池具有比容量大、大电流放电、连续使用时间长等条件。纸板电池以及以后要讲的碱性锌—锰电池就是在这种客观需求的

情况下发展起来的廉价原电池。纸板电池是用纸板浆层隔膜代替糊层隔膜,电解液有氯化铵型和氯化锌型。这类电池容量比糊式锌—锰电池高,其中氯化锌型电池的性能更优于氯化铵型,可较大电流放电且放电时间长。

2. 碱性锌—锰电池

20世纪50年代中期出现了商品化的碱性锌—锰电池,它是在锌—锰干电池基础上发展起来的改进型电池。碱性锌—锰电池以浓KOH作电解质,在允许的放电强度、低温下的工作能力、比能量和储存性能等方面都超过了锌—锰干电池,已逐渐取代了以NH_4Cl、$ZnCl_2$和$MgCl_2$作电解质的锌—锰干电池。另一方面,锌汞电池由于汞的公害和昂贵不能被广泛地使用,这样人们的注意力就转向了开发碱性锌—锰电池。作为一次电池,国外已经大量生产使用,近年来作为二次可充电池也以投放市场。

碱性锌—锰电池分为一次碱性锌—锰电池(通常称为碱锰电池或碱性电池)和可充碱性锌—锰电池。该电池也可根据用电器具的需要制成圆柱形或纽扣形。为了能够与锌—锰干电池和锌—汞电池互相替换,圆筒式电池做成锌锰干电池的尺寸,而纽扣形电池则做成锌汞电池的尺寸。

1) 碱性锌—锰电池基本原理

碱性锌—锰电池负极是汞齐化锌粉,电解液是KOH溶液,其电池表达式为

$$(-)Zn|KOH|MnO_2(+)$$

电极反应为

负极:$Zn + 2OH^- \rightarrow ZnO + H_2O + 2e^-$

正极:$2MnO_2 + 2H_2O + 2e \rightarrow 2MnOOH + 2OH^-$

电池反应:$Zn + 2MnO_2 + H_2O \rightarrow 2MnOOH + ZnO$

该电池的开路电压约为1.52V,工作电压约1.25V。电池反应包括了MnO_2阴极还原和锌的阳极溶解。碱性溶液中,MnO_2电极放电过程分为两个阶段,其放电曲线示意图如图5-3所示。第一步为a段,由MnO_2还原为$MnOOH$,电极电位连续降低,放电曲线呈S形。第二步反应是$MnOOH$还原为$Mn(OH)_2$,如图中b段所示,曲线平坦。碱性锌—锰电池的有效容量主要在放电的第一步。

2) 碱性锌—锰电池的结构

碱性锌—锰电池在外形上有圆筒形、纽扣形和方形电池等多种,圆筒形碱性锌—锰电池外壳与一般的勒克朗谢电池一样,但内部采用了与锌—锰电池相反的结构即反极结构,负极在内,为膏状胶体,用铜钉作集流体;正极在外,活性物质和导电材料压成环状,与电池外壳连接;正负极间用专用隔膜隔开。图5-4是现代生产的典型圆筒形碱性锌—锰电池的结构示意图。

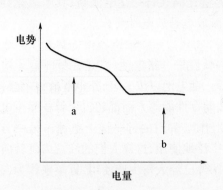

图 5 - 3 碱性锌—锰电池放电曲线
a—($Mn^{4+} - Mn^{3+} - O^{2-} - OH^-$)；
b—($MnOOH + Mn(OH)_2$)。

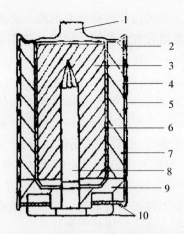

图 5 - 4 碱性锌—锰电池结构示意图
1—金属顶帽；2—塑料套筒；3—锌膏；
4—钢壳；5—金属外壳；6—隔离层；
7—MnO_2正极；8—锌极集流柱；
9—塑料底；10—金属底盖和绝缘垫圈。

由于电解质和电池结构的改变,大大改善了电池的放电性能,在低放电率及间歇放电的条件下,其容量比普通锌—锰电池提高了数倍,特别适用于高速率连续放电的场合。另外碱性锌—锰电池的低温性能好,可以在 -40℃ 的温度下工作,同时采用的钢制外壳改善了密封效果,在 20℃ 的条件下储存一年容量仅损失 5% ~10%,储存三年容量仅损失 10% ~20%。

3）实现无汞化措施

同酸性电池相比,碱性电池价格较高,但其容量高、性能好,特别适合于连续工作,所以此类电池销量大大增加。但由于碱性电池内部添加了高达 3% 的汞和其它的重金属,对环境造成了很大的危害,近年来,在减少电池汞含量方面研究者做了许多工作。

汞是析氢过电位最高的金属。在锌负极中加入汞作缓蚀剂可减少锌负极的析氢腐蚀。因此,要实现锌—锰电池无汞化,可以选用析氢过电位较高,且又不污染环境的金属元素代替汞。另外通过采用新型锌合金,减少电解质中的杂质和添加缓蚀剂等措施,以生产出不含 Hg 的碱性电池。

3. 锌—氧化汞电池

锌—氧化汞电池是碱性一次电池,以汞齐化锌粉为负极,石墨粉和氧化汞为正极,电解液为质量分数为 35% ~40% 的 KOH 水溶液,电池的表达式为

$$(-) Zn|KOH|HgO(C) (+)$$

负极反应:$Zn + 2OH^- \rightarrow Zn(OH)_2 + 2e^-$

正极反应:$HgO + H_2O + 2e^- \rightarrow Hg + 2OH^-$

电池反应:$Zn + HgO \rightarrow ZnO + Hg$

锌—氧化汞电池通常制成纽扣形结构,其特点是它的电池电动势和工作电压很稳定,受温度影响小,储存时间长,在 20℃ 下存放 3 ~ 5 年容量损失仅 10% ~ 15%。电池开路电压为 1.251V ~ 1.353V,电池的放电曲线相当平坦。锌—氧化汞电池的另一特点是体积比能量很高,超过一般实用的其它化学电源体系。例如,其体积比能量超过锌—锰电池 3 倍 ~ 4 倍。锌—氧化汞电池的自放电很小,但电池的低温性能较差。

锌—氧化汞电池主要用于小型医疗仪器、助听器、电子表、无线电话筒等民用电器。但由于锌—氧化汞电池的生产大量使用了汞化合物,会对操作人员的身体造成有害的影响。另外,对使用过的电池或废弃电池,如不能妥善处理,也会对环境造成污染。因而锌—氧化汞电池的生产及应用均受到一定的限制。

4. 锌—银电池

锌—银电池(即锌—氧化银电池),以锌粉为负极,以氧化银粉(Ag_2O 或 AgO)压制成正极,电解液为饱和了锌酸盐的浓碱溶液(质量分数 20% ~ 45%)。电池的表达式为

$$(-) \ Zn | KOH | Ag_2O(C) \ (+)$$

负极:$Zn + 2OH^- \rightarrow ZnO + H_2O + 2e^-$

正极:$Ag_2O + H_2O + 2e^- \rightarrow 2Ag + 2OH^-$

电池反应:$Zn + Ag_2O \rightarrow 2Ag + ZnO$

锌—银电池在电性能方面具有高比能量、高比功率、工作电压高而平稳等优点,现已广泛用于通信、航天、导弹及小型计算器和电子手表领域,并且锌—银电池也有二次电池被开发出来。但是,它的缺点也是很明显的,即成本昂贵,寿命短暂,这使它的应用受到很大限制。可通过采用新型隔膜材料、代汞缓蚀剂的研究、电池结构的改进等措施对锌—银电池进行改进。

5. 锌—空气电池

锌—空气电池是一种直接使用空气中的氧气,将锌和氧气反应的化学能转变成电能的装置,该电池体系可表示为

$$(-) \ Zn | KOH | O_2(空气)(C) \ (+)$$

以锌为负极活性物质,空气中的氧气为正极活性物质,电解液为 KOH 溶液,电极反应为

负极:$Zn + 2OH^- \rightarrow ZnO + H_2O + 2e^-$

正极:$1/2O_2 + H_2O + 2e^- \rightarrow 2OH^-$

电池反应:$Zn + 1/2O_2 \rightarrow ZnO$

该电池以浓 KOH 作为电解液,石墨作集电器。空气中氧的分压为 21% 时电池的电动势为 1.63V。由于氧电极反应的交换电流密度较小,电极很难达到热力学平衡态,一般测得的开路电压在 1.4V ~ 1.5V 之间。锌—空气电池的实际比能量是目前已应用电池中最高的一种,放电曲线平稳。锌—空气电池的低温性能不太好,但在常用的电池中仍是较好的。在相同负载下,锌—空气电池放电时间是锌—汞和锌—银电池的二倍。

锌—空气电池已被广泛用于航海中的航标灯、无人观测站、便携式通信设备、军事无线电发报机、电力车辆等。但是,由于锌—空气电池大多使用多孔气体扩散电极,空气电极给锌—空气电池带来某些固有的缺点,例如工作时必须与空气接触,电池无法密封,这使碱性电解液易受环境的影响,从而对电池的使用寿命与性能产生很大的危害。尽管如此,锌—空气电池独特的优点仍使人们对它抱有很大的兴趣,通过对电极的研究及电池结构的改进,空气电池的问题已得到不同程度的解决。

5.2.3 锂电池

锂电池是用金属锂作负极活性物质电池的总称。其研制开始于 20 世纪 60 年代,20 世纪 60—70 年代的石油危机迫使人们去寻找新的替代能源,同时军事、航空、医药等领域也对电源提出新的要求。当时的电池已不能满足高能量密度电源的需要。在所有金属中,锂密度很小(密度为 $0.534 g \cdot cm^{-3}$)、电极电势极低($-3.04V$),锂电池体系理论上能获得最大的能量密度,因此锂电池获得了迅速发展。

目前,锂电池已成为十分重要的化学电源了,容量范围约为 5mAh ~ 20000Ah,其形状不仅有小型纽扣形和圆筒形的,还有大容量的矩形电池和特殊设计的储备电池等。与传统的电池相比,锂电池具有比能量大,电池电压高的特点,此外还具有放电电压平稳,工作温度范围宽($-40℃~50℃$),低温性能好,储存寿命长等优点。锂电池有多种分类方法,按照电池的可充电性分为一次锂电池和二次锂电池;按照电解质的种类,分为有机电解质锂电池和无机电解质锂电池。锂电池通常按电解质性质分类。

一次锂电池的比能量高于锌—银、锌—镍、镉—镍、锌—锰、碱性锌—锰电池。比功率比锌—锰电池好,但重负荷特性不及镉—镍和锌—银电池。目前已有六种锂电池商品化:$Li - I_2$、$Li - Ag_2CrO_4$、$Li - (CF_x)_n$,$Li - MnO_2$、$Li - SO_2$、$Li - SOCl_2$。这些锂电池广泛应用于心脏起搏器、电子手表、计算器、录音机、无线电通信设备、导弹点火系统、鱼雷、飞机以及一些特殊的军事用途。现阶段生产的多是锂一次电池,锂二次电池由于枝晶问题尚处于研究阶段。

1. $Li-MnO_2$电池

$Li-MnO_2$电池是第一个商品化的锂/固体正极体系一次电池,由于其高比能($300W \cdot h/kg \sim 600W \cdot h/kg$)、高安全性以及长期存放性等优点而备受关注。$Li-MnO_2$电池以锂为负极,用经过专门热处理的电解$MnO_2$作为正极活性物质,电解液为$LiClO_4$溶解于丙烯碳酸酯(PC)和$1,2-DME$混合有机溶剂中,其电池表达式为

$$(-)\ Li\,|\,LiClO_4, PC+1,2-DME\,|\,MnO_2(C)\ (+)$$

负极:$Li \rightarrow Li^+ + e^-$

正极:$MnO_2 + Li^+ + e^- \rightarrow MnOOLi$

电池反应:$Li + MnO_2 \rightarrow MnOOLi$

$Li-MnO_2$电池总反应的理论电压大约是$3.5V$,比能值是锌—锰干电池的5倍~10倍,工作电压高且稳定,放电电压大约在$3.1V \sim 2.0V$之间。可在$-40℃ \sim 70℃$温度范围内使用,电性能稳定,储存寿命长。现在人们已经研制出不同容量的$Li-MnO_2$电池,如日本汤浅公司已开发出容量为$1000A \cdot h$的矩形$Li-MnO_2$电池。锂锰电池是目前产量最高、产值最大、用途最广的锂一次电池。在各种家用电器、工业设备以及军事装备上得到广泛应用。

2. $Li-SO_2$电池

$Li-SO_2$电池是目前研制的有机电解液电池中综合性能最好的一种电池,正极是将聚四氟乙烯和炭黑的混合物压在铝网骨架上,正极活性物质SO_2以液体形式加入电解液中,负极为锂片,滚压在铜网上,电解液采用丙烯碳酸酯(PC)和乙腈(AN)的混合溶剂,电解质为$1.8mol \cdot L^{-1}$的LiBr。电池表达式为

$$(-)\ Li\,|\,LiBr-AN, PC, SO_2\,|\,MnO_2(C)\ (+)$$

电池反应:$2Li + 2SO_2 \rightarrow Li_2S_2O_4$ (连二亚硫酸锂)

$Li-SO_2$电池为圆筒卷式结构,比能量为$330W \cdot h/kg$和$520W \cdot h/L$,比普通锌和镁电池高2倍~4倍。放电电压高且放电曲线平坦,储存性能好,该电池是一次电池中较先进的一种,适合军事应用,但其主要的缺点是安全性差。

3. $Li-SOCl_2$电池

在非水无机电解质电池中,以$Li-SOCl_2$电池研制得比较成熟,其性能超过有机电解质电池中性能最好的$Li-SO_2$电池。$Li-SOCl_2$电池是目前世界上实际应用的电池中比能量最高的一种电池。电池容量由几百毫安·时到$20000mA \cdot h$。

Li – SOCl$_2$电池的负极是在真空手套箱内将锂箔压制在拉伸的镍网上制成。正极活性物质 SOCl$_2$ 加入锂后在氩气保护下回流,然后蒸馏提纯去除杂质和水分。电解液用 LiA lCl$_4$ – SOCl$_2$ 溶液,隔膜采用非编织的玻璃纤维膜。电池反应为

$$4Li + 2SOCl_2 \rightarrow 4LiCl + S + SO_2$$

Li – SOCl$_2$ 电池放电电压高且放电曲线平稳,开路电压为 3.65V。其比能量高,工作温度范围宽,成本低。但存在两个突出的问题,即电压滞后和安全。电压滞后是由于在锂电极表面形成了保护膜 LiCl,虽然能防止电池自放电,但导致电压滞后。

5.3 二次电池

5.3.1 二次电池概述

随着电子信息技术的发展,各种便携式电子设备迫切要求减轻电源重量,缩小电源体积,而且要求能大电流工作。在此期间,有机电解质锂原电池的发明,显著提高了原电池的比能量,但仍不能满足大电流工作的要求,而且存在安全问题。铅酸电池和镉镍电池是早已广泛应用的二次电池,但理论比能量都很低,其商品电池一般只能达到 30W·h/kg~40W·h/kg。同时,铅和镉都是有毒金属,对环境污染的问题已引起世界环境保护界的关注。因此发展高比能量、无污染的新型二次电池体系一直受到科技界和产业界的重视。在 20 世纪 80 年代出现了较高比能量并能大电流工作的小型镍金属氢化物(Ni – MH)蓄电池;90 年代又出现了更高比能量的锂离子(Li – ion)蓄电池及有实用前景的聚合物电解质膜(PEM)燃料电池,它们的发展也到了即将商品化的阶段。

二次电池对环境污染较小,可循环使用,性能优良,具有许多一次电池所不能及的特点。如今,二次电池的研究取得了突飞猛进的发展,有逐步取代一次电池之势。图 5 – 5 即为 2004 年中国电池行业前一百名的数据(不包括进口的电池)中一次电池和二次电池产量比例图。评价二次电池除了和一次电池相同的指标以外,还有容量效率、伏特效率、能量效率和充放电行为等性能指标。容量效率是指在一定条件下二次电池放电时输出的电量和电池充电至原始状态时所需电量的比。如果容量效率接近 1,表示电池

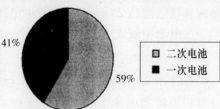

图 5 – 5　二次电池与一次电池比例图

充放电期间能量损失小;伏特效率是指二次电池放电和充电过程的工作电压之比,它反映了放电和充电过程极化的大小,伏特效率接近于1,表示电池可逆性能好;能量效率系容量效率和伏特效率的乘积,是评价电池能量损失和极化行为的综合指标;充放电行为是评价二次电池性能优劣的重要指标之一,对于实用电池希望充放电曲线(特别是放电曲线)平坦,初始电压和截止电压的差值小。

目前,以锂离子电池和镍氢电池为代表的绿色二次电池作为一种可循环使用的高效洁净新能源,成为缓解能源、资源和环境问题的一种重要的技术途径。特别是近年来迅速发展的便携式电子产品、电动车辆、国防军事装备的电源系统,以及光伏储能、储能调峰电站、不间断电源等众多应用领域,无不显示出二次电池对当今社会可持续发展的支持作用,以及在新能源领域中不可替代的地位。对二次电池目前形成了以下研究热点:①储氢材料及金属氢化物镍电池;②锂离子嵌入材料及液态电解质锂离子电池;③聚合物电解质锂蓄电池或锂离子电池。

5.3.2 镍—氢(MH-Ni)电池

MH-Ni 电池被称为绿色环保电池,是在研究储氢合金的基础上开发出的一种高科技产品。1984 年开始,荷兰、日本、美国都致力于研究开发储氢合金电极。1985 年,荷兰菲利浦公司首先制成 MH-Ni 电池,1990 年以后,日本、欧美各国 MH-Ni 电池已实现产业化,我国 MH-Ni 电池的生产能力也已超过几亿只。该电池的主要优点是比能量高、无污染、无记忆效应、充放电循环寿命长,且耐过充过放电能力强,综合性能优于镍—镉电池。因而一经问世就受到人们的广泛关注,发展非常迅猛,已成为近几年蓄电池领域的研究开发热点。

目前,镍—氢电池已经用于家用电器、通信卫星和各种航天器上,例如,哈勃望远镜和载人空间站。许多厂家能够生产 2.4Ah 高容量电池,并可用于移动电话、手提电脑等高耗电电器。Ovonic 电池公司是镍—氢电池发明单位之一,具有许多项镍—氢电池专利。现阶段该公司正在着手研究电动汽车电池,原型电池能量密度已达到 70W/g ~ 90W/g,循环次数可达 1000 次 ~ 2000 次,几乎是铅—酸电池的两倍,缺点是价格稍高,预计将来镍—氢电池的能量密度可达 200W/g。

1. MH-Ni 电池的工作原理

MH-Ni 电池以储氢合金为负极活性材料,氢氧化镍电极为正极活性材料,氢氧化钾溶液为电解液。其化学反应原理如图 5 – 6 所示。图中 M 为储氢合金,是一类新的功能材料。电化学反应为

正极:$Ni(OH)_2 + OH^- \rightarrow NiOOH + H_2O + e^-$

负极:$M + H_2O + e^- \rightarrow MH + OH^-$

MH-Ni 电池正、负极上所发生的反应均属固相转变机制,不涉及生成任何可溶性金属离子的中间产物,因此电池的正、负极都具有较高的结构稳定性。此外,MH-Ni 电池一般采用负极容量过剩的配方,电池在过充时,正极上析出的氧气可在金属氢化物电极表面被还原成水;电池在过放时,正极上析出的氢气又可被金属氢化物电极吸收,从而使得电池有良好的耐过充过放能力。同时,电池在工作过程中不额外生成和消耗电解液(包括 KOH 和 H_2O),MH-Ni 电池可以实现密封和免维护。

由图 5 - 6 中可知与镍—镉电池相比,除了负极是用储氢合金取代镉以外,其它和镍—镉电池完全一样,因此它与镍—镉电池有互换性。而且它不含有毒元素,对环境友好,性能优于镍—镉电池。由于镍—镉电池有毒,已逐渐失去小功率电池市场。但是,与镍—氢电池相比,它能大电流充电,因此,在相当长的时间里,它仍会占据无绳电动工具的市场。

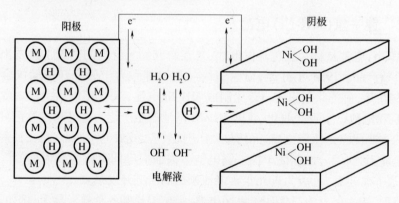

图 5 - 6 MH-Ni 电池原理示意图

2. MH-Ni 电池电极材料

氢—镍电池材料包括电池的正、负极活性物质和制备电极所需的基板材料(泡沫镍、纤维镍及镀镍冲孔钢带)与各种添加剂、聚合物隔膜、电解质以及电池壳体和密封件材料等。

1) 正极材料

电池的容量为正极所限制,在研制和生产 MH-Ni 电池的初期,不少厂家采用生产 Ni/Cd 电池用的烧结式正极。这种正极的体积比容量最佳值约为 $450mAh/cm^3$,因此限制了 MH-Ni 电池的容量提高。随着泡沫镍和纤维镍材料的出现和应用,采用高孔率泡沫镍或纤维镍和高密度球形 $Ni(OH)_2$ 制造的氧化镍正极体积比容量已提高到大于或等于 $650mAh/cm^3$,从而可使电池的能量密度得到显著提高。近年来对高密度球形 $Ni(OH)_2$ 正极材料的研究重点主要集

160

中在:改善球形 Ni(OH)$_2$ 的形状、化学组成、粒度分布、结构缺陷和表面活性等,用以进一步提高材料的振实密度、放电容量及循环稳定性等。

(1) Ni(OH)$_2$ 的制备。

球形 Ni(OH)$_2$ 与无规则形状的低密度 Ni(OH)$_2$ 相比,具有相对高的密度和良好的填充流动性,因此多采用球形 Ni(OH)$_2$ 作正极活性物质。用于电池材料的球形 Ni(OH)$_2$ 制备方法主要有三种,即化学沉淀晶体生长法、镍粉高压催化氧化法及金属镍电解沉淀法,另外还有无水体系法、离子交换树脂法等。其中化学沉淀晶体生长法制备的 Ni(OH)$_2$ 综合性能相对较好,已得到广泛应用。

化学沉淀晶体生长法是镍盐和碱反应生成微晶晶核,晶核在特定的工艺条件下生长成球形 Ni(OH)$_2$ 颗粒。原料一般为硫酸镍、氢氧化钠、氨水和少量添加剂,原材料中的杂质不允许超过规定值;对 Fe、Mg、Si 的含量必须严格控制最低量,NiSO$_4$ 溶液的密度控制在约 1.16g/cm^3,NaOH 溶液的密度控制在约 1.29g/cm^3。化学反应是在特定结构的反应釜中进行,主要通过调节反应温度、PH 值、加料量、添加剂、进料速度和搅拌强度等工艺参数来控制晶核产生量、微晶晶粒尺寸、晶粒堆垛方式、晶体生长速度和晶体内部缺陷等晶体生长条件,使 Ni(OH)$_2$ 粒子长成一定的尺寸后流出釜体。出釜产品经混料、表面处理、洗涤、干燥、筛分、检测和包装后,供电池厂家使用。

(2) Ni(OH)$_2$ 的掺杂改性。

Ni(OH)$_2$ 是一种导电性不良的 p 型半导体,为了改善 Ni(OH)$_2$ 的性能,可以从两个方面着手。一方面,选择合适的工艺条件合成比容量和其它性能较高的氢氧化镍;另一方面,可通过寻找合适的添加剂,对氢氧化镍进行掺杂和表面改性处理。添加剂的研究不仅能有效提高镍电极的电化学性能,而且对添加剂作用机理的研究有助于揭示镍电极的反应历程,深入了解电极结构、组成与性能的内在关系。因此,镍电极添加剂的研究始终是一个活跃的研究方向。

对 Ni(OH)$_2$ 进行掺杂的添加剂有 Co、Li、Zn、Cd 和 Ca 等,在所有添加剂中,钴是研究的最早、最多和最深入的添加剂。通过掺杂 Co 以形成 Ni$_{1-x}$Co$_x$(OH)$_2$ 固溶体,可有效提高反应可逆性,改善传质和导电性,提高析氧电位,降低电池内压,提高材料利用率。Co 和 Zn 共掺杂得到的 Ni$_{1-x-y}$Co$_x$Zn$_y$(OH)$_2$ 固溶体可使放电电压平台提高。一些研究表明,氢氧化镍中适量加入纳米 CoO 可有效提高镍氢电池在大电流充放电条件下的电化学性能,当以 10C 倍率放电时材料的容量保持率达到 77.1%。还有人研究了纳米级 NiOOH 的电化学性能,结果表明尺寸在 60nm ~ 150nm 的 NiOOH 材料具有良好的大倍率充放电性能和循环保持力,10A 放电电流条件下材料的 120 周循环保持率达到 93.7%。近年来,发现添加稀土元素的氧化物也能提高活性物质的利用率。掺杂 La、Nd 对 Ni(OH)$_2$ 晶格有影响,电池的比容量和可逆性均得到提高。

2) 负极材料

MH-Ni 电池的阳极是采用储氢合金,氢合金是 20 世纪 60 年代发明的,是一类可吸附大量氢的特殊材料。第一代储氢合金是稀土金属和镍的化合物,如 $LaNi_5$,被称为 AB_5 型储氢合金,第二代是钛和锆的化合物,如 $ZrNi_2$,被称为 AB_2 型 Laves 合金。另外还有 AB 型 Ti – Ni 系合金、A_2B 型镁基储氢合金以及 V 基固溶体型合金等几种类型。大量研究表明,用于 MH-Ni 电池负极材料的储氢合金应满足下述条件:①电化学储氢容量高,在较宽的温度范围不发生太大的变化;②在氢的阳极氧化电位范围内,储氢合金具有较强的抗阳极氧化能力;③在碱性电解质溶液中合金组分的化学性质相对稳定;④反复充放电过程中合金不易粉化,制成的电极能保持形状稳定;⑤合金应有良好的电和热的传导性;⑥原材料成本低廉。

AB_5 型混合稀土系合金因其稳定的性能,仍然是应用最广泛的储氢负极材料。对该类材料的进一步改进集中在合金成分优化(包括对 A 侧 La,Ce,Pr,Nd 等和 B 侧 Co,Mn,Al,Cu,Fe 等多元合金的替代)、结构优化及热碱浸渍表面改性等,以提高材料的活化性能及循环性能。考虑到提高合金性能和降低成本的需要,已采用廉价的富 Ge 或富 La 混合稀土取代了 $LaNi_5$ 中的 La,采用混合稀土的合金材料 $MmNi_{3.55}Co_{0.75}Mn_{0.4}Al_{0.3}$ 和 $Mn(NiCoAlMn)_{4.76}$ 的比容量分别达到 294mA·h/g 和 330mA·h/g。到目前为止,日本、欧洲、亚洲及美国的大多数电池厂家在生产 MH-Ni 电池中都采用 AB_5 型混合稀土系储氢合金作为负极材料。该类合金的比容量一般为 280mA·h/g ~ 330mA·h/g,易于活化,可以采用一般拉浆工艺制造电极,在电池中配合泡沫镍正极,不仅可以达到高的容量指标,而且可使电池月自放电率低于 25%,循环寿命超过 500 次。AB_5 型合金材料的主要问题是比容量偏低,近年来,国内外加紧了对其它几类合金负极的研究。

以 $ZrMn_2$ 为代表的 AB_2 型 Laves 相储氢合金具有储氢容量高(理论容量为 482mAh/g)、循环寿命长等优点,是目前高容量新型储氢电极合金的研究、开发热点。美国 Ovonic 公司则采用 AB_2 型 Ti – Zr – V – Cr – Ni 系储氢合金材料研制大容量电动汽车电池,合金的典型组分为 $Ti_{16}Zr_{16}V_{22}Ni_{39}Cr_7$ 和 $Ti_{17}Zr_{16}V_{22}Ni_{39}Cr_7$ 等。此类合金的容量可以达到 440mA·h/g,循环寿命 1000 次。以这种合金作为负极材料,该公司已研制出各种型号的圆柱形和方形 MH-Ni 电池,所研制的方形 MH-Ni 电池的能量密度可达 70W·h/kg,已在电动汽车中试运行。AB_2 型合金目前还存在初期活化比较困难,需预先经过适当的表面处理才能满足 MH-Ni 电池的使用要求。但由于 AB_2 型合金具有储氢量高和循环寿命长等优势,目前被看作是 MH-Ni 电池的下一代高容量负极材料,对其综合性能的研究改进工作正在取得新的进展。

AB₃和A₂B₇材料的结构可以看作AB₅和AB₂型储氢合金组合而成。Kadir等人报导了 R – Mg – Ni 型 AB₃储氢合金后，AB₃和A₂B₇合金得到了广泛的研究。Mg基合金有很高的储氢能力，在镍氢电池方面有潜在的应用前景。将Mg基合金改善性能以应用于镍氢电池一直是此类合金研究的主要方面之一。

近年来，对合金的研究开发着重在进一步调整和优化合金的化学组成、合金的表面改性处理以及合金的组织结构优化等方面，力求使合金的综合性能进一步提高。

3. MH-Ni 电池的应用趋势

目前，商品 MH-Ni 电池用量最大的领域仍然是手机和笔记本电脑。为了与锂离子电池竞争市场，近几年来，MH-Ni 电池的技术不断得到改进，产品性能不断提高。以手机用的 AA 型商品电池为例，其容量已分别从早期的 1100mA · h（烧结式电极）和 1250mA · h（泡沫镍电极）提高到 1400mA · h ~ 1600mA · h。为了进一步小型化，AAA 型电池已大规模生产，而且容量从最初的 550mA · h 提高到 650mA · h 和 720mA · h。最近更小尺寸的 AAAA 型电池也开发成功，有望投入大规模生产。再以笔记本电脑用的 4/3A 型电池产品为例，其容量分别从早期的 3000mA · h 提高至 4000mA · h 和 4500mA · h，使这种电池的体积比能量达到 300W · h/L，超过了锂离子电池的水平。

除此之外，发展高功率和大容量 MH-Ni 电池技术一直是国际上的研究热点。其中取代 Ni/Cd 电池并用作电动工具的 SubC 型 MH-Ni 电池已逐步商品化，其标准容量已达 2.6A · h ~ 2.7A · h（SubC 型 Ni/Cd 电池为 1.2A · h ~ 1.5A · h），且可以 10C 率放电，显著延长了电动工具的工作时间或工作次数。高功率 MH-Ni 电池的另一个应用目标是混合动力车。日本丰田公司开发的一种商品电池混合动力车（Toyota Prius）已上市，并已开始批量生产。此外，日、美、德、法等国都将高比能量、大容量 MH-Ni 电池作为电动车辆的理想电源，并进行了大量研究工作。

我国的稀土储量占世界的 70% 以上，为我国的电池产业提供了极为有利的物质条件，在"863"计划的支持下，我国科技人员打破了国外的技术封锁，从新型储氢材料入手，创建了镍氢电池中试基地和一批镍氢电池与相关材料的产业化基地，取得了显著的经济效益。目前中国作为世界镍氢电池生产基地的战略地位已经确立，在国际市场中的竞争力已显示出日益增强的优势。在"十五"期间，国家科技部将"电动汽车"列为"863"计划的最大专项，将动力电池作为其中的主要研究开发内容之一，所研发的镍氢动力电池已装配了数百辆混合动力汽车（HEV）并且试运行。

5.3.3 锂离子电池

近几年锂离子电池的开发和应用是电池工业发展的一个里程碑。1990 年春,日本索尼能源公司研制出锂离子电池。此后,相继有东芝公司在 1991 年开始投产,三洋和松下公司 1992 年开始投产矩形电池,同时索尼公司圆筒形锂离子电池实现商业化。1995 年以前,锂离子电池仅为日本独家生产,从这以后才开始在美、法、德、中、韩等国发展。现在,我国的天津、广东等地已掌握了这些先进技术并开始生产锂离子电池。

锂离子电池自从 20 世纪 90 年代初开发成功以来,就以其它二次电池难以比拟的优点,成为目前综合性能最好的电池体系。锂离子电池的产量和销售额始终保持高速的增长,目前已经在民用领域得到广泛的应用,比如移动电话、笔记本电脑、摄像机、数码相机等。同时,随着锂离子电池技术的发展,锂离子电池的应用领域逐渐扩大,电动汽车、航天和储能等方面所需的大容量锂离子电池也在竞相开发中。

1. 锂离子电池的工作特性

与传统的二次电池如镉镍电池、镍氢电池等相比,锂离子电池具有诸多突出的优点:

（1）工作电压高。锂离子电池的工作电压在 3.6V 或 3.7V,是镍镉和镍氢电池工作电压的三倍。在许多小型电子产品上,一节电池即可满足使用要求,组合使用的锂离子电池容易获得更高的电压。

（2）能量密度高。锂离子电池的比能量可达 150Wh/kg 和 400Wh/L,是镍镉电池的三倍,镍氢电池的 1.5 倍。因此同容量的电池,锂离子电池要轻很多。

（3）安全性能好,循环寿命长。锂离子二次电池不含金属锂,只存在锂的嵌入化合物,锂的化合物比金属锂稳定得多,在放电过程中,可以避免形成锂枝晶,使得锂离子二次电池的安全性明显改善,循环寿命也大大提高。目前锂离子电池循环寿命已达 1000 次以上,在低放电深度下可达几万次,超过了其它几种二次电池。

（4）无记忆效应。锂离子电池不像 Ni/Cd 电池那样具有较强的记忆效应,可以根据要求随时充电,而不会降低电池性能。

（5）自放电小。自放电率又称电荷保持率,是指电池放置不用自动放电的多少。锂离子电池月自放电率仅为 6% ~ 8%,远低于镍镉电池(25% ~ 30%)及镍氢电池(15% ~ 20%)。

（6）工作环境温度范围宽。一般可在 -30℃ ~ +60℃ 之间工作,具有良好的高温和低温工作性能,特别是在 -20℃ 条件下,仍能释放出 90% 的容量。

（7）对环境无污染。锂离子电池中不存在有害物质,是名副其实的"绿色电池"。

锂离子电池虽然优点突出,但是还存在一些缺点:①成本高,所用的锂盐和隔膜价格昂贵。在电池的制造和生产过程中对水分的要求非常严格,增加生产成本。但按单位瓦时的价格来计算,已经低于镍氢电池,与镍镉电池持平,只是还高于铅酸电池;②必须有特殊的保护电路,以防止过充;③工作电压变化较大。在放电过程中,锂离子电池的电压变化很大(约40%)。对电池供电的设备来说,这是严重的缺点。

2. 锂离子电池的工作原理及结构

锂离子电池分别用两个可逆地嵌入与脱嵌锂离子的化合物作为正负极,其中用碳代替金属锂作负极,$LiCoO_2$、$LiNiO_2$、$LiMn_2O_4$等作正极,混合电解液如$LiPF_6$的碳酸乙酯/碳酸甲乙酯溶液等作电解质液。其工作原理与传统电池有着本质的不同,如图5-7所示。当电池充电时,锂离子从正极中脱嵌,通过电解质和隔膜,在负极中嵌入,放电时反之。M. Armand等称之为"摇椅式电池(Rocking Chair Battery)"。离子嵌入概念是1814年提出的,放电是锂离子从电解质嵌入阴极客体化合物,伴随着从电极补偿电子。

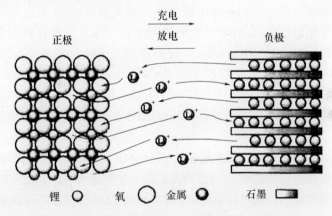

图5-7 锂离子电池工作原理的示意图

锂离子电池的电化学表达式为

$$(-)Li_xA_zB_w|锂离子导电盐 + 有机溶剂|Li_{y-x}M_nY_m(+)$$

电池在充放电时的反应为

$$Li_xA_zB_w + Li_{y-x}M_nY_m \rightleftharpoons A_zB_w + Li_yM_nY_m$$

锂离子二次电池的结构同镍氢电池等一样,一般意义上是由正极、负极、隔膜和电解质四部分组成。锂离子电池已经由最初的圆柱形和纽扣形电池发展到现在体积较小的方形,平板形等多种形状。以圆柱形锂离子电池为例,其构造如图 5-8 所示。

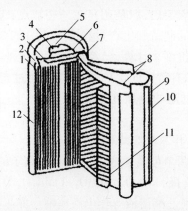

图 5-8 圆柱形锂离子电池结构示意图

1—绝缘体;2—垫圈;3—PTC 元件;4—正极端子;5—排气孔;6—防爆阀;
7—正极;8—隔膜;9—负极;10—负极引线;11—正极引线;12—外壳。

3. 锂离子电池正极材料

锂离子电池正极是限制电池比容量提高的关键所在,正极材料不仅作为电极材料参加电化学反应,而且是电池的锂离子源。作为正极材料的大多数为过渡金属化合物,而且以氧化物为主,通常把锂离子正极材料写成 $LiMO_2$,M 可以是 Co,Ni,Mn,Fe 等金属,正极材料有 $LiCoO_2$、$LiNiO_2$、$LiMnO_2$、$LiMn_2O_4$、$LiFePO_4$、$LiVO_2$ 及一些掺杂的化合物。目前应用最多的是钴系,研究中最多的是镍系、钒系、锰系、铁系,也开展了对许多新型无机化合物和有机化合物作为正极材料的研究。

锂离子电池的正极材料必须是嵌入式化合物,当然,并非所有的嵌入式化合物都可用作锂离子电池正极。还必须满足以下一些条件:应有低的氧化电位,即相对于金属锂要有较高的电位;电池反应要具有较大的吉布斯自由能以保证提供较高的电池电压;电极电位随锂含量变化小(电池电压随充电状态不同变化小);持续快速的锂嵌入和脱嵌(电池充放电速率快),锂嵌入可逆度高(充放电循环寿命长);无溶剂共嵌入,不与电解液发生反应;电导率足够高;成本低,易制成电极,无环境污染。为满足以上要求,科技人员一方面在努力对现有阳极材料改性,以提高其电化学性能,另一方面是大力开发新的正极材料。

(1)锂钴氧($LiCoO_2$)正极材料。$LiCoO_2$ 是最早用于商品化的锂离子电池中的正极材料,它具有可靠的性能,较长的循环寿命,还有适合大电流充放电及容易制备等优点,几乎成为锂离子电池的标准正极材料,是目前性能最好,应用最

166

多的正极材料,但同时它的可逆容量不高(130mAh/g),钴金属不仅价格昂贵,而且还有一定毒性,从而限制了 $LiCoO_2$ 的使用范围,尤其是在电动汽车和大型储备电源方面。图5-9为层状 $LiCoO_2$ 结构示意图。

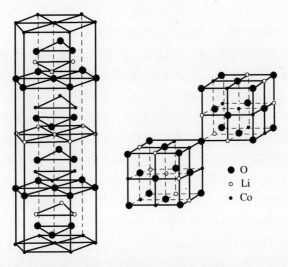

图5-9 层状 $LiCoO_2$ 的结构示意

$LiCoO_2$ 的合成方法主要有高温固相合成法和低温固相合成法,还有草酸沉淀法、溶胶凝胶法、有机混合法等软化学方法及模板法。由于早已商业化,现在有关的研究主要集中在掺杂改性上,以期得到容量更高、循环性能更好、成本低的钴系锂离子正极材料。可以对 $LiCoO_2$ 进行多种掺杂:加入 Al、In、Ni、Mn、Sn 等元素,改善其稳定性,延长循环寿命;通过引入 P、V 等杂原子以及一些非晶物质,使 $LiCoO_2$ 的晶体结构部分变化,提高电极结构变化的可逆性;在电极材料中加入 Ca^{2+} 或 H^+,提高电极导电性,有利于电极活性物质利用率和快速充放电性能的提高;通过引入过量的锂,增加电极的可逆容量。

$LiCoO_2$ 作为锂离子电池正极材料,在短期内仍将占有市场,但由于钴资源匮乏,$LiCoO_2$ 价格高、安全性差等缺点,大大限制了钴系锂离子二次电池使用范围,随着廉价高性能正极材料的开发,$LiCoO_2$ 必将被逐渐取代。

(2)锂镍氧($LiNiO_2$)正极材料。与 $LiCoO_2$ 相比,$LiNiO_2$ 的比容量高,理论容量为 $274mA \cdot h/g$,实际容量可达 $190mA \cdot h/g \sim 210mA \cdot h/g$,在价格和储量上占优势,且自放电率低、无污染,是一种很有希望代替 $LiCoO_2$ 的正极材料,现在已经被法国 SAFT 公司和加拿大的 Moli 能源公司所采用。然而在充放电过程中,$LiNiO_2$ 的晶体结构易于被破坏,从而导致循环容量的衰减。此外,从电池安全性的角度来讲,$LiNiO_2$ 用作电池的正极材料也有缺点,这是因为 $LiNiO_2$ 易于分

167

解,分解过程中产生大量的热。

制备 $LiNiO_2$ 常用的方法有固相法、共沉淀法、溶胶凝胶法、喷雾干燥法和电解法等。为了提高 $LiNiO_2$ 的稳定性和耐过充电性能,可采用掺杂的方法进行改性。目前正研究掺入 Co,Al,Ga,Ti,Mg,Mn 等离子部分取代 Ni 离子,以改善其性能,可望代替一部分 $LiCoO_2$ 用于小型凝胶锂离子电池。

(3)锂锰氧化物正极材料。锂锰氧化物原料丰富、成本低廉、无污染、耐过充性及安全性更好,对电池的安全保护装置要求相对较低。主要有尖晶石型 $LiMn_2O_4$ 和层状 $LiMnO_2$。$LiMn_2O_4$ 是尖晶石型嵌锂化合物的典型代表,它的可逆容量大约比 $LiCoO_2$ 低 20%。在正极材料中,$LiMn_2O_4$ 具有最低的成本和较好的耐过充性和安全性。目前在研究通过掺杂等办法,改善其电化性能。正尖晶石 $LiMnO_4$ 的理论容量高达 286mA·h/g,是一种有吸引力的正极材料,主要缺点是循环性能较差,特别是在高温下嵌锂容量迅速衰减。

(4)磷酸铁锂($LiFePO_4$)正极材料。1997 年 A. K. Padhi 等人首次报道了具有橄榄石晶体结构的磷酸盐化合物 $LiFePO_4$。作为锂离子电池用正极材料,$LiFePO_4$ 具有良好的电化学性能,是近期研究的重点替代材料之一,其产业化将推动电动车产业的发展。由于 $LiFePO_4$ 原料来源广、价格低廉,无毒性,环境兼容性好,可以预期,随着优化合成工艺及对材料改性的深入研究,该材料有可能成为实用的正极材料。

为了进一步提高二次锂离子电池的比能量,正在广泛探索新型正极材料,锂钒氧化物以其容量高、成本低、无污染,具有较大的开发潜力。磷酸锰锂($LiMnPO_4$)正极材料以及导电高分子聚合物和有机硫化物正极材料也是研究开发的热点,但这些新型材料目前还处于探索阶段,离实用化还有相当距离。

4. 锂离子电池负极材料

负极材料是决定锂离子电池综合性能优劣的关键因素之一。锂离子二次电池负极材料经历了由金属锂到锂合金、碳材料、氧化物再回到纳米合金的演变过程,对锂离子二次电池负极材料的实用化研究工作基本上围绕如何提高质量比容量与体积比容量、首次充放电效率、循环性能及降低成本这几方面展开。积极探索比容量高、容量衰减率小、安全性能好的新型锂离子电池负极材料体系,已为国际上研究的热点。

1)碳负极材料

碳材料(理论比容量为 372mAh/g)是人们最早研究并应用于锂离子电池商品化的材料,至今仍是大家关注和研究的重点之一。由于其具有电极电位低($<1.0V$ 相对于 Li/Li^+)、循环效率高($>95\%$)、循环寿命长和安全性能好等优点,确保了其在商业电池应用中成为第一选择对象。碳材料根据其结构特点分

168

成可石墨化碳(软碳)、无定形碳(硬碳)和石墨类。

可石墨化碳主要有石油焦、针状焦、碳纤维、中间相碳微球等。最早开发锂离子电池的索尼公司,第一代产品就是采用石油焦做负极,这种材料的放电曲线是斜坡式,而且可逆比容量较低,需要进行改性处理才能达到接近250mAh/g的可逆容量。

无定形碳是一种结构无定型的碳材料,通常经由高分子材料低温裂解而制得。无定形碳材料具有较高的可逆比容量,与电解液相容性较好,可以在碳酸丙烯酯(PC)有机电解液体系中正常工作,但却具有较难克服的缺点,如电压滞后现象、不可逆容量损失大及循环性能不理想等。

石墨是锂离子电池碳材料中应用最早、研究最多的一种,其具有完整的层状晶体结构,可以分为天然石墨和人造石墨,天然石墨有鳞片石墨和微晶石墨两种。石墨的层状结构,有利于锂离子的脱嵌,能与锂形成锂—石墨层间化合物,其理论容量为372mAh/g,充放电效率通常在90%以上。锂在石墨中的脱嵌反应主要发生在$0 \sim 0.25V$之间(相对于Li/Li^+),具有放电电位低、放电电位曲线平稳,与提供锂源的正极材料匹配性较好,所组成的电池平均输出电压高,是一种性能较好的锂离子电池负极材料。

为提高碳负极的容量,人们研究了碳—金属复合材料。这类材料的主要成分仍是碳材料,而在碳表面用少量的微米、纳米级的Si、Ag、Sn等修饰或少量的小颗粒金属用大量的碳包覆,这类具有核—壳结构的电极材料容量可超过石墨电极的理论容量372mAh/g。

2)非碳负极材料

非碳负极材料研究,目前主要集中在过渡金属氧化物、硫化物、氮(磷)化物、金属间化合物等材料上。

氧化物是当前人们研究的另一种负极材料体系,包括金属氧化物、金属基复合氧化物和其它氧化物。前两者虽具有较高理论比容量,但因从氧化物中置换金属单质消耗了大量锂而导致巨大容量损失,抵消了高容量的优点。1996年日本富士胶片公司推出STALION品牌的以非晶态锡基复合氧化物ACTO(Amorphous tin composite oxides)为负极的锂离子蓄电池,这种电池与以碳材料为负极的锂离子蓄电池相比具有更高的体积和质量比能量(可达500mAh/g以上),但首次不可逆容量也较大。通过向锡的氧化物中掺入B、P、Al及金属元素的方法,制备出非晶态(无定形)结构的锡基复合氧化物,其可逆容量达到600mAh/g以上,体积比容量大约为2200mAh/cm³,是目前碳材料负极(500mAh/cm³ ~ 1200mAh/cm³)的两倍以上,循环性能也较好。

$Li_4Ti_5O_{12}$具有尖晶石结构,充放电曲线平坦,放电容量为150mAh/g,具有非常好的耐过充、过放特征,充放电过程中晶体结构几乎无变化(零应变材料),循环寿命长,充放电效率近 100%。有关文献采用化学方法合成锂钛复合氧化物,用 X 射线衍射分析其物相结构,并测试了其电化学性能,结果表明:由 Li_2CoO_3、TiO_2 高温合成的锂钛复合氧化物为尖晶石结构的 $Li_4Ti_5O_{12}$,以 $0.3mA/cm^2$ 的电流充放电时,首次嵌锂比容量达 300mAh/g,可逆比容量为 100mAh/g,多次充放电循环后其结构稳定不变。

最近采用过渡金属氮化物和磷化物做锂离子电池负极材料引起人们的研究兴趣。含锂过渡金属氮化物负极材料最具代表性的是 Li_7MnN_4 和 $Li_{3-x}Co_xN$,该类材料在充放电过程中,以过渡金属价态变化来保持电中性,充放电电压平坦,没有不可逆容量,且循环性能较好,特别是这种材料作为锂离子电池负极时,还可以与不能提供锂源的正极材料匹配组成电池。但过渡金属氮化物材料处于富锂状态,在空气中不稳定,电池的实际制备工艺非常困难,目前这种材料的脱嵌机理及充放电循环性能还有待于进一步研究。

随着电子产品的日益普及,对高比能量电池的需要越来越迫切。目前看来,单独的某种材料都不能完全满足这个要求。碳材料虽然有很好的循环性能,但比容量低;比容量稍高的碳材料其电化学性能又无法满足要求。合金材料具有很高的比能量,但由于嵌脱锂过程中巨大体积变化导致其循环性能远远满足不了使用的需要。锡基复合氧化物具有很好的循环特性,但首次不可逆容量损失一直没办法解决。因此,综合各种材料的优点,有目的地将各种材料复合形成复合负极材料,避免各自存在的不足,已经引起了广泛的关注。

5. 锂离子电池展望

各类新型电子产品的出现以及人们对环境保护要求的提高,既推动了电池业技术的更新换代,也大大扩展了电池的市场需求量并改变了电池的需求结构。锂离子二次电池由于输出电压高、比能量大、循环寿命长、无记忆效应等优点,已成为电池中的生力军。虽然近年来多家笔记本电脑用锂离子二次电池因过热事故被召回,但锂离子二次电池目前仍是最佳、最安全的选择之一。这也说明先进电极材料已经成为目前锂离子二次电池更新换代的核心技术,寻找新的电极材料以及新的合成方法仍是当前研究的重点。

在我国发展锂离子电池的前景非常广阔,主要有以下几点原因:大量的国外电器进入国内市场,并随机配售锂离子电池,对锂离子电池销售拓宽了渠道;国内企业和合资企业在产品设计上已经开始考虑锂离子电池的优良性能,并同产品开发同步设计配套;我国目前生产的锂离子电池应用性较强,随着通信器材、办公用品市场的扩大,以及前期用品市场的增幅,为锂离子电池发展创造了条件;锂离子电池在军用、空间技术、科研和其它行业的应用越来越广泛;需求日益增长的国际市场为国内锂离子电池出口开辟了更大的市场。这些现存和潜在的市场是发展锂离子电池的良好条件,只要科研和生产企业能转变思维方式,把握市场契机,一定能实现锂离子电池大生产化和收到良好的经济效益。

5.3.4 其它二次电池体系

1. 铅酸电池

铅酸电池是目前世界上广泛使用的一种动力电源,与其它动力电池相比具有制造工艺简单,价格低廉,原料易得,安全性好,自放电低等优点,一般充电后搁置4个月容量损失不超过10%。铅酸电池经过多年的研究已经有了很大发展,特别是密封式和可调式电池的出现,采用了非流动电解质、纤维玻璃、胶状电解质和特殊铅合成等新技术。

该电池由正极板、负极板、电解液、隔板和容器(电池槽)等5个基本部分组成,采用二氧化铅作正极活性物质,铅作负极活性物质,硫酸作电解液。电极反应机理是溶解沉积机理,属于结构发生重大变化的电极体系。电化学反应如下:

正极:$PbSO_4 + 2H_2O \rightarrow PbO_2 + 3H^+ + HSO_4^- + 2e^-$

负极:$H^+ + PbSO_4 + 2e^- \rightarrow Pb + HSO_4^-$

总反应为:$2PbSO_4 + 2H_2O \rightarrow Pb + PbO_2 + H^+ + 2HSO_4^-$

近年来随着新材料、新技术的出现,铅酸电池的性能参数有了很大的改进:容量可从 1Ah 到 20kAh,比功率达到 600W/kg ~ 1000W/kg,比能量30W·h/kg ~ 45W·h/kg,使用寿命为 250 次 ~1600 次循环。20 世纪 80 年代以来,中国从美国、韩国等引进几条密封铅酸蓄电池生产线,以生产少维护电池为主,免维护电池的产量很小,而且目前主要用于固定电源市场如通信站、电力站、计算机、太阳能发电站等,而消耗量最大的汽车和摩托车起动电源市场尚未使用真正的免维护铅酸蓄电池,电动汽车动力用电池尚处在试制阶段。

2. 镉—镍电池

镉—镍电池是 1899 年瑞典科学家 Jungner 发明的,已有 100 年历史。它的负极是金属镉(Cd),正极是二氧化镍(NiO_2),电解液是氢氧化钾(KOH)溶液。镉—镍电池的性能特点:电池结构紧凑,自放电小,可大电流放电,循环寿命长,使用温度范围为20℃~65℃,镍—隔电池一直是主要应用的小型二次电池。电池反应为

$$Cd + 2NiOOH + 2H_2O \Longleftrightarrow Cd(OH)_2 + 2Ni(OH)_2$$

镉—镍电池可根据不同的使用场合制成矩形、圆柱形和纽扣形等形状。按照封口的方法可以分为开口式、密封式(液密)和全密封式(气密);按照电极的制作分为袋式、黏结式、烧结式和泡沫电极等数种。已广泛用于航天、通信、仪器

仪表以及家用电器的电源。

由于该电池阳极采用的金属镉,具有很强的毒性,对环境非常有害,加上此类电池有记忆效应和低容量(能量密度为125Wh/L),不正确的充/放电会导致电池寿命的减少。随着人类文明的不断进步,全世界对环境保护的意识日益加强,镉—镍电池将会逐步被金属氢化物镍电池等"绿色电源"取代已成发展趋势。

5.4 燃料电池

燃料电池是一种把燃料所具有的化学能直接转换成电能的化学装置,又称电化学发电器。其最大特点是由于反应过程中不涉及到燃烧,不受卡诺循环效应的限制,因而能量转换效率高达60%~80%,实际使用效率则是普通内燃机的2倍~3倍。另外,它还具有燃料多样化、污染小、噪声低、比能量高、适应能力强、机动性大、可靠性及维修性好等优点。因此燃料电池被认为是21世纪新型洁净发电方式之一。

5.4.1 燃料电池的发展进程及分类

燃料电池从1839年W. R. Grove成功制成至今,经历了一百多年,现代对燃料电池方面的兴趣开始于Bacon在20世纪50年代制成第一只实用型燃料电池。60年代,美国的空间飞行器开始将氢—氧燃料电池作为辅助电源,人们开始注重燃料电池的研究。但最初的应用只限于航天、科研和军事等方面。70年代初,第一次中东石油危机爆发,欧美和日本等国家开始重新考虑并制定有关燃料电池的长期发展规划。近年来,严峻的大气污染现状以及不断膨胀的社会生产、生活需要及有限的石化资源和较低的利用率之间的矛盾。进一步促进了燃料电池的研究进展。

迄今人们已研究开发多种类型的燃料电池,可根据燃料特性、工作温度、电解液类型及结构特征等来进行燃料电池的分类。燃料电池按燃料的来源可分为直接式燃料电池、间接式燃料电池和再生式燃料电池。直接式燃料电池按工作温度的高低,可分成高温、中温、低温三种类型,工作温度在750℃以上的为高温燃料电池,200℃~750℃之间为中温燃料电池,低于200℃的为低温燃料电池。最常用的分类方法是按电解质种类进行分类,可分为磷酸型(PAFC)、熔融碳酸盐型(MCFC)、固体电解质型(SOFC)、碱性氢—氧型(AFC)和质子交换膜型(PEMFC)五类。高温燃料电池所用电解质为熔融碳酸盐(工作温度750℃左右)或固体氧化物(工作温度1000℃以上)。各类燃料电池的特点见表5-3。

表 5-3 燃料电池的特点和性能

电池种类		AFC	PAFC	MCFC	SOFC	PEMFC
电极	正极	高分散 Ni	高分散 Pt	高分散 Ni	多孔 Pt	高分散 Pt
	负极	高分散 Ni	高分散 Pt	高分散 Ni	多孔 Pt	高分散 Pt(- Ru)
工作温度/℃		室温 ~100	180 ~210	600 ~700	900 ~1000	25 ~120
功率/kW		50	4600	10		
燃料		H_2	H_2	CO 或 H_2	CO 或 H_2	H_2 或甲醇
氧化剂		O_2	氧气、空气	氧气、空气	氧气、空气	氧气、空气
理论效率/%		83	80	78	73	83
实际效率/%		60	55	55 ~65	60 ~65	60
系统效率/%			40	48 ~60	55 ~60	
特点		只能使用纯氧气和氢气,用于军事和航天	工作温度高,存在腐蚀问题	温度高,腐蚀严重	可直接使用天然气	能量密度高,运行特性比较灵活

不像普通化学电源,只要选择适合的阴极、阳极材料、电解质和隔膜,经适当的组装就可以放电,燃料电池不仅要具备普通电池所需的条件,还需要相应的辅助系统和控制系统。此外,不同类型的燃料电池所需的电极催化剂、电解质及电池的其它结构材料都有其特殊的要求。经过一百多年不懈的努力,各种类型的燃料电池取得了不同程度的进展。目前,磷酸型燃料电池(PAFC)已接近商业化,随着技术的进步及新材料的不断涌现,现在某些燃料电池在技术方面已趋于成熟,但仍然存在成本太高,使用寿命较短的致命弱点。

5.4.2 燃料电池的工作原理

燃料电池虽然被称为"电池",但同普通电池概念完全不同。从表面上看,它有正负极和电解质,像一个蓄电池,但实质上它不能"储电",而是一个"发电厂"。人们称它为燃料电池,只是由于在结构形式上与电池有某种类似;外特性像电池,随负荷的增加,它的输出电压下降。燃料电池与一般原电池、蓄电池不同,它所需的化学原料(即参加电极反应的活性物质)并不储存于电池内部,而是全部由电池外部供给。因此,原则上只要外部不断供给化学原料,燃料电池就可以不断工作。

燃料电池可以使用多种燃料,包括氢气、碳、一氧化碳以及比较轻的碳氢化合物,氧化剂通常使用纯氧或空气。

燃料电池的基本原理相当于电解反应的逆向反应,在电池的负极上进行的

173

是燃料的氧化过程,而正极上进行的是氧化剂的还原过程。图5-10所示为5种不同类型燃料电池电化学反应原理。燃料及氧化剂在电池的阴极和阳极上借助催化剂的作用,电离成离子,由于离子能通过两电极中间的电解质在电极间迁移,在阴电极、阳电极间形成电压,在电极同外部负载构成回路时就可向外供电。

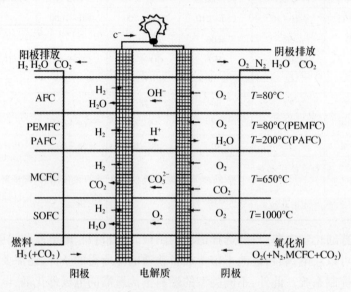

图5-10　不同燃料电池电化学反应原理图

　　燃料电池发电效率远高于传统方式的发电效率,把许多单个的燃料电池组合起来,就可以组成巨大能量的燃料电池组,向外输送大功率的电流。这时,燃料电池组就是一座大型的发电厂。燃料电池直接把化学能转化为电能,减少了中间环节,从而大大减少了能量损失,其能量转换率可高达80%以上。另一方面,燃料电池工作时反应生成物是洁净的水,它不像火力发电那样产生大量的有害气体、烟尘、污水和废渣,也没有工作噪声,从保护环境的角度看,它是理想的发电装置。

5.4.3　燃料电池的组成

　　燃料电池是一种能连续地把燃料的化学能通过电极反应直接变成电能的装置,它的主要组成部件有正负电极、隔膜、电解质和集流板。负极由外部供给燃料,燃料通常是氢气、甲醇、天然气和煤气等;正极提供氧化剂,通常是空气;电解质可以是酸、碱、盐的水溶液或固体氧化物等,必须能输送燃料电极和氧电极在电极反应中所产生的离子,并能阻止电极间直接传递电子;电解质隔膜的功能是分隔氧化剂和还原剂并起离子传导的作用,必须具有良好的润湿性。

174

1. 电催化

燃料电池的基本反应是氢的氧化和氧的还原,由于氢的氧化反应和氧的还原反应的过电位都比较高。因此,不管是直接的或间接的燃料电池,都必须在电极上添加一定量的电催化剂,才能加速电极反应。产生电催化作用的这种物质称为电催化剂,一般即为电极材料。

电催化对于反应速度非常慢的电极过程尤为重要,影响电催化反应速度的因素不仅由电催化的活性决定,而且与电极的双电层内电场大小及电解质溶液的本性有关。电催化与化学反应中的异相催化十分类似,但是,电化学反应是在电场作用下进行的,因此它比异相催化更复杂。选用合适的电极材料,降低电极反应活化能,提高反应速度,从而提高电池的能量转换效率,是燃料电池采用电催化剂的主要目的。

燃料电池电极用催化剂,除了能促进电极反应进行之外,还必须是导电体,而且在一定的电极电位下,能承受电解液的腐蚀作用,还要求这种催化剂能在水溶液中不受 OH⁻ 离子的"污染"保持正常工作。早期对酸性燃料电池仅限于使用贵金属及其合金作电催化剂,对碱性燃料电池则采用贵金属及银与镍等。近年来在燃料电池的研究与开发过程中,电催化剂的研究取得了很大的进展,相继发现并深入研究了雷尼镍、硼化镍、碳化钨、钠钨青铜、Pt‑C、Pt‑Ru‑C、过渡金属与卟啉等的配合物、尖晶石型与钙钛矿型半导体氧化物以及各种晶间化合物等电催化剂,从而使电催化剂的种类大大增加,成本也大幅度减低。

2. 气体扩散电极

为加速燃料电池气体电极反应的速率,不仅要有活性高、寿命长的电催化剂,而且必须有性能良好的多孔电极,使电极内部建立起大量稳定的三相反应区,并能使反应物和生成物在气相或液相中迅速传递,也能使电子在固相中迅速传导。气体扩散电极正是适应燃料电池的需要而发展起来的电极。在燃料电池中已实际应用的气体扩散电极有防水型电极、培根型电极和隔膜型电极。

性能优良的气体扩散电极必须具有下述特点:

(1)采用多孔结构,以获得高的真实比表面积;

(2)确保在反应区(气、液、固三相界面处)液相传质层很薄,以获得高的极限扩散电流密度;

(3)采用高活性的电催化剂以获得高的交换电流密度;

(4)通过结构设计或电极结构组分的选取达到稳定反应区的功能。

5.4.4 燃料电池系统

燃料电池的工作方式与内燃机相似。

工作时,必须不断地向电池内部送入燃料和氧化剂,若不直接使用纯氢和纯氧,则在输入燃料电池之前应对它们进行适当的预处理,如用烃类液体作燃料时,则应用蒸汽重整或高温裂解把烃转成氢气,经净化后以一定速率通入燃料电池中。若用空气作氧化剂时,在其通入燃料电池前,必须进行洗涤和净化处理,然后把它与燃料气一起,以相适应的流速通入燃料电池中,所以要使燃料电池能正常运转,必须装有燃料和氧化剂的预处理装置,一般统称为燃料或氧化剂的供给系统。

其次,燃烧电池的效率一般均小于100%,其中一部分转变成热能,为保证电池工作温度的恒定,必须把燃料电池反应过程中放出的热量排出电池体外。同时燃料电池在反应过程中产生一定量的水,若不及时把这些水排除,将导致电极的反应区"淹死"而停止反应,所以燃料电池中设计了专门的水、热排出系统。燃料电池产生的是低压直流电,必须进行适当的调整,把它转变成交流电。另外,随着负载的变化,输出电压变化幅度也较大。为保证系统整体能够高效、安全运行,必须装有专门的控制系统。

总之,要使燃料电池组成实用的电源系统,除燃料电池外,还需附有燃料和氧化剂的供给系统、排水系统、排热系统及自动控制系统等,所以燃料电池发电系统不像人们认为的那么"简单",而是一个复杂的综合系统。图 5 - 11 为一燃料电池系统的构成示意图。

5.4.5　燃料电池的类型

1. 磷酸型燃料电池

磷酸型燃料电池(Phosphoric Acid Fuel Cell,PAFC)属第一代燃料电池开发最早,这是目前最接近商业化的一类燃料电池,它的工作温度为200℃左右,电能效率约为40%,还可提供45%的低等级热。磷酸燃料电池之所以最先实用,主要是由于它在电池寿命、燃料和氧化剂中杂质的可允许度、成本和可制造性等方面兼顾得最好。日本富士、东芝和美国 IFC 等公司都积极参与开发生产。作为现场型发电电源设备,容量从50kW、100kW、200kW、500kW 到 5MW 各种容量都有。

磷酸型燃料电池利用天然气重整气体为燃料,空气作氧化剂,以浸有浓 H_3PO_4 的 SiC 微孔膜作电解质。Pt/C 为电催化剂,产生的直流电经直交变换以交流形式供给用户。它的主要市场是不停电电源系统,如计算机及医院等。1991 年投入使用的 11MW 级日本发电厂,是目前世界上最大的燃料电池发电站之一。

由于 PAFC 热电效率仅有 40% 左右,余温仅 200℃,利用价值低;该种电池

176

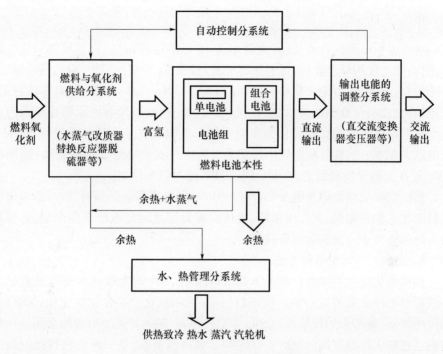

图 5-11 燃料电池系统示意图

采用液体电解质工作,温度不能太高,电极活性较低,因此必须以昂贵的铂金属作催化剂;又因为它的启动时间长,不适于作移动动力源。因此,近年来国际上对它的研究工作减少,寄希望于批量生产,降低售价。日本的 PC25C 型机造价在 3000 美元/kW,近期推出的 PC25D 型造价据称可降至 1500 美元/kW,这样就大大增加了与常规发电建设的竞争力。根据中日两国协议我国去年引进了一台东芝 PC25C 电池设备。

2. 熔融碳酸盐型燃料电池

熔融碳酸盐型燃料电池(Molten Carbonate Fuel Cell,MCFC)是继磷酸型电池之后开发的第二代燃料电池,属高温燃料电池。电池工作温度为 650℃~700℃,可用净化煤气或天然气为燃料,以浸有碱金属(Li,K,Na,Cs)碳酸盐混合物的 $LiAlO_2$ 为隔膜。正极由氧化镍(添加少量锂以增加电子导电能力)制成。负极由氧化镍还原,烧结成多孔镍电极。由于镍在 650℃ 左右具有良好的电催化性,因而不需用贵金属作电催化剂。

MCFC 中的熔融碳酸盐作为惰性载体,其电极反应为

负极:$CO + H_2O \rightarrow CO_2 + H_2$

$\qquad H_2 + CO_3^{2-} \rightarrow H_2O + CO_2 + 2e^-$

正极：$\dfrac{1}{2}O_2 + CO_2 + 2e^- \rightarrow CO_3^{2-}$

这类燃料电池的特点是：发电效率高，有可能达到60%，高温废热可使汽轮机工作；便于使用煤作燃料，燃料来源充分，投资低；空气污染小，没有热污染，不需冷却水，无噪声，占地面积小。美国的 ERC 和 M - C Power 公司，日本的三菱、三洋、日立公司及欧洲的荷兰、意大利、法国、丹麦、西班牙等国家都积极参与开发。近期以兆瓦级装置商品化为主要目标。美国已在圣克拉拉城进行了2MW级电站的试验，日本则在川越电厂进行1MW外重整电池设备的安装；法国的MTU 正在实施开发和制造 300kW 到 10MW 的 MCFC 计划。

然而熔融碳酸盐燃料电池尚存在一些问题，如碳酸盐的高腐蚀性，造成电池材料老化。镍的蠕变，氧化镍溶解，气体泄漏等都可能使电池寿命变短，造价增高。目前还处于边试验边投资阶段。

3. 固体氧化物型燃料电池

固体氧化物燃料电池（Solid Oxide Fuel Cell, SOFC）是继磷酸型电池和熔融碳酸盐型电池之后开发的第三代燃料电池，采用氧化钇稳定的氧化锆（YSZ）为固体电解质，锶掺杂的锰酸镧（LSM）为空气电极，Ni - YSZ 为阳极的全固态陶瓷结构。它的工作温度高达 900℃~1000℃，属高温电池，是一种正在兴起的新型电池，易于煤气化和燃气轮机等构成联合循环发电。至今已开发了管式、平板式与瓦楞式等多种结构形式的 SOFC。

固体氧化物燃料电池除了具有燃料电池的一般优点外，还具有燃料适应性强、无漏液腐蚀、不需要贵金属催化剂、规模和安装地点灵活等优点。SOFC 总的燃料发电效率在单循环时有潜力超过60%，而对总的体系来说效率可高达90%，SOFC 被认为是最有效率的和万能的发电系统，特别是作为分散的电站。可用于发电、热电联供、交通、空间宇航和其它许多领域，特别是作为分散的电站应用于居住人口稀少的地区。因此被认为是最有效率的和万能的发电系统，具有诱人的发展前景。

自 20 世纪 80 年代以来，对 SOFC 的研究开发速度加快，美国、日本、德国都在积极研发之中，美国西屋电气公司的开发工作处于领先地位，目前正在挪威和加拿大建造两座 250kW 的示范电厂；日本也把该技术作为月光计划的一部分，开发出 1.0kW 的圆筒式电池堆；德国 ABB 则致力于 kW 级板式电池的研发。另外，加拿大巴拉德公司（Ballard）已生产出 25kW 的固体氧化物燃料电池。我国从 20 世纪 60 年代中期开始了燃料电池的研究，70 年代初由于宇航事业的推动对燃料电池的研究曾呈现出第一次高潮。到 90 年代中期，由于科技部与中科院将燃料电池技术列入"九五"科技攻关计划，我国进入了燃料电池研究的第二个高潮。但是与发达国家相比,还有较大的差距。

目前该种电池的重要研究课题是耐高温陶瓷材料的开发,提高高温下材料的热稳定性、可靠性是其主要目标。尽管 SOFC 经过了近半个世纪的研究与发展,但要实现固体氧化物燃料电池(尤其是中、低温 SOFC)的产业化,还有许许多多工作有待进行。

4. 质子交换膜型燃料电池

质子交换膜型燃料电池(Proton Exchange Membrane Fuel Cell,PEMFC)又称固体高分子电池,也有称聚合物电解质膜电池的。包括质子交换膜型、离子交换膜型、固体聚合物等电池。PEMFC 是以全氟磺酸型固体聚合物为电解质,以 Pt/C 或 Pt – Ru/C 为电催化剂,以氢或净化重整气为燃料,以空气或纯氧为氧化剂。这类电池的工作温度在 100℃ 以下,是研究开发得最多的一种燃料电池。

PEMFC 具有以下突出优点:①工艺结构简单,开发投入相对较少;②可在室温下快速起动投入运行;③不使用腐蚀性电解液,安全可靠;④依负载要求系统规模可大可小;⑤比功率高,特别适用于军用或民用的可移动电源及电动车辆。因此获得包括我国在内的许多国家厂商的青睐,纷纷投入汽车用燃料电池的开发热潮中去。目前以加拿大处于领先,克莱斯勒(Chrysler)、福特(Ford)、本田(Honda)等公司也纷纷参与了加拿大巴拉德(Ballard)公司的车用燃料电池的研制。大连化物所、电工研究所和东风汽车制造厂合作在 2001 年也生产出了具有自主知识产权的 30kW 燃料电池汽车。

该电池主要用于电动车,燃料电池电动汽车的研究在世界各国均受到广泛重视。但是,在未来的五到十年中,将 PEMFC 燃料电池大量应用于电动汽车是不现实的,因为这类电池需要昂贵的结构材料及高含量贵重金属催化剂,不但使电池的制作成本增加,而且铂在全球的储量及年开采量均不能满足大规模使用电动汽车燃料电池的需求;另外使用氢气作燃料,一些技术难题尚待解决。近年来,开发应用较便宜的聚合物及大幅度减少贵重金属用量,为这类电池实际应用铺平了道路。

5. 碱性燃料电池

碱性燃料电池(Alkaline Fuel Cell,AFC)属特种用途燃料电池,多用于宇航、海洋等场合。这类电池技术比较成熟,20 世纪 60 年代已成功的用于"阿波罗"登月飞船。它以碱性物质作电解质,以纯氢作燃料,以纯氧作氧化剂,工作温度较低,一般常温到 100℃,为提高电池反应能力必须使用高性能催化剂(Pt 或 Ni),因此造价高,限制了民用的可能性。碱性电池的致命弱点是 CO_2 中毒,燃料和氧化剂中都不能含有 CO_2,即使含 0.04% 也会危及电池的安全。昂贵的制造成本,苛刻的工作条件,偏食的燃料要求,都决定其目前只能用于少数特定的场合。

习 题

1. 简述电池的工作原理,举例比较几种化学电池。
2. 镍氢电池电极材料选择的依据及其主要的应用现状。
3. 对比分析锂离子电池相比其它电池的主要优缺点。
4. 试分析燃料电池的电催化原理。
5. 比较燃料电池不同体系的特点及其应用。

参 考 文 献

[1] 陆军,袁华堂. 新能源材料. 北京:化学工业出版社,2003.
[2] 雷永泉,万群,石永康. 新能源材料. 天津:天津大学出版社,2000.
[3] 贾梦秋,杨万胜. 应用电化学. 北京:高等教育出版社,2004.
[4] 郭炳焜,李新海,杨松青. 化学电源—电池原理及制造技术. 长沙:中南工业大学出版社,2000.
[5] 衣宝廉. 燃料电池—高效、环境友好的发电方式. 北京:化学工业出版社,2000.
[6] 郭炳昆,徐徽,王友先,等. 锂离子电池. 长沙:中南工业大学出版社,2002.
[7] 陈国华,王光信. 电化学方法应用. 北京:化学工业出版社,2003.
[8] Wu J B,Tu J P,Han T A,et al. High-rate dischargeability enhancement of ni/mh rechargeable batteries by addition of nanoscale CoO to positive electrodes. Journal of Power Sources,2006,156:667.
[9] Kandavel M,Bhat V V,Rougier A,et al. Improvement of hydrogen storage properties of the AB_2 laves phase alloys for automotive application. International Journal of Hydrogen Energy,2008,33:3754.
[10] 刘兴江,肖成伟,余冰,等. 混合动力车用锂离子蓄电池的研究进展. 电源技术,2007,31:509.
[11] Gan Y,Zhang L,Wen Y,et al. Carbon combustion synthesis of lithium cobalt oxide as cathode material for lithium ion battery. Particuology,2008,6:81.
[12] 高原,顾大明,史鹏飞. 锂离子电池正极材料 $LiNiO_2$ 的研究进展. 电池,2005,35:471.
[13] 殷雪峰,刘贵昌. 锂离子电池炭负极材料研究进展与发展. 碳素材料,2004,23:37.
[14] Rho Y H,Kanamura K,Umegaki T. $LiCoO_2$ and $LiMn_2O_4$ thin-film electrodes for rechargeable lithium batteries-preparation using PVP sol-gel to produce excellent electrochemical properties. Jouranl of the Electrochemistry Society,2003,150:107.

第6章 自旋电子材料

6.1 概述

自20世纪60年代起,电脑芯片的发展非常迅速,以半导体为基础、计算机为代表的信息产业取得了辉煌的成就,但是它却受到单个器件最小尺寸(0.110μm以下)的限制。此外,传统的电子器件是将电子电荷作为能量和信息传输的载体,或者说,它只利用了电子电荷的运动,具有一定的局限性。电子不仅有质量和电荷,还有两种不同的自旋状态,即自旋向上的状态和自旋向下的状态,电子自旋量子数为±1/2。试验表明,改变电子自旋取向比改变电子运动方向需要更少的能量和时间,因而基于自旋的电子器件将比传统的电子器件具有特殊性质。

1988年,在磁性多层膜中发现了巨磁电阻效应(Giant Magnetoreststance,GMR),1993年和1994年在钙钛矿锰氧化物中发现了庞磁电阻效应(Colossal Magnetoresistance,CMR),特别是1995年在铁磁性隧道结材料中发现了室温高隧穿磁电阻效应(TMR)以及后续形成的稀磁半导体等研究热潮,这些具有里程碑意义的人工合成磁性材料的成功制备和深入研究,迅速推动了近20年中凝聚态物理新兴学科,即磁电子学(Magneto-electronics)和自旋电子(spin-electronics/spintronics)的形成与快速发展。自旋电子学是研究电子自旋与电子学相结合的一门学科,蕴含自旋的注入、输运与操控、自旋流的产生与探测、自旋霍耳效应等内容。将自旋属性引入半导体器件中用电子电荷和自旋共同作为信息的载体将会发展出新一代的器件,这种新的器件即自旋电子器件,它是利用自旋相关的效应载流子的自旋和材料的磁学性质相互作用,同时结合标准的半导体技术。自旋电子材料的研究已经成为凝聚态物理、信息科学及新材料等诸多领域共同关注的研发热点。

目前,自旋电子材料的研究是国内外的研究热点受到广泛的重视。基于GMR和TMR磁电阻材料的各种磁敏传感器,成为国际上众多公司大力开发和研制的高新技术产品目标,特别是为发展基于磁性隧道结材料和TMR效应的256Mb以上的实用型磁随机存储器(MRAM芯片),美国、日本等发达国家竞相巨额投资,全面开展了相关的材料、物理和器件应用研究,加速研发和生产相关重要产品。我国对自旋电子学的研究主要集中在 GMR 材料和物理以及过渡族氧化物(La-Ca-MnO)材料的超大磁电阻效应方面。在高灵敏度传感器和硬盘磁头研究中均包含创新性的工作。

因此,研究和发展自旋电子学材料、物理及其自旋相关器件,探索和研究新的人工磁电阻结构和功能材料及其器件应用,不仅是过去 20 年也是当前和今后一个相当长时期的国际研究热点和重要领域之一,并将成为本世纪信息产业的基础,对未来的电子工业发展将起到举足轻重的作用。

6.2 磁电效应

磁电效应(Magnetoelectric Effect)包括电流磁效应和狭义的磁电效应。外加电场可以改变介质的磁学性质,或者外加磁场能够改变介质的电极化性质,这种效应被称作狭义的磁电效应,可以分为正磁电效应和逆磁电效应,正磁电效应就是磁场诱导介质电极化:$P = \alpha H$,而逆磁电效应则是电场诱导介质磁极化:$M = \alpha E$,其中 P 和 M 分别为诱导电极化强度和磁化强度;H 和 E 为外加磁场和电场;α 是线性(逆)磁电耦合系数。由于外加电(磁)场可以是静电(磁)场,因此这种效应与法拉第电磁感应有着明显的不同,它反映的是磁电体本身的性质。电流磁效应是指磁场对通有电流的物体引起的电效应,主要有磁电阻效应和霍耳效应,本节重点介绍磁电阻效应和自旋霍耳效应。

6.2.1 磁电阻效应

在通有电流的金属或半导体上施加磁场时,其电阻值将发生明显变化,这种现象称为致电阻效应,也称磁电阻(Magnetoresistance,MR)效应。表征 MR 效应大小的物理量为 MR 比,可用式(6-1)或式(6-2)表示:

$$\eta = \frac{R(T,H) - R(T,0)}{R(T,0)} = \frac{\rho(T,H) - \rho(T,0)}{\rho(T,0)} \qquad (6-1)$$

$$\eta = \frac{R(T,H) - R(T,0)}{R(T,H)} = \frac{\rho(T,H) - \rho(T,0)}{\rho(T,H)} \qquad (6-2)$$

式中:η 为磁电阻系数;$R(T,0)/\rho(T,0)$、$R(T,H)/\rho(T,H)$ 分别代表温度为 T 时,磁场依次为零和 H 时的电阻/电阻率。

除非特殊说明,本书中材料的 MR 效应大小均由式(6-1)计算得到。金属的 MR 比通常较小,一般不超过 2%~3%。如果外加电流方向与磁场方向平行,此时材料的 MR 效应称为纵向 MR 效应;如果外加电流方向与磁场方向相反,此时材料的 MR 效应称为横向 MR 效应。

根据 MR 效应的起源机制,材料的磁电阻特性可分为两类:正常磁电阻(Ordinary Magnetoresistance,OMR)效应和反常磁电阻效应。

正常磁电阻效应普遍存在于所有磁性和非磁性材料中,其来源于磁场对电子的洛伦兹力,它导致载流子运动发生偏转或产生螺旋运动,使电子碰撞几率增加,电阻升高,因而 MR 总是正的。

反常磁电阻效应是具有自发磁化强度的铁磁体所特有的现象,其起因被认为是自旋—轨道的相互作用或 s – d 相互作用引起的与磁化强度有关的电阻率变化,以及磁畴引起的电阻率变化。因此,反常磁电阻效应有三种机制:第一种是外加强磁场引起自发磁化强度的增加,从而引起电阻率的变化,其变化率与磁场强度成正比,是各向同性的负的 MR 效应;第二种是由于电流和磁化方向的相对方向不同而导致的 MR 效应,称为各向异性磁电阻(Anisotropic Magnetoresistance,AMR)效应;第三种是铁磁体的畴壁对传导电子的散射产生的 MR 效应。

各向异性磁电阻是指铁磁金属和合金体中,磁场方向平行电流方向的电阻率 $\rho_{//}$ 与磁场方向垂直于电流方向的电阻率 $\rho_{\perp}$ 发生变化的效应。由于 AMR 具有小的饱和场(约为 $7.96 \times 10^2 \mathrm{A \cdot m^{-1}}$)以及高的磁场灵敏度,现已广泛应用于读出磁头和各类传感器中,AMR 效应强烈的依赖于自发的磁化方向,它是由于铁磁性磁畴在外磁场的作用下各项异性运动所造成的。实际上 AMR 与技术磁化相应,即从退磁状态到磁性饱和的过程相应的电阻变化,因此零场下的电阻率也与其历史状态有关。

Thomson 最早于 1856 年发现铁磁多晶体的各向异性磁电阻效应,但由于科学发展水平及技术条件的局限,数值不大的各向异性磁电阻效应并未引起人们太多关注。1988 年 Baibich 发现 Fe/Cr 多层膜中当 Cr 的厚度使 Fe 层之间形成反平行耦合时,没有外加磁场的电阻比外加磁场使多层膜饱和时大得多,始称为巨磁电阻效应。1991 年,Dieny 用反铁磁层钉扎铁磁层构成自旋阀,在学术界引起了很大的反响。1993 年,Helmolt 等人又在类钙钛矿结构的稀土锰氧化物中观测到了庞磁电阻效应,其 MR 值比 GMR 效应还大,$\eta = \Delta R/R$ 可达 $10^3 \sim 10^6$。新近发现的隧道结巨磁电阻(Tunnel Magnetoresistance,TMR)效应,进一步引起世界各国的极大关注。IBM 和富士公司已研制出 $\Delta R/R$ 为 22% 和 24% 的 TMR 材料。国际上许多实验室相继开展了 GMR 的研究工作,在不长的时间里取得了引人瞩目的理论及实验成果,并使研究成果迅速进入应用领域。

6.2.2 自旋霍耳效应

自旋霍耳效应(Spin Hall Effect,SHE)提供了自旋电子注入和用电场控制自旋电子的一个可能途径,提出一种在半导体中传递信息的新思路,具有很重要的实用价值。

经典的霍耳效应(Hall Effect,HE)是指在有电流通过的导体或半导体中,在垂直于电流方向上加一外磁场时,在与电流方向、磁场方向所在平面相垂直的方向产生电压的现象。经典的霍耳效应本质上是运动的载流子在磁场中受洛伦兹力作用而横向运动产生的。

除了电荷,电子还有自旋,自旋可能向上或向下。不难想象:在外加电场中,材料中自旋向上的电子和自旋向下的电子由于各自形成的磁场方向相反,会各自向相反的两边堆积,这就是 SHE。这样,即使没有外磁场也能产生一个与外加电场垂直(横向)的自旋向上的电子流和相反方向上的一个自旋向下的电子流,二者合成为一个自旋磁矩的流动,而并没有净的电荷流动,或称为一纯自旋流。与引起通常 HE 中霍耳电压的样品两侧的电荷积累相似,在 SHE 中的样品两侧将出现自旋积累。

在霍耳效应的试验配置中,如果样品为一铁磁体,则其中有一净磁化率(或称为有一定程度的自旋极化),将有一磁化流伴随着电流的流动,横向力将导致垂直于电流的方向上电荷不平衡,因而导致异常霍耳效应(Anomalous Hall Effect,AHE),同时也将有自旋的不平衡。考虑样品中没有磁化的情形,就是顺磁金属、掺杂半导体或铁磁金属在居里点以上载有一方向的电荷流的情形。电子将仍然带有自旋,只是自旋取向是无规的,总平均磁矩为 0(或称为未极化的)。此时,伴随着电荷流将有一自旋流。早期的理论研究认为:SHE 源自对自旋向上和对自旋向下的散射不对称。由于引起散射的杂质、缺陷、声子都是完整晶格以外的因素,故这种现象称为非本征 SHE(也称为外在 SHE)。SHE 起源于晶体中的自旋—轨道相互作用,由其引起 AHE 机制中的侧跳和偏转两种散射对 SHE 都可有各自的贡献。当一自旋未极化的电流在金属中流过时,自旋—轨道相互作用产生了对导电电子的非对称散射,于是具有一特定自旋方向(如自旋向上)的电子比自旋方向相反(向下)的电子有较大的概率被散射到右边;而自旋向下的电子将比自旋向上的电子更倾向于被散射到左边。由于在没有磁化的情形中,自旋向上和向下的电子数相等,将不会造成样品两侧电荷不平衡,但将有自旋的不平衡:有较多的自旋向上的电子流向样品的一边;同时有较多的自旋向下的电子流向相反的一边,这样就在横向产生一自旋流。在横向开路的条件下,边界条件要求每个电流都应在边界处消失。因此,要求横向自旋流在到达边界时要衰减,最后形成一稳定的自旋极化的积累(如图 6-1 所示)。

研究发现,也可存在本征 SHE(也称内禀 SHE),它源于材料的能带结构,是由自旋轨道耦合引起能带结构的劈裂而产生的。由于自旋—轨道相互作用,系统的电子能谱将发生变化。对于原子,具有相同主量子数 n、轨道量子数 l 的本

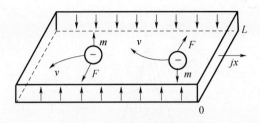

图 6 - 1　偏转散射示意图

征能级可容纳自旋相反的两个电子,而计入自旋—轨道相互作用后,将产生能级劈裂,一个 n,一能级劈裂为 n 和一相同而磁量子数 m 不同的两个子能级。对于固体,则发生与原子能级相对应的能带的劈裂和交叉,结果是有的自旋方向的电子能级低;自旋相反的电子能级高。这样,当外场引起电子流时,就可能出现不同自旋方向的电子运动不平衡,从而造成自旋流动。由能带结构出发,从参与流动的电子的波函数推求位置算符的矩阵元,得到波包的横向位移,这是直观理解本征 SHE 的思路。例如,对自旋—轨道耦合的二维电子气中能带结构的分析表明:外电场确实可在垂直于电场的方向引起自旋霍耳流,这就是本征 SHE。虽然以上理论对试验现象给出了定性解释,但理论结果通常比实测结果小几个量级,关键可能是由于铁磁系统的复杂性和对这类材料的能带知识了解较少。横向电导在磁性半导体中也同样存在,且这些材料的带结构也已被广泛研究,对电子波函数已经有很好的了解,处理起来将更为方便。

6.3　金属超晶格的巨磁阻效应

6.3.1　金属超晶格实现巨磁阻效应的条件

GMR 效应首先是在金属多层膜中发现的。1988 年法国的 Fert 研究小组受德国学者 Grundberg 工作的启发,研究了在(100)GaAs 基片上用分子束外延(MBE)生长的单晶(100)Fe/Cr/Fe 三层膜和 Fe/Cr 超晶格薄膜。他们发现,在 4.2K 低温下,Cr 层的厚度为 0.9nm 的膜中加一 1.592×10^6 A/m 的外场(相邻 Fe 层磁矩平行排列),相比于不加外场(相邻 Fe 层磁矩反平行排列)的情况,其电阻值下降了一半,也就是说磁电阻的变化为 50%,这一结果远远超过了多层膜中 Fe 层磁电阻效应(MR)的总和,故称这种现象为 GMR 效应。图 6 - 2 是这种多层膜的磁电阻曲线。图中纵轴是从外加磁场为零时的电阻以 $R_H = 0$ 为基准归一化的相对阻值,横轴为外加磁场。

在 Fe/Cr 多层膜发现了 GMR 之后,人们在更多多层膜系统发现了 GMR,如

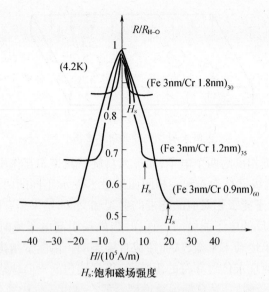

H_s:饱和磁场强度

图 6 − 2　Fe/Cr 多层膜的 GMR 效应

(Co/Cu) 系统、(CoFe/Cu) 系统、(NiFe/Cu) 系统、(Co/Au) 系统、(NiFe/Ag) 系统等。目前发现的多层膜室温 GMR 值已达到 80%。研究发现,由 3d 电子过渡族金属铁磁性元素或其合金和 Cu、Ag、Au 等导体积层构成的金属超晶格,在满足下述三个条件的前提下,可观测到 GMR 效应:

(1) 在铁磁性导体/非磁性导体超晶格中,构成反平行自旋结构(零磁场)。相邻磁层磁矩的相对趋向能够在外磁场作用下发生改变。更一般的说,体系磁化状态可以在外磁场作用下发生改变。

(2) 金属超晶格周期(每一重复层的厚度)应比载流电子的平均自由程短。

例如,Cu 中电子的平均自由程大致在 34nm 左右,实际上,Cr 及 Cu 等非磁性导体层的厚度一般在几纳米以下。

(3) 自旋取向不同的两种电子在磁性原子上的散射差别必须很大。

6.3.2　金属超晶格巨磁阻效应的特点

金属超晶格的 GMR 效应特点主要有以下几点:

(1) 电阻变化率大,其中 Cu/Co 多层膜的电阻变化率可达 70%;

(2) 随磁场增强,电阻只是减小而不是增加。一般磁电阻效应有纵效应和横效应之分,前者随磁场的增强电阻增加,后者随磁场的增强电阻减小。而金属超晶格 GMR 效应则不然,无论外加磁场与电流方向如何,磁场造成的效果都是使电阻减小;

186

（3）电阻变化与磁化强度—磁场间所成的角度无关；

（4）GMR 效应对于非磁性导体隔离层的厚度十分敏感。金属超晶格的 MR 比随着非磁性层厚度的变化而出现周期性振荡。而且随非磁层厚度的变化，多层膜中磁层的层间耦合状态也出现铁磁—反铁磁振荡，对应于 GMR 峰值处，层间耦合为反铁磁状态；

（5）具有积层数效应。决定磁性金属多层膜的总厚度的周期数 N 是多层膜结构方面的一个重要的量。多层膜 GMR 值的大小通常与它有很大的关系。试验表明，随着 N 的增加，GMR 值也增大，当 N 达到一定值时，GMR 的值趋近饱和。

6.3.3 金属超晶格巨磁阻效应的定性解释

早在 1856 年，英国著名物理学家 W. 汤姆逊就发现了磁电阻现象，但直到 20 世纪 20 年代，量子理论建立以后，物理学家才能解释该现象的成因。针对铁磁性过渡金属元素非整数磁矩问题，Stoner 提出了能带劈裂交换模型，如图 6-3 所示。由于交换作用，对磁矩有贡献的 d 电子的能带产生劈裂，自旋向上的 d 电子能带降低到费米能级以下，因而，自旋向下的电子要比自旋向上的电子少，二者的差异造成了铁磁性过渡金属元素原子磁矩的非整数性。

受这一模型的启示，英国著名物理学家、诺贝尔奖获得者 N. F. Mott 提出一个关于铁磁性金属导电的理论，即所谓二流体模型。

由于传导电子的非磁性散射大多不使电子自旋发生反转，可以将导电分解为自旋向上和自旋向下两个几乎独立的电子导电通道，相互并联，如图 6-4 所示。图 6-4(a) 为两个自旋相反的传导电子穿过两个磁矩反平行排列的相邻磁层所受散射的状态；图 6-4(b) 为穿过两个磁矩平行排列的相邻磁层所受散射的状态。图中 R_1 为多层膜相邻的两个磁性层得磁矩为反平行排列时的磁电阻，R_2 为平行排列时的磁电阻。

二流体模型认为铁磁金属中的电流由自旋磁矩向上和向下的电子分别传输，自旋磁矩方向与区域磁化方向平行的传导电子所受到的散射小，因而电阻率低，当铁磁金属多层膜相邻磁层的磁矩反铁磁耦合时，自旋磁矩向上、向下的传导电子分别经受周期性的强、弱的散射，即自旋向上的电子在磁矩向下的磁层中受到较强的散射，表现为高阻态，而当跨越到相邻的磁矩向上的磁层中时会变成低阻态；同样，自旋向下的电子从磁矩向下的磁层跨越到磁矩向上的磁层中时，其电阻从低阻态变为高阻态，当相邻铁磁层在磁场的作用下磁矩趋于平行时，自旋向上的电子受到较弱的散射，相当于自旋向上的电子构成了短路状态。可以看出，自旋方向与磁矩取向相同的传导电子可以很容易地穿过磁层而只受到很

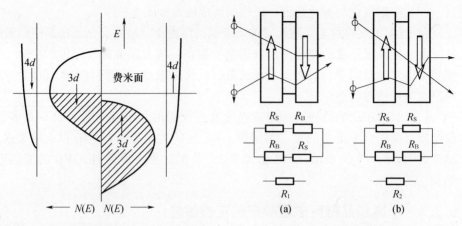

图 6-3 过渡金属的态函数 $N(E)$ 示意图 图 6-4 等效电阻模型

弱的散射作用,而自旋方向与多层膜中磁矩取向相反的传导电子则受到强烈的散射作用。也就是说,有一半传导电子存在一低电阻通道,多层膜处于低电阻状态。应当指出,并不是所有磁性多层膜都有大的磁电阻值。试验结果还表明,具有反铁磁耦合的磁性多层膜结构中,层间交换耦合的性质常随多层膜中非磁层厚度的变化而在反铁磁与铁磁间振荡,巨磁电阻 GMR 亦随之振荡,其峰及谷分别相应于铁磁和反铁磁耦合,各层磁矩反平行时电阻最大,平行时电阻较小。

上述所描述的模型是比较粗略的,而且只考虑了电子在磁层内部的散射,即所谓的体散射。实际上,在磁与非磁层界面的自旋相关散射有时更为重要,尤其是在一些 GMR 较大的多层膜系统中,界面散射作用占主导地位。

6.4 自旋阀的巨磁阻

6.4.1 自旋阀类型及优点

虽然金属超晶格的 GMR 较大,但由于达到 GMR 最大值的饱和磁场值也较高,例如使 $(Co/Cu)_n$ 多层膜的 GMR 达到 80% ,其饱和磁场要高达 $1.194 \times 10^6 A/m$,所以单位磁场的灵敏度并不高。1991 年,B. Dieny 利用反铁磁层交换耦合,提出了自旋阀(Spin-Valve,SV)结构,并首先在 $(NiFe/Cu/NiFe/FeMn)$ 自旋阀中发现了一种低饱和场巨磁电阻效应。

广义地讲,薄膜电阻与多层膜各层磁矩(自旋)之间相对取向有关的现象称为自旋阀磁电阻效应。通常情况下,自旋阀可分为以下两种结构:一种是钉扎型自旋阀,用非磁层将两个软磁层分开,并用反铁磁层(如 FeMn 或 NiO)通过交换

188

作用钉扎,一般由反铁磁性钉扎层 AF、铁磁性被钉扎层 FM$_1$、非磁性隔离层 NM 和铁磁性自由层 FM$_2$ 构成;另一种是非钉扎型自旋阀,用非磁层将具有不同矫顽力的两个铁磁层(通常是硬磁层 HM 和软磁层 SM)分开。由于非钉扎型自旋阀是直接利用两磁性层的矫顽力的不同,因此也称为矫顽力差异型自旋阀。与钉扎型自旋阀相比,非钉扎型自旋阀具有结构和制备工艺简单的优点。

自旋阀具有如下优点:

(1) 磁电阻率 $\Delta R/R$ 可对外磁场的响应呈线性关系,频率特性好;

(2) 低饱和场,工作磁场小;

(3) 电阻随磁场变化迅速,操作磁通小,灵敏度高;

(4) 利用层间转动磁化过程能有效地抑制 Barkhausen 噪声,信噪比高。

因此,自旋阀率先进入了实用化阶段。1994 年 IBM 公司宣布利用 GMR 自旋阀制成磁盘驱动器的读出头,将磁盘的记录密度提高 17 倍,达到 10Gb/英寸^2。到 2004 年,十年间已发展到 170Gb/英寸^2 的记录密度,磁头读出缝隙已达到 50nm。随后,世界各大公司纷纷公布各自 GMR 硬盘驱动器读出磁头的雏形。从目前的发展形势看,自旋阀是新一代高密度读出磁头的首选方案。

6.4.2 钉扎型自旋阀的原理与结构

自旋阀的基本结构为 FM$_1$/NM/FM$_2$/AF。图 6-5(a)是自旋阀的结构示意图。两个铁磁层 FM$_1$ 和 FM$_2$ 被较厚的非铁磁层 NM 隔开,因而使 FM$_1$ 与 FM$_2$ 间几乎没有交换耦合,FM$_1$ 称为自由层,FM$_2$ 称为被钉扎层,其磁矩被相邻反铁磁层 AF 的交换耦合引起的单向各向异性偏场所钉扎。

与超晶格 GMR 一样,自旋阀磁电阻的来源仍然归结于磁性层/非磁性层界面处的自旋相关电子的散射。自旋阀中出现 GMR 效应必须满足以下条件:

(1) 传导电子在铁磁层中或在铁磁/非铁磁界面上的散射概率必须是自旋相关的;

(2) 传导电子可以来回穿过两铁磁层,并能记住自己身份(自旋取向),即自旋平均自由程大于隔离层厚度。

图 6-5(b)是自旋阀在外磁场作用下的磁滞回线和磁电阻随磁场的变化曲线图。未加磁场时,由于在制备自旋阀时,基片上外加一偏置磁场,两磁性层磁矩平行排列,这时自旋阀电阻小。在外加反向磁场的作用下,自由层首先发生磁化翻转,两磁性层磁矩反平行排列,这时自旋阀电阻大。自旋阀电阻大小取决于两铁磁层磁矩(自旋)的相对取向,故称为自旋阀。自由层反转磁场由其各向异性场和被钉扎层通过非磁性层产生的耦合作用引起的矫顽场(H_{c1})和零漂移场(H_f)决定。这里零漂移场指由被钉扎层和反铁磁钉扎层引起自由层磁滞回线

189

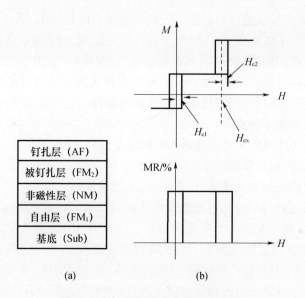

图 6-5 自旋阀结构和原理示意图

(a) 自旋阀结构；(b) 自旋阀的磁滞回线和磁电阻随磁场的变化曲线。

的漂移。当外加磁场超过由反铁磁层交换耦合引起的交换偏置场时，被钉扎层发生磁化翻转，自旋阀电阻变小。

自旋阀磁电阻随铁磁层厚度的增加，在 4nm ~ 10nm 之间有最大值出现，对于一般的磁性金属超晶格，GMR 最大值所对应的典型厚度为 1nm ~ 3nm。通常认为这是体散射作用的结果。由于两铁磁层间几乎没有交换耦合，故自旋阀电阻随着非磁层厚度的增大只是指数性减小。出现这一现象的原因可以定性地归结为两方面：一是穿过空间层的传导电子所遭受的散射增强，从一个 FM 层穿过空间层到达另一 FM 层的电子数减少，从而导致自旋阀效应降低；二是空间层的分流作用随非磁层厚度的增大而增强。Dieny 等人还观察到自旋阀磁电阻与两铁磁层磁矩夹角的余弦呈线性关系。对于自旋阀磁电阻的这些典型特征，还可以利用半经典理论给出较好的定量解释。

为满足应用要求，需要研制低饱和场、稳定性好、GMR 效应大的自旋阀。要达到上述要求，需要对各层材料提出一定要求。希望反铁磁层具有高电阻、耐腐蚀性且热稳定性好的特点，目前常用的反铁磁性材料包括 FeMn、IrMn、NiMn、Pt-Mn、NiO、$\alpha - Fe_2O_3$，选择何种材料要综合考虑临界厚度、失效温度、交换偏置场、抗腐蚀性等各个参数。自由层一般采用矫顽力较小且巨磁电阻效应大的材料，如 Co、Fe、CoFe、NiFe、NiFeCo、CoFeB 等。钉扎层选择巨磁电阻效应大的材料，如 Co、Fe、CoFe、NiFe、NiFeCo、CoFeB 等。

6.4.3 自旋阀的结构形式

自旋阀的结构形式如图 6-6 所示。目前研究最广泛的自旋阀结构是顶自旋阀图 6-6(a)和底自旋阀图 6-6(b)。通常首先在基片上溅射一层缓冲层,需要控制生长过程,并且在自旋阀上面覆盖一保护层,以增强抗腐蚀能力。为了降低饱和磁场和提高 GMR 效应,两铁磁层选取不同的成分。自由层选取矫顽力小的软铁磁性材料,而钉扎层选取自旋相关散射大的材料,如图 6-6(c)所示。为了减小坡莫合金与非磁性隔离层的扩散,提高 GMR 效应,在其界面插入一 Co 薄层,如图 6-6(d)所示。然而,它也引起矫顽力增加,一种办法是只在钉扎层与非磁性隔离层的界面上插入 Co 薄层。为了进一步提高 MR 效应,引入两个钉扎层,构成对称性自旋阀如图 6-6(e)所示。适当调整各层厚度,允许传导电子通过四个界面层,从而可增加 GMR 效应。一种典型的对称自旋阀为基片/NiO(50nm)/Co(2.5nm)/Cu(1.8nm)/Co(4nm)/Cu(1.8)Co(2.5nm)/Ni(50nm),其磁电阻达到 23.4%。一种可能的解释是:当电子在自旋阀顶部和底部,由于氧化层势垒较高,发生镜像反射,且各磁性层磁矩处在平行排列状态时,电子的平均自由程被延长,相当于调制多层膜结构。

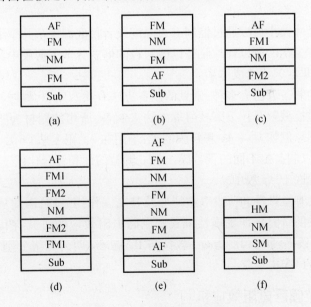

图 6-6 自旋阀结构形式

(a)顶自旋阀;(b)底自旋阀;(c)不同铁磁层自旋阀;
(d)界面工程自旋阀;(e)对称性自旋阀;(f)不同矫顽力的自旋阀。

另一种自旋阀是用硬铁磁层(如 PtCo)代替反铁磁层和钉扎层,基本结构为基片/软磁层(SM)/非磁隔离层(NM)/硬磁层(HM),如图 6-6(f)所示。它的优点是结构简单,且可选择抗腐蚀和热稳定性好的硬磁材料,克服了自旋阀的不耐腐蚀和稳定性差的缺点;它的缺点是硬磁层与自由层之间存在耦合,自由层的矫顽力增大,因而降低了自旋阀的灵敏度。

6.5 颗粒膜中的巨磁阻效应

6.5.1 颗粒膜简介

单磁的铁磁性颗粒镶嵌在不相溶的介质薄膜中所构成的复合材料,如 Fe、Co 微颗粒镶嵌于 Ag、Cu 薄膜而构成 Fe-Ag、Co-Ag、Co-Cu 等颗粒膜,将这种亚稳相在较高的温度下退火处理或者在较高的衬底温度条件下沉积,薄膜将引起相分离。在这个过程中,一种单个磁畴镶嵌在金属介质中的颗粒固体薄膜就形成了。目前颗粒膜的研究主要集中在两大材料体系:Ag 系和 Cu 系。Ag 系有 Fe-Ag,Co-Ag,Ni-Ag,CoFe-Ag,NiCo-Ag 等;Cu 系有 Fe-Cu,Co-Cu,CoFe-Cu,NiCo-Cu 等。

颗粒的尺寸大小可以通过控制退火温度或者衬底温度从几个纳米到几十个纳米之间任意变化。所以颗粒膜是以微颗粒的形式弥散于薄膜中,不同于合金、化合物,属于非均匀相组成体系。

颗粒膜的制备方法有多种,常见的制备方法有共蒸发、共溅射、离子注入等,实验室常用磁控溅射及粒子束溅射等方法来制备,所用的靶材为所需组分的复合靶和镶嵌靶。例如 Co-Ag 颗粒膜的靶:采用在 Ag 靶上贴 Co 片,调整二者的相对面积,可以制备出不同的颗粒膜,当 Co 颗粒的体积百分比低于 Ag 时,Co 以微颗粒的形式嵌于 Ag 膜中。

颗粒膜具有微颗性和薄膜双重特性及其交互作用效应,因此从磁性多层膜巨磁电阻效应的研究延伸到磁性颗粒膜巨磁电阻效应的研究有其内在的必然性。1992 年,钱嘉陵(C. L. Chien)教授与 Berkowitz 两研究组分别发现了 Co-Ag 颗粒膜中的 GMR 效应。

6.5.2 颗粒膜巨磁阻效应机制

颗粒膜中的巨磁电阻效应类似于多层膜的情况,起源于自旋相关的杂质离子的散射,主要是磁性颗粒膜与非磁性金属介质间的界面散射和磁性颗粒本身之间的相互散射。

在多层膜中,低温时的 GMR 效应比高温时的 GMR 效应明显且趋于饱和。其原因在于高温时增加了自旋无关声子散射和自旋混合散射。类似地,在颗粒膜中,R. U. Yu 等人也认为自旋混合散射对 GMR 效应起主要作用。如果这个机制正确的话,那么在低温时由于自旋混合散射和声子散射被冻结,颗粒膜的 GMR 效应应该出现饱和现象。但研究表明:颗粒膜的 GMR 效应很难饱和,即饱和场很高,这正是颗粒膜 GMR 效应在应用中受到的限制。A. Gerber 研究了 Co – Ag 膜 GMR 效应对温度的依赖,认为用声子散射或磁子所诱发的混合散射来解释是错误的。他认为应该由磁性颗粒表面所激发的或局部结构缺陷引起的电子散射来解释。然而,通常情况下颗粒膜中的磁性颗粒被稀释了,它们的电子散射贡献很小,因而该机制也存在着一定的缺陷。Lei Xing 等人考虑到材料的电子结构,即考虑了电子的 s – s 和 s – d 散射,认为自旋相关 s – d 散射对 GMR 效应起着关键作用。之后,通过研究 Co – Ag 颗粒膜的电子输运,A. Milner 认为颗粒膜中小的磁性颗粒(超顺磁性)对电子的输运有着重要的影响,该影响甚至超过了声子对电子的散射,能够对颗粒膜的各种性能作出合理的解释。类似地,Peleg 也得到了如下结论:颗粒膜的 GMR 效应被不易饱和的小的铁磁颗粒所控制,而颗粒膜的磁化强度却受到大的铁磁颗粒的影响。

虽然上面讨论了颗粒尺寸的重要作用,但归根结底颗粒作用还是通过自旋相关散射来实现的。如果颗粒尺寸较小,则需要很高的外场使其磁矩排列起来,因而提高了 GMR 效应。在颗粒膜中,存在着尺寸分布,并且在一定温度下存在着一个临界尺寸。如果颗粒尺寸小于临界尺寸,则颗粒称之为超顺磁性颗粒,否则颗粒称之为铁磁性颗粒。鉴于此,在颗粒膜中,当传导电子从一个磁性颗粒输运到另一个磁性颗粒时,必须考虑到 3 种不同情况的散射:①两个颗粒都是超顺磁性颗粒;②两个颗粒都是铁磁性颗粒;③一个是超顺磁性颗粒,另一个是铁磁性颗粒。研究结果表明:第③种散射情况对 GMR 效应贡献最大。而通过对 Co-Ag颗粒膜的研究,Honda 等人认为 GMR 效应起源于 Co 超顺磁性颗粒的体自旋相关散射及 Co 颗粒表面自旋相关散射,如果超顺磁性颗粒有一个稠密的分布,则会得到一个最大的 GMR 效应。

R. Okano 等人通过研究 Fe – Cr 合金膜,得到了如下定性解释:在 Fe – Cr 合金膜中存在三个组成对 GMR 效应有贡献:单个自旋、自旋团簇和单畴铁磁析出物。对于沉积膜,膜中仅存在单个自旋和自旋团簇,不存在单畴铁磁析出物。低温测量时,随着团簇尺寸的增大,塞曼能相对于交换能起主要的作用,因而自旋团簇的磁矩易于转动,而单个自旋由于 RKKY 交换作用被冻结为自旋玻璃不易沿磁场方向排列,因而导致 GMR 效应不饱和;高温测量时,热起伏是主要的,沉积膜成顺磁态,不出现 GMR 效应。退火后,单个自旋、自旋团簇和单畴铁磁析出物均出现在薄膜中。不管在低温还是高温,铁磁析出物对 GMR 效应的贡献小且易饱和。而对单个自旋和自旋团簇而言,低温时是 GMR 效应的主要贡献,高温时由于热扰动,仅有铁磁颗粒对 GMR 效应有贡献。

颗粒膜与多层膜有不少相似之处,二者均属于二相或多相非均匀体系,所不同的是纳米微粒在颗粒膜中呈混乱的统计分布,而多层膜中相分离具有人工周期结果,可以存在一定的空间取向关系。从多层膜的巨磁电阻效应延伸到颗粒膜有其必然性,二者没有本质的区别。电子在颗粒膜中输运受到磁性颗粒与自旋相关的散射,从而产生巨磁电阻效应。通常就颗粒膜系统中的铁磁颗粒的磁矩看作在空间呈混乱排列,加磁场后导致颗粒的磁矩趋向于沿磁场方向排列,传导电子的散射必然与磁矩的取向有关。

6.5.3 影响颗粒膜巨磁阻效应的因素

颗粒膜的 GMR 效应起源于自旋相关散射,或在磁性颗粒内,或在界面处,尤以界面散射为主。研究表明:颗粒膜越不均匀,GMR 效应越明显;相分离越彻底,GMR 效应越明显;一定成分,颗粒越小,GMR 效应越明显。因此,合理地控制颗粒分布、尺寸和形状等微结构,可以得到最佳的 GMR 效应。所以凡是影响颗粒分布、尺寸和形态的因素,都对 GMR 效应有影响。

1. 化学成分对 GMR 效应的影响

不同的化学成分会产生不同的 GMR 效应。如果颗粒膜中形成了固溶体,则不会产生 GMR 效应。研究发现颗粒膜的 GMR 效应都具有如下特征:当铁磁组元的体积分数很小时,巨磁电阻效应随 x(x 为铁磁组元的体积百分数)增大而增大;当铁磁组元的体积百分数大约处于 15% ~25% 的范围时,巨磁电阻效应出现了峰值;当巨磁电阻效应出现峰值后,随 x 进一步增加,巨磁电阻效应下降的很快。其原因在于当 x 很小时,虽然颗粒尺寸较小有利于提高 GMR 效应,但基体中作为磁散射中心的铁磁颗粒较少,从而降低了 GMR 效应。此外,磁性颗粒间距随浓度下降而增大,如间距大于电子在基体的平均自由程也将降低 GMR 效应,因此随 x 增加,作为磁散射中心的铁磁颗粒增多,总的趋势是加强 GMR 效应。然而当 x 超过 15% ~25% 时,铁磁颗粒尺寸增大,一方面,当铁磁颗粒尺寸超过电子的平均自由程时,将降低 GMR 效应;另一方面,较大的颗粒形成了磁性多畴结构,而多畴结构对 GMR 效应贡献很小。

另外,适当的提高铁磁组元的体积分数,可以降低颗粒膜的 GMR 效应的饱和场。但是随颗粒浓度增加,GMR 效应会呈现出一个复杂的双峰现象,进而由 GMR 效应向 AMR 效应过渡。当铁磁组元的体积分数超过逾渗阈值时,只有 AMR 效应。在这里,逾渗阈值是指磁性颗粒形成网络状结构的最小值。一般来说,磁性颗粒膜的逾渗阀值为 $0.5 \sim 0.6$。

2. 退火方式对 GMR 效应的影响

颗粒膜中,相分离对 GMR 效应起着决定性的作用,而退火方式影响着相分离,所以说退火方式的选择对优化颗粒膜的 GMR 效应是至关重要的。在退火方式中,退火温度是一个重要的因素。了解退火温度对 GMR 效应的影响,对理解 GMR 效应的本质和促进 GMR 效应在实际中的应用有十分重要的意义。H. Sang 等人对 $Co_{22}Ag_{78}$ 颗粒膜的 GMR 效应和退火温度的关系进行了研究。研究发现:随着退火温度的升高,GMR 效应先升后降,大约在 500K 附近出现了峰值。其原因在于随着退火温度的增加,颗粒的尺寸、形态均产生变化。当退火温度小于 500K 时,颗粒的尺寸与形态变化不大,但产生进一步的相分离,从而提高 GMR 效应。当温度大于 500K 时,相分离已基本结束,产生小晶粒被吞并,颗粒粗化,导致 GMR 效应的降低。

另外,不同退火加热方式和不同退火时对颗粒膜的相分离也有重要的影响,进而影响着颗粒膜的 GMR 效应。

3. 颗粒尺寸对 GMR 效应的影响

颗粒膜 GMR 效应起源于传导电子在铁磁颗粒内和铁磁颗粒与非磁性基体界面的自旋相关散射,其中界面的自旋相关散射对 GMR 效应贡献较大。因而 GMR 效应将随颗粒尺寸而变化,希望最大的 GMR 效应出现在小的颗粒尺寸处,此时颗粒膜中的界面最多。也就是说 GMR 效应随磁性颗粒直径减小而显著增加。实验结果表明 GMR 效应近似与颗粒的平均直径 d 呈反比,即与颗粒比表面积呈正比。理论处理也得到 GMR 效应与颗粒尺寸具有类似的变化趋势。

GMR 效应除了取决于颗粒尺寸外,传导电子的平均自由程影响也很大。研究结果发现,在一个平均自由程内,铁磁颗粒的数量和尺寸决定了 GMR 效应。颗粒数量多,则散射体多,GMR 效应得到增强。

4. 颗粒形状对 GMR 效应的影响

颗粒形状对颗粒膜的 GMR 效应有着重要的影响。H. Sang 等人利用铁磁共振技术对 Co - Ag 颗粒膜进行了研究。结果发现:当 Co 颗粒处于球状时,颗粒膜的 GMR 效应最显著,而当 Co 颗粒形态由球状过渡到板状时,GMR 效应降低。理论研究也证实了这一点。比如 Rong Yang 和 Wei - Ji Song 假设颗粒呈扁球体,并引入了一个退磁因子 L_x,对颗粒膜 GMR 效应与颗粒形状关系进行了理论研究,发现当颗粒处于球状时,GMR 效应最大。

5. 颗粒间相互作用对 GMR 效应的影响

颗粒膜中既存在着颗粒尺寸的分布,也存在着颗粒之间的相互作用。Altbir 从理论上考虑了颗粒系统中的相互作用,比较了 RKKY 交换作用与磁偶极子相互作用,得出结论:在较小的磁性颗粒情况下,RKKY 作用为主,而当颗粒尺寸大于某一临界值时,磁偶极子相互作用占优。磁偶极子相互作用将会导致相邻磁性颗粒间的反平行排列。从而影响了输运电子的自旋相关散射。

6. 沉积条件对 GMR 效应的影响

沉积条件包括衬底温度、靶和衬底的距离、溅射电压等。T. Sugawara 把 Fe-Cr 颗粒膜分别在沉积在冷衬底和热衬底上,研究发现:当铁磁组元的分数大于 25%(原子分数)时,GMR 效应和衬底温度没有关系,而当铁磁组元的分数小于 25%(原子分数)时,GMR 效应有着明显的不同。

另外,研究发现溅射时增加溅射偏压,可以提高颗粒膜的沉积速度,使颗粒平均尺寸变小,从而增强了颗粒膜的 GMR 效应。但沉积速度过高,GMR 效应反而降低,其主要原因来源于电阻率之差的迅速下降。溅射压力对颗粒膜的 GMR 效应没有影响。

总之,影响颗粒膜 GMR 效应的因素是多方面的,除上述因素外,还包括不同制备方法和不同薄膜厚度。它们的作用,目前比较一致的看法是:各种因素的作用归根结底是影响颗粒的尺寸或颗粒间距,进而影响电子输运的自旋相关散射和 GMR 效应。

6.6 隧道磁电阻效应

6.6.1 磁隧道电阻的发现及研究概况

磁性多层膜的巨磁电阻(GMR)效应一般发生在磁性层/非磁层/磁性层之间,其中非磁性层为金属层。对于非磁层为半导体或绝缘体材料的磁性多层膜体系,若在垂直于膜面即横跨绝缘体材料层的电压作用下可以产生隧穿电流,形成磁隧道电阻效应(Tunnel Magnetoresistance,TMR),通常将磁性金属/非磁绝缘体/磁性金属这种三明治结构称为磁隧道结(Magnetic Tunnel Junction,MTJ)。

1975 年,M. Julliere 在 Phys. Lett. 上的一篇文章里首先报导了在铁磁体/绝缘体/铁磁体结构的磁性隧道结 Fe/Ge/Co 中发现了 TMR,并给出了如下的计算磁电阻的公式:

$$\frac{\Delta G}{G} = \frac{G_{\mathrm{P}} - G_{\mathrm{AP}}}{G_{\mathrm{P}}} = \frac{2PP'}{1 + PP'} \tag{6-3}$$

式中:G_{P} 和 G_{AP} 分别为两铁磁层磁化方向平行和反平行时的电导;P 和 P' 分别是左右铁磁层的有效输运电子态密度的自旋极化率。

1982 年,Maekawa 和 Gafvert 对一系列 Ni/NiO/Ni,Ni/NiO/Co 和 Ni/NiO/Fe

等 FM/I/FM 磁隧道结的输运性质进行了研究,发现有一定的磁电阻效应,但数值不是太大。随后,Suezawa 等研究了一系列铁磁体/绝缘体氧化物/铁磁体隧道结性质。Miyazaki 研究了 82NiFe/Al2O3/Co 隧道结的磁电阻与磁滞回线的对应关系,得到较大 MR 值。此外,Nowak 在 Gd/GdOx/Fe 和 Fe/GdOx/Fe 隧道结上分别获得 5.6% 和 7.7% 的较高磁电阻值,但都未能达到 Julliere 模型的理论期待值。

1989 年,Slonczewski 基于能带理论提出了另一个有关隧道磁电阻的理论模型,称之为量子力学的隧穿方法。一般情况下,制备磁性隧道结在技术上主要是要控制绝缘层的厚度和膜的质量。如果绝缘层太厚,电子就无法穿过绝缘层,那么隧道磁阻将会减小,通常需要将绝缘层厚度控制在几个纳米的尺寸之内。20世纪 90 年代,由于纳米技术的迅速发展,隧道磁电阻材料取得巨大进展。1995年 Miyazaki 等研究 Fe – Al$_2$O$_3$ – Fe 隧道结,获得了室温时隧道磁电阻 8% 和 4.2K 下 30% 的巨磁电阻,重新唤起人们对隧道磁电阻的兴趣。Moodera 等也在 CoFe – Al$_2$O$_3$ – Co 隧道结上,得到隧道磁电阻在室温下为 11.8%,低温 4.2K 时高达 24%。由于 CoFe 的自旋极化度为 0.47,而 Co 的自旋极化度已知为 0.34,故根据 Julliere 模型算得 CoFe – Al$_2$O$_3$ – Co 的隧道磁电阻为 27.6%,这个理论值与实验结果很接近。随后,Lu 等人在由 La$_{0.67}$Sr$_{0.33}$MnO$_3$/SrTiO$_3$/La$_{0.67}$Sr$_{0.33}$MnO$_3$ 组成的隧道结中发现了高达 83% 的磁电阻率,在室温下,也有较大的磁电阻率。

6.6.2 磁隧道电阻的理论解释

1. Julliere 模型

1975 年,Julliere 研究了 Fe – Ge – Co 隧道结的输运性质,在实验上证实了隧道结的隧道电导与两个铁磁层磁化的相对取向有关。定义 G_P 和 G_A 分别为两个铁磁层的磁化为平行和反平行时的电导,而 $\Delta G = G_P - G_A$,则 $\Delta G/G$ 在 4.2K 时大约为 14%。为解释实验结果,Julliere 提出了一个简单的模型,采用类似于 Tedrow 和 Meservey 分析隧道电导的方法,假定电子穿越绝缘体势垒时保持其自旋方向不变,从理论上给出隧道磁电阻(TMR)。

通常极化程度的大小可用自旋极化度 P 来表征:

$$P = \frac{N_\uparrow(0) - N_\downarrow(0)}{N_\uparrow(0) + N_\downarrow(0)} \qquad (6-4)$$

式中:$N_\uparrow(0)$ 和 $N_\downarrow(0)$ 分别是铁磁金属费米面处自旋向上和自旋向下的电子状态数。

对于"铁磁金属/非磁绝缘体/铁磁金属"隧道结,当两铁磁层的磁化方向平行且不加偏压下,其隧道电导为

$$G_P = C[N_{1,\uparrow}(0)N_{2,\uparrow}(0) + N_{1,\downarrow}N_{2,\downarrow}(0)] \qquad (6-5)$$

式中:C 为常数;$N_{(1,2),(\uparrow,\downarrow)}$ 分别对应两个铁磁电极费米面处多数自旋子带和少数自旋子带的态密度。

通常由于两铁磁层的矫顽力不同,在一定的外加磁场下,两铁磁层的磁化方向可变为反平行排列,此时的隧道电导为

$$G_A = C[N_{1,\uparrow}(0)N_{2,\downarrow}(0) + N_{1,\downarrow}N_{2,\uparrow}(0)] \qquad (6-6)$$

根据自旋极化率的公式(6-4)有

$$P = \frac{N_{i,\uparrow}(0) - N_{i,\downarrow}(0)}{N_{i,\uparrow}(0) + N_{i,\downarrow}(0)}, (i = 1,2) \qquad (6-7)$$

容易证明,隧道电导随两铁磁电极的磁化矢量方向的相对变化为

$$\frac{\Delta G}{G_P} = \frac{G_P - G_A}{G_P} = \frac{2P_1P_2}{1 + P_1P_2}, \left(\frac{\Delta G}{G} = 2P_1P_2\right) \qquad (6-8)$$

电阻的变化与电导的相对变化相等,因而隧道磁电阻值为

$$\mathrm{TMR} = \frac{\Delta R}{R_P} = \frac{R_P - R_A}{R_P} = \frac{\Delta G}{G_P} = \frac{2P_1P_2}{1 + P_1P_2} \qquad (6-9)$$

式中:G_P、G_A 和 R_P、R_A 分别代表两个铁磁层磁化方向为平行及反平行时的电导和电阻。

由式(6-9)可知,如 P_1 和 P_2 均不为零,则隧道结中存在磁电阻效应,而且两个铁磁电极的自旋极化度越大,隧道磁电阻值也越高。

顾若愚等人用隧穿哈密顿方法考虑了自旋翻转效应之后,发现自旋翻转效应总是减小 TMR,并给出了改进了的公式:

$$\frac{\Delta R}{R} = \frac{2P_1P_2}{1 + P_1P_2 + \alpha} \qquad (6-10)$$

式中:$\alpha = 2\gamma/(1-\gamma)$,其中 γ 是自旋翻转隧穿矩阵元与自旋守恒隧穿矩阵元模平方之比。

显然,当不考虑自旋翻转效应时,γ 等于 0,此公式约化为 Julliere 的公式。在考虑了磁性杂质、表面态、库仑阻塞效应等因素,也得到了与实验符合较好的结果。

2. Slonczewski 模型

1989 年 Slonczewki 提出了关于铁磁层/绝缘层/铁磁层三明治结构隧道磁电阻的另一种理论模型。在这一理论模型中假定铁磁金属中自旋向上和自旋向下的电子是独立的且具有不同波矢 $K_\uparrow$ 和 $K_\downarrow$,这些电子被绝缘体的方形势垒所隔离,在方形势垒内部,所有电子具有相同的耗散系数 κ。该模型分析了电荷和自旋穿过一矩形势垒的透过率,利用 Harrison 表达式,电导可以表示为

$$G = G_0(1 + P'_1 P'_2 \cos\theta) \qquad (6-11)$$

式中：G_0 为平均表面电导；θ 为两铁磁层 1 和 2 的磁化强度之间的夹角；P'_1 和 P'_2 为两铁磁金属—势垒的有效自旋极化率，其表达式为

$$P'_i = \frac{K_{i,\uparrow} - K_{i,\downarrow}}{K_{i,\uparrow} + K_{i,\downarrow}} \times \frac{\kappa^2 - K_{i,\uparrow} K_{i,\downarrow}}{\kappa^2 + K_{i,\uparrow} K_{i,\downarrow}} = P_i A_i, (i = 1,2) \qquad (6-12)$$

式中：P_1、P_2 为两铁磁金属的自旋极化度，且

$$P_i = \frac{K_{i,\uparrow} - K_{i,\downarrow}}{K_{i,\uparrow} + K_{i,\downarrow}}, (i = 1,2) \qquad (6-13)$$

而 A_1、A_2 为新出现的因子：

$$A_i = \frac{\kappa^2 - K_{i,\uparrow} K_{i,\downarrow}}{\kappa^2 + K_{i,\uparrow} K_{i,\downarrow}}, (i = 1,2) \qquad (6-14)$$

式中：$K_\uparrow$ 和 $K_\downarrow$ 分别是多数和少数电子的费米波矢；$\kappa^2/2 = U - E_F = \Phi$，其中 U 为晶体势能，E_F 为费米能，Φ 为势垒大小。

则电导变化和磁电阻分别为

$$\Delta G = G_P - G_A = 2G_0 P'_1 P'_2 \qquad (6-15)$$

$$\mathrm{TMR} = \frac{\Delta R}{R_A} = \frac{R_A - R_P}{R_A} = \frac{\Delta G}{G_P} = \frac{2P'_1 P'_2}{1 + P'_1 P'_2} \qquad (6-16)$$

Julliere 的理论分析简单明了，抓住了磁隧道效应的主要特征和基本物理内涵，揭示了自旋极化率是决定隧道结磁电阻的基本参量。但是只能得到磁隧道结电阻的最大理论值，而不能说明磁电阻随磁性层的磁化强度之间的夹角的变化规律。Slonczewski 的理论结果虽然形式上复杂些，但它明确表达了磁电阻和磁化强度之间夹角的变化关系，即为余弦规律。认为方势垒的高度将严重影响铁磁金属和绝缘层界面处电子的自旋方向以及铁磁层的交换耦合。此外，更有意义的是，由式(6-15)可以看出势垒高度严重影响穿过 FM-I 界面的电子的自旋极化率，这一理论结果与以前实验观察到的 MTJ 的低磁电阻现象相一致，这是 Julliere 理论所不能解释的。

6.7 庞磁电阻效应

6.7.1 钙态矿锰氧化物的结构

1. 晶体结构

具有庞磁电阻效应的掺杂锰氧化物的化学式一般为 $RE_{1-x}AE_xMnO_3$，晶格结构为畸变的钙钛矿($CaTiO_3$，ABO_3)结构。理想的钙钛矿结构中，以 A 位离子

（Ca^{2+}）为立方晶体的顶点，则 O 和 Mn 离子分别处于面心和体心的位置，而 Mn 离子位于六个 O 离子形成的八面体中心，形成锰氧配位八面体，Ti 离子处于体心位置如图 6 – 7 所示。实际的 $RE_{1-x}AE_xMnO_3$ 晶体结构都畸变成正交（orthorhombic）对称性或菱面体（rhombohedral）对称性，如图 6 – 8 所示。

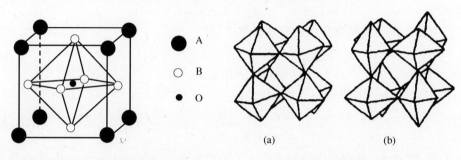

● A
○ B
● O

图 6 – 7　理想的 ABO_3 钙钛矿结构

(a)　　　　　　　(b)

图 6 – 8　畸变的钙钛矿结构
（a）$GdFeO_3$ 型畸变，正交畸变；
（b）Jahn – Teller 畸变。

　　造成晶格畸变的原因主要有两个：一是 B 位 Mn 离子的 Jahn – Teller 效应引起 MnO_6 八面体畸变，即 Jahn – Teller 畸变，是一种电子—声子相互作用；另一个原因是 A、B 位离子半径相差过大而引起的相邻层间的不匹配，是一种应力作用。这类结构中的晶格畸变可由容差因子（tolerance factor）f 决定，f 定义为 $f = (r_B + r_0)/2(r_A + r_0)$，其中 r_A、r_B 和 r_0 分别为 A、B 位离子和氧离子的（平均）半径。容差因子反映了连续的 AO 和 BO_2 平面的晶格匹配情况，描述了晶格结构同理想的立方晶格（此时 $f = 1$）的偏离，且 f 在 0.75 和 1.0 之间形成的钙钛矿结构稳定。f 接近于 1 时晶格为立方结构，而当 r_A 减小时，f 相应的减小，晶格在 $f = 0.96 \sim 1$ 之间畸变为菱面体结构，f 进一步减小时则变为正交结构。

　　2. 电子结构

　　S. Satpathy、Pickett 和 Singh 等人利用 Local Spin density approximation（LSDA）计算了 $LaMnO$，$CaMnO_3$ 和 $La_{1-x}Ca_xMnO_3$ 的电子结构。

　　对 $CaMnO_3$，相对于 A 型反铁磁相和铁磁相来说，G 型反铁磁相的总能最低，是它的基态。能带结构计算表明，Mn3d 带的 3 个 t_{2g} 电子完全极化，并与 O2p 电子有很强的杂化。在 E_F 附近存在有 0.42eV 大小的能隙，是绝缘相。对于铁磁态 $CaMnO_3$，其能带结构呈半金属性。所谓半金属性是指自旋朝上的能带，Mn3d 电子与 O2p 电子能级之间存在很强的杂化，部分能带跨越费米面，呈金属性。而对自旋朝下的能带，在 E_F 附近，Mn3d 与 O2p 能带之间存在 1.2eV 能隙，能带呈绝缘性。对于 $La_{1-x}Ca_xMnO_3$（$x = 0.25 - 0.33$）的铁磁相来说，LSDA 计算

200

表明,前面提及的这样一个半金属性能带结构基本不变,所不同的只是在 E_F 处 Mn3d 自旋朝下电子的态密度不完全为零。

对于 $LaMnO_3$,考虑理想立方结构情况,铁磁相能量最低,分别较 A 型和 G 型反铁磁相低 110meV 和 365meV。能带结构计算表明,三者都呈金属性能带结构。

晶体结构分析表明,实际上是畸变了的 Pnma 结构,它起源于 Mn^{3+} 离子的 Jahn – Teller 不稳定性。考虑了 Jahn – Teller 效应引起的晶格畸变后,LSDA 计算表明,A 型反铁磁 $LaMnO_3$ 的能量较之上述铁磁相 $LaMnO_3$ 的还要低,而成为它的基态。这样,晶格畸变导致能带位置的移动和新的分裂,使未畸变时的金属性能带变成了绝缘性能隙。在 E_F 处能隙大小约为 0.12eV。从畸变所导致的系统总能和能带结构的变化来看,在钙钛矿型锰氧化物中存在着强的磁与晶格结构之间的耦合,并对能带结构和电阻有强烈的影响。

而对于掺杂的锰氧化合物,存在着 Mn^{3+}($3d^4$) 和 Mn^{4+}($3d^3$) 混合价。具有巡游性的 e_g 电子与 3 个 t_{2g} 电子形成的局域磁矩有着在位交换相互作用。其强度约为 2.5eV,远大于电子的带宽。因此在铁磁状态下其电子是完全自旋极化的。原本自旋简并的能级由于交换劈裂分裂为自旋向上和自旋向下的两个子带,费米面处的电子完全是多数自旋子带(自旋向上)的电子,而其少数自旋子带和费米面之间存在能隙。因此这类氧化物又称为完全极化的半金属铁磁体。

3. 磁结构

材料的磁结构有以下几类:铁磁(F)、A 型反铁磁(A-AF)、C 型反铁磁(C-AF)、G 型反铁磁(G-AF)。实验研究表明 $LaMnO_3$、绝缘体基态是 A 型反铁磁(A-AF)结构,Neel 温度为 139K;$CaMnO_3$ 绝缘体基态是 G 型反铁磁(G-AF)结构,Neel 温度为 110K。在 $x=0$ 和 $x=1$ 处,$R_{1-x}A_xMnO_3$ 是反铁磁绝缘体,而在 $0.2 < x < 0.5$ 时大部分的锰氧化物表现出铁磁基态,在 $x > 0.5$ 时是反铁磁态。$x=0.5$ 时的情况比较特殊,这时体系中具有铁磁性的 Z 字形链在低温时通过反铁磁耦合起来,形成所谓的 CE 相,并表现出电荷有序,轨道有序等。在 $La_{0.5}Ca_{0.5}MnO_3$ 中 CE 型的反铁磁始见于 20 世纪 50 年代,最近又有深入的研究。因此,钙钛矿锰氧化物的不同掺杂区间表现出不同的磁相。

中子衍射实验发现,未掺杂的母相 $LaMnO_3$ 和 $CaMnO_3$ 晶体都是反铁磁体,而反铁磁结构主要为 A 型和 G 型两种,A 型反铁磁是指同一 MnO 层中的 Mn 离子磁矩取向相同,而相邻两层的 Mn 离子磁矩取向相反,如 $LaMnO_3$ 晶体;G 型反铁磁是指最邻近 Mn 离子的磁矩取向相反,如 $CaMnO_3$ 晶体。

Goodenough 预言了 $La_{1-x}Ca_xMnO_3$ 在不同组分下的磁结构,与 Jonker 和 Wollen 等人的实验结果一致,有关结果如下:

（1）当 $x=0$ 时，所有 Mn 离子为三价离子。形成 Mn-O 共价键或半共价键，考虑到能量最低条件，在垂直于 c 轴的 ab 面的仍然是铁磁性耦合的，而平行于 c 轴方向的层与层之间自旋为反铁磁性耦合，其磁结构为 A 型反铁磁结构。层间 Mn－O 的键长不等，导致了晶体结构发生从立方相到正方相的畸变。

（2）当 $O<x<0.1$ 时，M^{3+} 离子部分被 M^{4+} 离子代替，M^{4+} 与周围 6 个 O^{2-} 离子形成共价键，但是，由于 6 个 Mn－O 键中有 4 个是相似的，所以其自旋方向仍保持原来的取向，磁结构仍然是 A 型反铁磁结构，这种结构阻止了空穴在层间的传导，从而体系表现为绝缘体。

（3）当 $0.1<x<0.25$ 时，体系出现两相结构，实验上也已观察到反铁磁的四方相和铁磁的立方相。

（4）当 $0.25<x<0.375$ 时，体系处于双交换铁磁金属区，出现金属导电性。在 $x\approx0.31$ 时出现最佳双交换条件。

（5）当 $x=1$ 时，所有 Mn 离子为四价离子。因此 Mn－O 为半共价键，相邻 M^{4+} 离子之间是反铁磁祸合，其磁结构为 G 型反铁磁结构，所有 Mn－O 键长一致，因此其晶体结构为简单的立方对称性结构。

6.7.2 锰氧化合物 MCR 效应物理机制

1. 双交换作用（Double Exchange Interaction）

1951 年，Zener 用双交换（Double exchange）定性地解释了掺杂前后反铁磁绝缘体到铁磁金属的转变。双交换作用可以用图 6－9 示意描述。过渡金属锰元素的三价离子和四价离子具有 $Mn^{3+}(t_{2g}{}^3e_g{}^1)$ 和 $Mn^{4+}(t_{2g}{}^3e_g{}^0)$ 的电子组态，根据 Hund 定则，3d 轨道的电子自旋平行排列，t_{2g} 的三个电子形成局域自旋，e_g 电子则是巡游的。在 Mn^{3+} 和 Mn^{4+} 无序排列的体系中，$Mn^{3+}－O^{2-}－Mn^{4+}$ 和 $Mn^{4+}－O^{2-}－Mn^{3+}$ 的能量是简并的，e_g 电子通过 $Mn^{3+}－O^{2-}－Mn^{4+}$ 键桥形成跳跃电导。由于强的 Hund 耦合，如果近邻的两个 Mn 离子自旋是反平行排列的，此时 e_g 电子的跳跃需要克服很大的库仑势，所以跳跃是禁止的。因此，e_g 电子的跳跃依赖于局域自旋的相对取向。电子在跳跃过程中与局域自旋发生相互作用，导致局域自旋之间铁磁耦合的产生。从图中可见，电子在跳跃过程中是借助于一离子而在 Mn^{3+} 和 Mn^{4+} 之间跳跃的，而电子的跳跃导致了局域自旋之间的铁磁相互作用，故称之为双交换作用。

Zener 分析此结果并提出著名的关于过渡金属 d 壳层电子之间相互作用的机理——双交换作用的观点：掺杂 $LaMnO_3$ 中存在锰的两种离子，即 Mn^{3+} 和 Mn^{4+}，它们的 d 电子组态分别为 $t_{2g}{}^3e_g{}^1$ 和 $t_{2g}{}^3e_g{}^0$。低能级的三个 t_{2g} 电子通过强 Hund 耦合形成局域自旋，而高能级 e_g 电子是巡游电子，它可以通过氧离子在

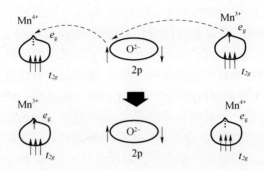

图 6-9 锰氧化物中双交换作用示意图

$Mn^{3+} - O^{2-} - Mn^{4+}$ 链上跳跃,使得两个锰离子交换电子形成 $Mn^{4+} - O^{2-} - Mn^{3+}$
链。电子的跳跃形成了材料的电导,并且在跳跃过程中 e_g 电子与局域自旋发生
相互作用,导致局域自旋之间的铁磁耦合作用,可见材料的电导和铁磁性之间存
在密切关系。

双交换作用机制成功地解释了铁磁性和金属性在 $RE_{1-x}T_xMnO_3$(RE 为稀
土元素,T 为碱土元素)一定掺杂范围内共存的现象,也定性地解释了 $La_{1-x}T_x$
MnO_3 材料中特大磁电阻效应产生的机理。此类氧化物在高温与低温呈现两种
不同的状态,即随温度变化发生了相变,低温体系前面已经说明,为了说明高温
体系的状态,引入了极化子理论。

2. 极化子理论(Polaron Theory)

极化子的概念首先由 T. Holstein 于 1959 年提出。当一个慢电子在离子晶
体中运动时,将使周围的正、负离子产生相对位移,形成一个围绕电子的局域极
化场,这个电子感生的极化场又将作用于此电子,改变电子的能态并伴随电子在
晶格中运动。这时电子与周围的极化场将构成一个相互作用的整体,称为极化
子。离子晶体中导带底部的电子或价带顶部的空穴都是带着周围的极化运动
的,载流子实际上都是极化子。

由于正、负离子相对位移属于光学模格波振动,其中纵光学模(LO)格波振
动将产生极化电场,它对能带电子的耦合作用比横振动强得多。因此,极化子是
能带电子与 LO 声子相互作用系统的准粒子。

极化子的尺寸由电子(或空穴)周围晶格极化区域的大小决定的。当这个
区域比晶格常数大得多时称为大极化子,反之称为小极化子。对于大极化子可
采用连续模型处理电子与 LO 声子的相互作用,并计算大极化子的基态能和有
效质量。对于小极化子则必须从晶格模型出发,并同时考虑周期场和电子 - LO
声子相互作用对载流子能态的影响。在狭带情况下,随着电子与声子耦合的增

强,电子将被自己所感生的局域极化场束缚,形成局域态(又称自陷态)。这时晶格中的运动将不同与在低温区能带传导运动,在高温区则是小极化子跳跃过程。因为在低温时仍可形成小极化子的能带,它与紧束缚近似的电子能带相似,只不过记入了晶格振动对带宽的影响。但是,随着温度的升高,电子所携带的声子数增多,将导致小极化子的有效质量增大和带宽的减小。到一定温度以上,小极化子的能带宽度将小于其能量不确定度,这时能态不再是系统的定态,小极化子的能带图像将失效。因此,高温区小极化子基本上是局域粒子,它只能依靠热声子激活从一个格点向另一个格点做作跳跃运动,与晶格缺陷运动相似,是一种无规则运动,并伴随热声子的产生和消灭。经过计算,高温时极化子跳跃电导的迁移率为

$$\mu = \frac{eD}{k_B T} = \frac{ea^2}{k_B T}\omega_T \propto \exp\left[-\frac{E_a}{k_B T}\right] \qquad (6-17)$$

式中:D 为极化子扩散系数;a 为晶格常数;k_B 为 Boltzmann 常数;E_a 可理解为跳跃运动的激活能;ω_T 为振动频率。

电声子耦合强度的变化会导致 T_C 以上的电阻温度行为由金属型变为半导体型。因而,高温下的载流子应当是电声子耦合形成的极化子。

3. 杨—泰勒畸变(Jahn-Teller Distortion)

杨—泰勒畸变的作用是处于简并的轨道电子态在高对称组态时,能量较高,所处的态不稳定,由于离子间的相互作用,促使从高对称组态向低对称组态的转变,能量降低,简并解除。Jahn-Teller 畸变的物理图像是:晶体中离子的基态在有微扰存在时,如果有高的轨道简并度,则晶体将畸变至低对称结构以消除简并。在 ABO$_3$ 中,Mn、O 原子形成锰氧正八面体,产生立方对称晶体场。在立方对称下,3d 电子存在着三重简并的(t_{2g} 轨道)能级和二重简并的(e_g 轨道)能级。在占据这些能级的电子中,当存在简并的电子数比其简并度少时,晶体会自发地发生畸变,对称性降低,轨道简并度解除,使电子的占用能变得更低。这种现象称为 Jahn-Teller 不稳定性。

Jahn-Teller 不稳定性在锰氧化合物 ABO$_3$ 结构里会引起锰氧八面体发生局域的四方畸变。在锰氧化物特大磁电阻材料中,引起 Jahn-Teller 畸变的离子是 Mn^{3+}。

在系统发生畸变的过程中,一方面简并消除以降低能量,它与畸变的大小成正比;另一方面由于弹性形变导致能量增加。所以系统应该处于一种畸变平衡状态。在对钙钛矿锰氧化物的研究中发现,LaMnO$_3$中的 Jahn-Teller 畸变由三种改变 Mn-O 键长的模式组成:

(1)呼吸模式。即锰氧八面体收缩与扩张,改变 e_g 电子的电荷密度;

（2）基平面模式。在基平面 Mn－O 键沿一个方向拉伸,沿另一个方向压缩;

（3）八面体伸缩模式。包含 Mn－O 键沿 Z 轴拉伸,X－Y 平面内压缩。

虽然人们对钙钛矿锰氧化物分别从低温体系的双交换作用到高温体系的小极化子理论作了机理方面的研究,但是,对于整个温度体系,还没有一个完整的理论解释,需要有大量的实验数据和理论分析,寻找新的理论机制。

6.8 半导体自旋电子材料

前面介绍的都是基于 GMR 或 TMR 的全金属的自旋相关输运的研究,近年来利用半导体材料实现自旋器件是自旋电子学新的研究方向,包括半导体内自旋极化电流的产生、输运、控制和检测。

6.8.1 自旋注入和自旋检测

自旋注入和检测是实现自旋电子器件最基本的条件,磁性材料/半导体界面的自旋注入是最基本的自旋注入结构。作为自旋极化源和检测的磁性材料电极有铁磁金属、磁性半导体和稀磁半导体三种。磁性半导体有较高的自旋注入效率,但是磁性半导体的生长极其困难,因此研究就集中在从稀磁半导体和铁磁金属向非磁半导体内的注入。稀磁半导体的铁磁转变温度远低于室温,虽然理论预测某些材料的铁磁转变温度可以高于室温,但是在开发出可以在室温下应用的稀磁半导体之前,铁磁金属/半导体的接触仍然是实现从注入自旋操纵到检测全部电学控制的最有希望的方法。下面简单介绍在铁磁金属/半导体结构的自旋注入的方法和研究进展。

1. 欧姆接触自旋注入

在铁磁性金属中,多数自旋向上的电子的导电性在本质上都有别于少数自旋向下的电子的导电性,其差别将导致自旋极化电流。向半导体中注入自旋极化电流最直接的方法就是在铁磁性金属和半导体之间形成一个欧姆式接触。然而,典型的金属—半导体的欧姆式接触会导致半导体表面的重掺杂,引起载流子的自旋翻转散射,造成自旋极化的损失。

Schmidt 等指出了在理想的铁磁性金属和非铁磁体之间欧姆式注入的困难所在,即自旋注入的效率是由铁磁性金属电极和非铁磁性金属电极的自旋导电率的比例所决定的。如果将非铁磁性金属电极换成半导体,自旋注入的效率就会很低。Johnson 及其合作者提出利用限制在一个二维量子阱结构的电子的自旋退化分裂,但实验中磁性/半导体的欧姆式自旋注入效率仍然较低。

2. 隧道注入

通过铁磁性/非磁性金属结(FM/NM)和铁磁性/超导金属结(FM/SM)的自旋注入已为物理学家们所熟知。Alvaraclo 和 Renaud 利用有磁性探头的扫描隧道显微镜(STM)研究表明，真空的铁磁性金属、半导体结隧道结能有效地将自旋注入到半导体中。从理论上讲，如果界面势垒上的阻抗足够高，自旋电子输运就取决于隧道结中两个电极中的自旋相关电子的态密度。那么，通过界面势垒的电流就会非常小，处于平衡的电极的自旋相关电导不会影响通过界面的自旋相关输运。

隧道注入的另一种方式是弹道电子注入，即自旋注入发生在铁磁体半导体界面的弹道区。在弹道区，铁磁性金属的两个子导带和半导体导带的不同决定了界面处自旋相关弹道电子的穿透几率。假定入射电子的横向动量是守恒的，则界面处弹道电子的穿透和反射几率可以确定。一旦自旋极化电子进入半导体电极，再被弹性散射回到铁磁注入端的可能性就非常小。如果再设计一个铁磁性电极来俘获自旋相关电子，则电子通过半导体区域的传导就是一个完全的弹道输运。

3. 热电子注入

热电子注入是通过隧道注入将自旋电子注入到一个铁磁层中，自旋极化热电子的能量远远高于 E_F。当多数自旋和少数自旋的非弹性平均自由程区别显著时，热电子穿过铁磁层就足以获得自旋极化率超过 90% 的弹道电流。高度极化的热电子流继续流进其下面的金属—半导体界面，之后一部分热电子流将流入半导体中，其穿透几率取决于界面处半导体和金属的能带结构差异。如果注入电子在界面处不发生自旋翻转散射，则进入半导体中的弹道电流极化率将非常高，而且注入能量可通过隧道注入偏压加以调节。目前在实验上热电子注入的总效率还很低，有待于进一步的研究。

4. 自旋检测

自旋检测有光学和电学检测两种方法，光学检测方法是比较成熟的也取得了很大的进展。Fiederling 和 Ohno 分别进行了自旋极化的光学检测实验研究，分别是利用自旋极化的发光二极管和 EL 谱测量光的偏振度，从而确定电子的自旋极化率，光学方法最大的优点是可以避免其它电学效应的影响。电学检测半导体内自旋极化的最直接的方法是利用半导体/铁磁界面的自旋相关输运性质。这种自旋阀方案的收集电极采用欧姆接触，存在电导率失配问题，仍然需要采用半导体/铁磁的弹道接触或者隧穿接触。另外势垒还必须足够薄，保证自旋极化电子能隧穿到铁磁电极，否则将会在半导体内弛豫。

6.8.2 自旋极化输运

自旋极化的载流子在半导体中的输运是实现自旋电子器件的另一个重要条件。自旋输运研究的重点主要是自旋极化载流子的自旋扩散长度和退相干时间,分别表征自旋极化电子在空间和时间的可控制的范围。

Sogama 等人研究了在 p 型 GaAs 矩形量子线中的自旋极化输运,自旋扩散长度超过 $10\mu m$,证明了低维结构中自旋输运的可能性。Kuzma 等人在 5K 的温度下测得 n 型 GaAs 中的电子自旋退相干时间达到 100ns,Takeuchi 等人在未掺杂的 InGaAs 量子阱中测量出室温下的自旋退相干时间为 6ps,这一水平还不适合用作自旋电子器件。

目前自旋退相干的理论还很不完善,下面介绍几种可能的机制。一种是 Bir-Aronov-Pikus 机制,这种模型主要是基于电子和空穴的交换和湮灭作用,尤其适合解释低温下的 p 型半导体内的自旋弛豫;另一种是 Elliot-Yafet 机制,是基于电子和声子、杂质碰撞过程中的自旋散射,该模型不能解释较高温度下的自旋输运。还有就是主要针对化合物半导体的 Dyakonov-Perel 模型,认为由于化合物半导体缺少反演对称性,自旋 N 轨道耦合引起的自旋劈裂是自旋弛豫的主要原因。

6.8.3 稀磁半导体

随着自旋电子学的不断发展,兼有磁性和半导体特性的稀磁半导体(Diluted Magnetic Semiconductor,DMS),被认为是一种很好的自旋极化载流子源,可用于制造新一代的自旋电子学器件,成为当前国际上磁电子学领域的研究热点。常见的半导体材料都不具有磁性,而具有磁性的材料及其化合物一般又不具有半导体的性质,而且它们与半导体材料的表面势垒不能很好地相容。众所周知,半导体可以通过少量 n 型或者 p 型掺杂改变其特性,因此人们想到了通过掺入磁性离子来获得磁性的方法,在 GaAs、GaN、ZnO 等化合物半导体中掺杂引入过渡金属(或稀土金属)等磁性离子,由于磁性离子与半导体导带中电子的自旋交换作用(sp-dexchange)以及过渡金属离子之间的自旋交换作用(d-d exchange)可导致这类材料自发磁性的产生。这种通过部分取代非磁性离子而产生的磁性与本征磁性有一定的区别,人们称其为稀磁。相应地,由磁性离子部分地代替非磁性半导体中的离子所形成的一类新型半导体材料被称之为稀磁半导体。稀磁半导体材料可以广泛地应用于未来的自旋电子器件。

通常稀磁半导体的制备是采用少量 3d 过渡族元素(Mn,Fe,Ni,CoV,Cr 等)掺入到半导体材料中而产生铁磁性,但不过多地影响其半导体特性,大致上可分为以下几类。

1）TiO_2 基的 DMS

TiO_2 为宽禁带氧化物半导体,具有三类晶体结构:金红石型(rutile)、锐钛矿(anatase)、板钛矿(brookite),锐钛矿型 TiO_2 属 n 型高迁移率半导体,掺入少量 Co 后可在室温呈现铁磁性,$Co_xTi_{1-x}O_2$ 薄膜透明,具有高电导性,金红石型 TiO_2 薄膜掺入 Co 同样也发现具有铁磁性。

2）ZnO 基的 DMS

ZnO 属六角晶体结构,直接能隙结构的半导体氧化物,理论上估算居里温度高于室温,对 $Zn_{1-x}Mn_xO$ 氧化物其能隙宽度随含 Mn 量而线性增加,$E_g = 3.273 + 1.32x(\text{eV})$,其居里温度分别为 30K 与 45K,相应组成为 $x = 0.1$ 与 $x = 0.3$,均未超过室温。以 Co 掺入 ZnO,其居里温度可超过室温。稀磁 ZnO 半导体具有光透明性,有可能在短波长光学领域得到应用。

3）Ⅱ - Ⅵ族 DMS

在 CdTe、ZnTe、HgTe、CdSe、HgSe、CdS 等Ⅱ - Ⅵ族半导体中,s、p 电子参与输运过程,如 3d 过渡族元素掺入其中,由于 s、p 电子与 d 电子的互作用,可望获得铁磁性。如 $Zn_{1-x}Cr_xTe$ 薄膜,其居里温度可超过室温。Schmidt 和 Molenkamp 通过 $Zn_{0.91}Be_{0.06}Mn_{0.03}Se$ 稀磁半导体将自旋极化电子注入到 GaAs 半导体中,构成发光二极管,通过发射光偏振性的测量,确定自旋注入的效率可达 90%,从而论证了稀磁半导体是高效率的自旋极化注入体。

4）Ⅲ - Ⅴ族 DMS

Ⅲ - Ⅴ族化合物是十分重要的半导体材料,如:GaAs、InAs、GaN、InN、AlP 等,这些半导体材料在光电子器件中已得到广泛的应用,人们自然十分有兴趣研究其稀磁半导体,已广泛报道的是以 Mn 掺入获得铁磁性,如(GaMn)As、(InMn)As 等,由于 Mn 的离子半径大于 Ga 的离子半径,Mn 在 GaAs 中固溶度很低,为了提高固溶度,在制备上常采用低温非平衡生长的分子束工艺。

5）Ⅲ族 DMS

Ⅲ族元素,如 Ge、Si 是微电子工业十分重要的基础半导体材料,它的稀磁半导体更为引人瞩目。Mn 在 Ge、Si 中的固溶度都是十分低的,而居里温度通常是正比例于 Mn 的掺入浓度,为了增加 Mn 在 Ge 中的固溶度,可采用非平衡的生长工艺,为了避免 Mn 的析出,降低基片的温度是十分有效的途径。Park 等人将 $Mn_xGe_{1-x}(100)$ 单晶薄膜生长在 Ge 与 GaAs(001)的基片上,其居里温度随 Mn 离子浓度的增加而升高,当 $x = 0.006$ 时,T_c 为 116K。

DMS 材料可广泛地应用于未来的自旋电子器件,与传统的半导体器件相比,自旋电子器件具有以下的优点:

（1）速度快。传统半导体器件中信息的传输是基于大量的电子运动,它们的速度会受到能量色散的限制,而自旋电子器件基于电子自旋方向的改变以及自旋之间的耦合,它可以实现逻辑功能每秒 10 亿次的变化。所以自旋电子器件消耗更低的能量可以实现更快的速度。

（2）体积小。半导体集成电路的特征尺寸是几十纳米,而自旋器件不需要考虑电子的波粒二象性问题,可以做到 1nm 左右。这就意味着自旋电子器件的集成度更高、体积更小。

（3）能耗低。改变电子的自旋状态所需要的能量仅是推动电子运动的能量的千分之一。

（4）非易失性。当电源(磁场)关闭后,自旋状态不会改变,这种特性可以用在高密度非易失性存储器件领域中。

6.9　自旋电子材料的应用

6.9.1　磁电阻传感器

磁电阻传感器始于 21 世纪 70 年代中期,这是人们第一次利用磁性材料的导电特性与其磁化状态的相关性,即 AMR 效应制作的磁传感器。它具有灵敏度高、功耗低、体积小、可靠性高、温度特性好、工作频率高、耐恶劣环境能力强以及易于与数字电路匹配等优点,很快成为磁传感器家族中的后起之秀。30 多年来各向异性磁电阻传感器已发展成一个大家族,如磁性编码器、位移传感器、电子罗盘等,它们广泛应用于工业与民用自动化设备、飞行器与导弹的导航、全球卫星定位、安全检测、探矿等。

但是,磁性材料的各向异性磁电阻比值室温下仅为 3% 左右,磁性纳米薄膜"铁磁金属/非磁金属或绝缘体/铁磁金属"的 GMR、TMR 比 AMR 大一到两个数量级,具有更大的磁场响应范围和更高的磁场灵敏度;此外,AMR 薄膜厚度在十几个纳米以上才有效,而 GMR 效应与 TMR 效应涉及的磁性层厚度仅几个纳米,这使得GMR、TMR 元件在更微小的尺度仍不受退磁场影响,因而具有更高的空间分辨率。

磁电阻位移传感器的工作原理如图 6 – 10 所示,将被测物体放置在移动的永磁体滑块上,磁电阻传感器固定在其下方。当物体在 A、B 位置之间移动时,其输出将会呈线性变化,通过相应的变化可得到位移的变化,目前这种传感器的灵敏度已经可以达到 1μm 以下。

磁电阻角速度传感器的测量原理如图 6 – 11 所示,随着齿轮的转动,靠近齿轮的永磁体磁场分布会发生变化,放置的巨磁电阻传感器将输出周期性的信号,通过对信号的分析处理即可得到角速度,也可得知任意时刻相对于基准点的角度。

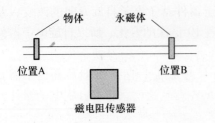

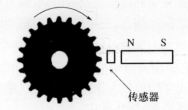

图 6-10 磁电阻位移传感器工作原理   图 6-11 磁电阻角速度传感器测量原理

可以预见,利用 GMR 材料和隧穿磁电阻材料设计制作传感器将是磁电阻传感器的一次革命,其精确度和可靠性都会提升到一个前所未有的高度。目前,巨磁电阻(多层膜和自旋阀)传感器方兴未艾,隧穿磁电阻传感器由于其极高的灵敏度也在开发之中。

6.9.2 磁电阻硬盘磁头

硬盘记录密度在不到半个世纪的时间里攀升了7个数量级,这其中占主导地位的是记录磁头的不断进步,磁头在磁记录发展过程中经历了三个重要的飞跃阶段,即体型磁头—薄膜磁头—MR 磁头。传统的磁头在读取高密度磁记录信息时,信噪比不能满足要求,因为此时对于每个记录位的磁通量是微弱的。如果采用 MR 磁头读取信息,磁场的微弱变化对应着磁电阻的显著变化,是读取高密度磁记录信息较理想的手段。

MR 磁头的基本结构如图 6-12 所示。在 MR 磁头中,沿 MR 元件易磁化方向流经电流 I,而在与其垂直的方向上施加外部磁场 H,则磁化 M 相对于易磁化轴呈 θ 角。MR 磁电阻磁头采用了读写分离的磁头结构,写操作时使用传统的

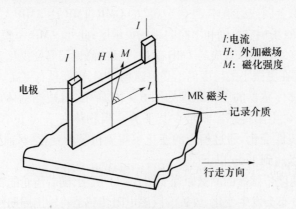

图 6-12 MR 磁头结构示意图

磁感应磁头,读操作则采用 MR 磁头。分离设计可以针对磁头的不同特性分别进行优化,以得到最佳的读写性能。读取时,记录介质磁场使磁头的磁化方向发生改变,从而引起磁头电阻的变化。一般来说,$\theta = 0$ 时,电阻取最大值 R_{max};$\theta = 90°$ 时,电阻取最小值 R_{min}。这样,电阻的变化范围为 $\Delta R = R_{max} - R_{min}$。用这种方法读取的磁头,其检出灵敏度相当高。

普通磁电阻磁头的 AMR 最大不超过 6%,磁电阻变化的磁场灵敏度最大约为 0.318A/m,所需外场约 400A/m。这使得普通磁电阻磁头所能实现的磁记录信息密度仍受到一定的限制。而 GMR 在室温下可达 10% ~ 30%,磁场灵敏度可达 0.796 ~ 6.368A/m,因而在超高密度磁记录磁头上极具竞争力。

6.9.3 磁电阻随机存储器

AMR 随机存储器利用具有单轴各向异性的磁性薄膜的两个易磁化方向来存储信息,其全新的理念在于通过存储单元本身的 AMR 特性来直接读取所存储的信息。从存储密度、读写速度以及价格上来说,AMR 随机存储器芯片根本无法与半导体 RA 相竞争,但是由于其特有的非易失性、抗辐射性使之在军事、太空技术中显身手。

GMR 效应的发现带给磁电阻随机存储器一片新的天地。先后提出几种利用 GMR 效应的单元结构的设计方案。最简单的是以磁性层中间夹 Cu 层的三明治 GMR 薄膜直接取代三明治结构 AMR 薄膜作为存储单元,所有制作过程沿用 AMR 随机存储器的工艺方式。三明治 GMR 薄膜的磁电阻值约 6%,是传统 AMR 的 3 倍,由于读取时间随读出信号大小的平方而改进,故 GMR 随机存储器读取时间可缩短 9 倍。

MRAM 中每个存储元件采用磁隧道结(MTJ)设备来进行数据存储,其运作的基本原理与硬盘驱动器相同,数据以磁性的方向为依据,存储为 0 和 1。

MRAM 的结构如图 6 - 13 所示,图中 BL 为位元线(Bit Line),MTJ 为磁隧道结,WWL 为写字线,GND 为地线,RWL 为读字线。当位元线通过一个脉冲电流时,会产生磁场,此时自由层的磁化方向受到该磁场的影响而偏移。若此时也在字元线上加一脉冲电流,则该电流所感应的磁场就可完全改变自由层的磁化方向,如此一来,两铁磁性层的磁化方向为顺向排列(因磁电阻低,可设它代表 0)或反向排列(因磁电阻较高,可设它代表 1)。

与现有的 Flash、SRAM、DRAM 相比,MRAM 由于拥有存取速度高,存取次数多,耗电量低及体积小可嵌入,非易失性等特性,较现有的其它存储产品在可携式电子产品的应用上更具优势。由于 MRAM 的实现将极大促进计算机的发展,国际上各大计算机公司都投入巨资研制 MRAM。

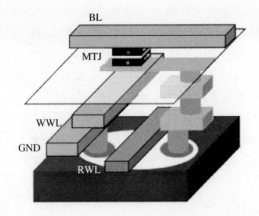

图 6-13　MRAM 结构

习　题

1. 何谓磁电阻效应? 磁电阻效应包括哪些种类?
2. 何谓自旋霍耳效应? 自旋霍耳效应与经典霍耳效应有何异同?
3. 何谓金属超晶格巨磁电阻效应? 其实现条件及特点是什么?
4. 自旋阀的原理结构、特点及结构形式分别是什么?
5. 颗粒膜巨磁电阻效应机制及影响因素是什么?
6. 简述隧道磁电效应的的理论解释。
7. 简述锰氧化合物庞磁电阻效应物理机制。
8. 自旋注入有哪些? 列举常见的稀磁半导体并简述其优点。
9. 简述自旋电子材料的典型应用。

参 考 文 献

[1] 严密,彭晓领. 磁学基础与磁性材料. 杭州:浙江大学出版社,2006.

[2] 鲁楠,刘之景. 自旋电子学研究的最新进展. 纳米器件与技术,2010,47:10.

[3] Baibich M N,Broto J M,Fert A,et al. Giant magnetoresistance of (001)Fe/(001)Cr magnetic superlattices. Physical Review Letters,1988,61:2472.

[4] Grunberg P,Schreiber R,Pang Y,et al. Layered magnetic structures:evidence for antiferromagnetic coupling of Fe layers across Cr interlayers. Physical Review Letters,1986,57:2442.

[5] Binasch G,Grunberg P,Saurenbach F,et al. Enhanced magnetoresistance in layered magnetic structures

with antiferromagnetic interlayer exchange. Physical Review B,1989,39:4828.

[6] Von Helmolt R,Wecker J,Holzapfel B,et al. Giant negative magnetoresistance in perovskitelike $La_{2/3}Ba_{1/3}$ MnO_x ferromagnetic films. Physical Review Letters,1993,71:2331.

[7] Jin S,Tiefel T H,McCormack M,et al. Thousandfold change in resistivity in magnetoresistive La-Ca-Mn-O films. Science,1994,264:413.

[8] Miyazaki T,Tezuka N. Giant magnetic tunneling effect in $Fe/Al_2O_3/Fe$ junction. Journal of Magnetism and Magnetic Materialser. ,1995,139:L231.

[9] Moodera J S,Lisa R Kinder,Terrilyn M Wong,et al. Large magnetoresistance at room temperature in ferromagnetic thin film tunnel junctions. Physical Review Letters,1995,74:3273.

[10] Munekata H,Ohno H,von Molnar S,et al. Diluted magnetic III-V semiconductors. Physical Review Letters,1989,63:1849.

[11] Yamanouchi M,Chiba D,Matsukura F,et al. Current-induced domain-wall switching in a ferromagnetic semiconductor structure. Nature,2004,428:539.

[12] Prinz G A. Magnetoelectronics. Science,1998,282:1660.

[13] Wolf S A,Awschalom D D,Buhrman R A,et al. Spintronics:a spin-based electronics vision for the future. Science,2001,294:1488.

[14] 王长征,周宁,戎咏华,等. 金属颗粒膜巨磁电阻效应的机制和影响因素. 功能材料,2003,34:238.

[15] Gu R Y,Xing D Y,Dong J. Spin-polarized tunneling between ferromagnetic films. Journal of Applied Physics,1996,80:7163.

[16] Slonczewski J C. Conductance and exchange coupling of two ferromagnets separated by a tunneling barrier. Physical Review B,1989,39:6995.

[17] Mott N F. Electrons in transition metals. Advances in Physics,1964,13:325.

[18] Pickett W E,Singh D J. Electronic structure and half-metallic transport in the $La_{1-x}Ca_xMnO_3$ system. Physical Review B,1996,53:1146.

[19] Jin S,Tiefel T H,McCormack M,et al. Thickness dependence of magnetoresistance in La-Ca-Mn-O epitaxial films. Applied Physics Letters,1995,67:557.

第7章　光电子材料

光电子材料(Optoelectronic Materials)即在光电子技术领域应用的,以光子、电子为载体,处理、存储和传递信息的材料。光电子技术主要包括半导体激光器技术、光纤通信技术、光存储技术、光显示技术、光电探测技术、光信息处理技术以及集成光路、光电子集成回路技术。目前已使用的光电子材料主要有光学功能材料、激光材料、发光材料、光电信息传输材料(如光导纤维)、光电存储材料(如 CD、DVD)、光电转换材料(如 LED)、光电显示材料(如电致发光材料和液晶显示材料)和光电集成材料。

光电子材料不仅是现代信息社会的支柱,也是信息技术革命的先导。20 世纪 60 年代随着激光的出现,光通信、光存储和光信息等科学开始迅猛发展;20 世纪 70 年代低损耗光纤的研制成功,在通信行业引发了全新的革命,信息交流速度得以成倍的增加;20 世纪 80 年代光盘存储材料取得突破性进展,使得光信息存储走进千家万户;20 世纪 90 年代高亮度蓝光 LED 的研制成功促成了半导体显示和照明技术快速发展,近年来其技术的进步加之其高效率、坚固耐用和长寿命特点已有将传统灯具取代之势。

21 世纪被誉为光电子时代,光电子技术是结合光学和电子学技术而发展起来的一门新技术,在信息领域、能源和国防领域均具有广泛的应用。因此,光电子材料成为当代科学的研究前沿,且又具有多学科交叉的特点,是一个极富创新和挑战的领域。

7.1　光子和电子的相互作用

光是电磁波的一部分,具有粒子性又具有波动性,即具有波粒二象性。量子理论认为,光是由能量被量子化的光子组成的,其能量大小为 $h\upsilon$,h 为普朗克常数($h = 6.63 \times 10^{-34} \text{J} \cdot \text{s}$),$\upsilon$ 为光子的频率,则光子的能量大小为

$$E = h\upsilon = \frac{nc}{\lambda} = \frac{1.24}{\lambda}(\text{eV})$$

式中:n 为折射率;c 为光的传播速度;E 为能量(eV)($1\text{eV} = 1.6 \times 10^{-19} \text{J}$);$\lambda$ 为光的波长(μm)。

原子和分子中的电子同样具有波动性。电子和光子可以相互作用。在固体中,光子和电子之间的相互作用有三种基本过程:光的吸收、自发辐射和受激辐射。基态分子中的电子处于尽可能低的能级轨道中,当入射光的能量接近固体中能带间隙所对应的能量时,处于能隙下方的较低能级的电子吸收入射光的能量而跃迁到能隙上方较高的能级或能带,此时出现光吸收。而处于激发态的电子是不稳定的,其会通过自发辐射或受激辐射的方式回到稳定的基态,并以光子的形式释放出相应的多余能量,该过程为自发或受激辐射。

7.1.1 固体中光的吸收过程

固体中电子的分布遵循能带理论,电子能级可以分布在价带和导带,价带和导带之间存在一定宽度的能隙(禁带),在能隙中不能存在电子能级。这样,在固体受到光辐射时,如果辐射光子的能量足够大使电子由价带跃迁至导带产生电子空穴对,那么晶体就会激发,吸收光辐射,如图 7 – 1(a)所示。相反,如果辐射光子的能量不足以使电子由价带跃迁至导带,则晶体就不会激发,也不会发生对光的吸收。当入射光子的能量 E 大于禁带宽度 E_g,除了产生一个电子空穴对以外,多余的能量($E - E_g$)将以热能的形式耗散掉,如图 7 – 1(b)所示。图 7 – 1 中(a)和(b)电子从价带到导带的跃迁过程称为本征跃迁。如果光子能量 E 小于能隙宽度 E_g,则只有在禁带中存在杂质或是物理缺陷引起的能态时,光子才能被吸收,如图 7 – 1(c)所示,该过程为非本征跃迁。

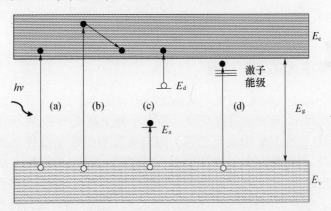

图 7 – 1　固体中光的吸收过程

例如,离子晶体的能隙宽度一般为几个电子伏,相当于紫外光的能量。因此,纯净的理想离子晶体对可见光以至红外区的光辐射,都不会发生光吸收,都是透明的。碱金属卤化物晶体对电磁波透明的波长可以由 $25\,\mu m \sim 250nm$,相当于 $0.05eV \sim 5eV$ 的能量。当有足够强的辐射(如紫光)照射离子晶体时,价带中的电子就有可能被激发跨过能隙,进入导带,这样就发生了光吸收。这种与电子由价带到导带的跃迁相关的光吸收,称作基础吸收或固有吸收。固有吸收的吸收系数高,可达 $10^5 cm^{-1} \sim 10^6 cm^{-1}$,是最主要的吸收过程。由于各种材料能带结构的差别,本征吸收区可能处于红外波段、可见光波段以至于紫外波段。例如,CaF_2 的基础吸收带在 200nm(约 6eV)附近,$NaCl$ 的基础吸收约为 8eV,Al_2O_3 的基础吸收约在 9eV。

晶体的缺陷有本征的,如填隙原子和空位,也有非本征的,如替代杂质等。这些缺陷的能级位于价带和导带之间的能隙之中。当材料受到光照时,受主缺陷能级接受价带迁移来的电子,而施主能级上的电子可以向导带迁移,这样就使原本不能发生基础吸收的物质由于缺陷存在而发生光吸收,如图 7 - 1 (c)所示。例如,Al_2O_3 晶体中 Al^{3+} 和 O^{2-} 离子以静电引力作用,按照六方密堆方式结合在一起,Al^{3+} 和 O^{2-} 离子的基态能级为填满电子的的封闭电子壳层,其能隙为 9eV,它不可能吸收可见光,所以是透明的。掺入 1% 的 Cr^{3+} 时,晶体呈深红色,此即红宝石,可以吸收可见光。这是由于掺入的 Cr^{3+} 离子具有填满电子的壳层,在 Al_2O_3 晶体中造成了一部分较低的激发态能级,所以可以吸收可见光。

价带中的电子吸收小于禁带宽度的光子能量也能离开价带,但因能量不够还不能跃迁到导带成为自由电子。这时,电子实际还与空穴保持着库仑力的相互作用,形成一个电中性系统,称为激子(Excition)。能产生激子的光吸收称为激子吸收,如图 7 -1(d)所示。这种吸收的光谱多密集在本征吸收波长阈值的红外一侧。

7.1.2 固体中光的发射过程

与光子吸收过程相反,当电子从高能级向低能级跃迁时,释放出的能量是以光子的形式放出,称之为发光现象。当电子处于高能级时,系统往往处于不稳定状态,而这是光发射的前提条件。因此光发射的前提条件是先要有某种激发机理存在,然后通过电子从高能级向低能级的跃迁形成发光现象。前一过程称为激发过程,其中电子跃迁到高的能级称为激发能级;后一过程称为发射过程。处于激发态的系统是不稳定的,经过一段时间后,如果没有任何外界触发,电子将从激发能级回到基态能级,并发射一个能量为 $h\nu_{12}$ 的光子,该过程为自发射过程,如图 7 - 2(a)所示。当一个能量为 $h\nu_{12}$ 的光子入射到已处于激发态的系统时,位于不稳定高能级上的电子会受到激发跃迁到基态能级,并发射一个能量为 $h\nu_{12}$ 的光子,且该光子的相位和入射光子的相位一致,这种过程称为受激发射,如图 7 - 2(b)所示。由于这些光子都具有相同的能量

$h\nu_{12}$,而且相位都相同,因此受激发射的光为相干光。半导体激光器中的主要过程为受激发射。

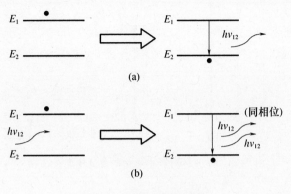

图 7 - 2　光子的发射过程

(a) 自发发射;(b) 受激发射。

根据激发方式的不同自发发射可以划分为如下四种发光类型:

(1) 光致发光(Photoluminescence)。用紫外光到近红外光范围内的光束作为激发源的发光(光泵发光),如日光灯:水银蒸气放电发出紫外光,激发管壁上的荧光粉发出可见光。

(2) 电致发光(Electroluminescence)。发光物质在电场作用下引起的发光,将电能直接转换为光能,如半导体发光二极管的发光、半导体激光器。

(3) 阴极射线致发光(Cathodoluminescence)。由电子束轰击发光物质而引起的发光,如 CRT 显示器荧光屏发光。

(4) 辐射致发光(Radiophotoluminescence)。由高能 α、β 射线或 X 射线轰击发光物质而引发的发光。

以典型的半导体材料为例,导致其光辐射的非平衡载流子复合有如下几种过程:①带间跃迁,导带底电子跃迁到价带顶与空穴复合(见图 7 - 3(a))。按照带结构的不同还可分为间接和直接复合跃迁。②非本征跃迁,其是有杂质缺陷参与的跃迁,导带电子跃迁到受主能级与空穴复合;中性施主能级上的电子跃迁到价带与其中的空穴复合;中性施主能级上的电子跃迁到中性受主能级,与受主能级上的空穴复合。③带内电子跃迁,如图 7 - 3 中的(f)。

发射光子的辐射跃迁是光子吸收跃迁的逆过程,大多数的吸收跃迁可以产生相应的辐射跃迁,二者具有相近的光谱特征。但是,发射光谱和吸收光谱之间有所不同,在吸收过程中,电子可以向所有非填充的能级跃迁,因此其光谱范围较宽;而由某种激发方式产生的非平衡载流子往往集中于某个能级上,因此发射光谱的分布范围较窄。

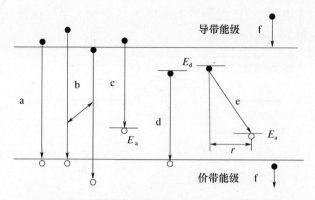

图 7-3 半导体材料中非平衡载流子复合过程

7.2 固体激光材料

激光,英文名 LASER,是取自英文 Light Amplification by Stimulated Emission of Radiation 的各单词头一个字母组成的缩写词。意思是"通过受激发射光扩大"。激光的英文全名完全表达了激光制造的主要过程。1964 年遵循我国著名科学家钱学森建议将"光受激发射"称为"激光"。在港台地区 LASER 的中文名为"镭射"取其英文名的音译。

7.2.1 固体激光器的构成

典型的固体激光器工作原理结构如图 7-4 所示,其中激光棒和氙(Xe)灯分别安装在一个椭圆柱体聚光腔的两条焦线上。激光器大多由激发系统、激光物质和光学谐振腔三部分组成,也就是激光发生器的三个基本要件。激发系统或称为激发源(Pumping Source),就是产生光能、电能或化学能的装置。目前使用的激发手段,主要有光照、通电或化学反应等。激光物质是能够产生激光的物质,又称为增益介质(Gain Medium),其物理特性会影响所产生激光的波长等特性。如红宝石、钕玻璃、半导体、有机染料等。光学谐振腔(Optical Cavity/Optical Resonator)的作用,是用来加强输出激光的亮度,调节和选定激光的波长和方向等。其由两面互相平行的镜子组成,一面全反射,一面半反射。作用是把光线在反射镜间来回反射,目的是使被激发的光经过增益介质多次以得到足够的放大,当放大到可以穿透半反射镜时,激光便从半反射镜发射出去。因此,此半反镜也被称为输出耦合镜(Output Coupler)。两镜面之间的距离也对输出的激光波长有着选择作用,只有两镜间的距离能产生共振的波长才能产生激光。

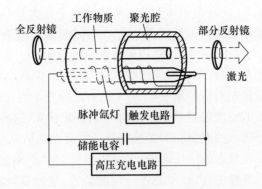

全反射镜　工作物质　聚光腔　部分反射镜

激光

脉冲氙灯　触发电路

储能电容

高压充电电路

图 7 - 4　固体激光器工作原理结构图

7.2.2　激光产生原理

在一个原子体系中,总有些原子处于高能级,有些处于低能级。而自发辐射产生的光子既可以去刺激高能级的原子使它产生受激辐射,也可能被低能级的原子吸收而造成受激吸收。因此,在光和原子体系的相互作用中,自发辐射、受激辐射和受激吸收总是同时存在的。

如果想获得越来越强的光,也就是说产生越来越多的光子,就必须要使受激辐射产生的光子多于受激吸收所吸收的光子。怎样才能做到这一点呢? 我们知道,光子对于高低能级的原子是一视同仁的。在光子作用下,高能级原子产生受激辐射的机会和低能级的原子产生受激吸收的机会是相同的。这样,是否能得到光的放大就取决于高、低能级的原子数量之比。

若位于高能态的原子远远多于位于低能态的原子,我们就得到被高度放大的光。但是,通常在热平衡的原子体系中,原子数目按能级的分布服从玻耳兹曼分布规律。因此,位于高能级的原子数总是少于低能级的原子数。在这种情况下,为了得到光的放大,必须到非热平衡的体系中去寻找。

由此可见,为使光源发射激光,而不是发出普通光的关键是发光原子处在高能级的数目比低能级上的多,这种情况,称为粒子数反转。那么如何才能达到粒子数反转状态呢? 这就需要激活媒质。所谓激活媒质(也称为放大媒质或放大介质)也就是激光物质,就是可以使某两个能级间呈现粒子数反转的物质。它可以是气体,也可以是固体或液体。要想获得粒子数反转,必须使用多能级系统。用二能级的系统来做激活媒质实现粒子数反转是不可能的。下面我们以红宝石激光器(即以红宝石为激活媒质)为例加以说明。

红宝石激光器的激发是通过氙灯输送能量。E_1、E_2、E_3 是铬离子相对应的三个能级,使铬离子从基态 E_1 激发到共振吸收带 E_3 上去,形成了 E_3 对 E_2 粒子数反转。但是由于E_3的寿命很短(即自发跃迁几率很大),因此铬离子的能级就很快地并且以无辐射跃迁的形式落入E_2中,同时放出热能。E_2是寿命较长的亚稳态,跃迁几率较小,因此E_2就积聚了大量的铬离子。当氙灯光足够时,则E_2上的粒子(铬离子)数就大为增加,此时E_2对E_1来说就出现了粒子数反转。若用E_2与E_1间跃迁相对应频率$\gamma = (E_2 - E_1)/h$的光子引发时,上述活性系统就可产生E_2对E_1的受激辐射。受激辐射可以使光放大,这种放大是由于该系统受激发时从外部吸收的能量和引发的能量一举放出的结果。

处于粒子数反转状态的活性系统,可以产生"雪崩"。雪崩过程可以使光再次放大。该过程的继续进行,必须通过一定的装置,这种装置就是光学共振腔。从共振腔中持续发出来的、特征完全相同的大量光子就是激光。

7.2.3 激光的特点

(1)定向发光。普通光源是向四面八方发光。要让发射的光朝一个方向传播,需要给光源装上一定的聚光装置,如汽车的车前灯和探照灯都是安装有聚光作用的反光镜,使辐射光汇集起来向一个方向射出。激光器发射的激光,天生就是朝一个方向射出,光束的发散度极小,大约只有0.001rad,接近平行。

(2)亮度极高。在激光发明前,人工光源中高压脉冲氙灯的亮度最高,与太阳的亮度不相上下,而红宝石激光器的激光亮度,能超过氙灯的几百亿倍。因为激光的亮度极高,所以能够照亮远距离的物体。红宝石激光器发射的光束在月球上产生的照度约为0.02lx,颜色鲜红,激光光斑明显可见。若用功率最强的探照灯照射月球,产生的照度只有约10^{-12}lx,人眼根本无法察觉。激光亮度极高的主要原因是定向发光。大量光子集中在一个极小的空间范围内射出,能量密度自然极高。

(3)颜色极纯。光的颜色由光的波长(或频率)决定。一定的波长对应一定的颜色。太阳光的波长分布范围约在$0.76\mu m \sim 0.4\mu m$之间,对应的颜色从红色到紫色共7种颜色,所以太阳光谈不上单色性。发射单种颜色光的光源称为单色光源,它发射的光波波长单一。比如氖灯、氦灯、氪灯、氢灯等都是单色光源,只发射某一种颜色的光。单色光源的光波波长虽然单一,但仍有一定的分布范围。如氪灯只发射红光,单色性很好,被誉为单色性之冠,波长分布的范围仍有0.00001nm,因此氪灯发出的红光,若仔细辨认仍包含有几十种红色。由此可见,光辐射的波长分布区间越窄,单色性越好。激光器输出的光,波长分布范围非常窄,因此颜色极纯。以输出红光的氦氖激光器为例,其光的波长分布范围可以窄到2×10^{-9}nm,是氪灯发射的红光波长分布范围的万分之二。由此可见,激光器的单色性远远超过任何一种单色光源。

220

（4）能量密度极大。光子的频率越高，能量越高。激光频率范围为$3.846 \times 10^{14}\,Hz \sim 7.895 \times 10^{14}\,Hz$。由此看来，激光能量并不算很大，但是它的能量密度很大（因为它的作用范围很小，一般只有一个点），短时间里聚集起大量的能量，用做武器也就可以理解了。

7.2.4 常用固体激光材料

激光材料是把各种激发能量（电、光、射线）或泵浦能量转换成激光的材料，即激光器的工作物质。激光材料主要是凝聚态物质，又以固体物质为最主要，其具有激活离子浓度高，振荡频带宽并能产生谱线窄的光脉冲，而且具有良好的力学性能和稳定的化学性能。

固体激光材料分为两类。一类是以电激励为主的半导体激光材料，一般采用异质结构，由半导体薄膜组成，用外延方法和气相沉积方法制得。另一类是通过分立发光中心吸收光泵能量后转换成激光输出的发光材料。这类材料以固体电介质为基质，分为单晶体、玻璃以及近些年发展起来的透明多晶陶瓷三种。下面我们先介绍后一类固体激光材料，前一类半导体激光材料我们在下节半导体发光材料中介绍。

1. 晶体激光材料

激光晶体由发光中心和基质晶体（即有序结构的固体）组成。基质晶体是组成晶格的主组分，其作用主要是为激活离子提供一个适当的晶格场。发光中心实际上少量掺杂离子，称为激活离子。激活离子部分取代基质晶体中的阳离子形成掺杂型激光晶体。当激活离子是基质组分的一部分时，则构成自激活激光晶体。激光的波长主要取决于激活离子的内部能级结构，但基质晶体、激活离子浓度和温度等因素均对激光波长有影响。这是因为激光活离子受到不同晶格场的作用，其光谱性质便发生变化，激光波长也有差别。离子在晶格场中，其能级中的大部分简并态将发生分裂，这便影响了激活离子的能级结构，出现精细光谱。另一方面，材料的物理化学性质主要决定于基质晶体，但掺入激活离子亦将影响其结构稳定性和晶体热学性质等。

1）激活离子和基质的种类

常用的激活离子有以下两大类：

（1）过渡族金属离子，其光学电子处于外层的 3d 电子，无屏蔽。在晶体中这种光学电子易受到周围晶格场的直接作用，所以在不同结构类型的晶体中，其光谱特性有很大差别。如 Cr^{3+} 离子在强晶格场的 Al_2O_3 中，能级的跃迁产生波长为 694.3nm 的锐线；在中等场强的的 $BeAl_2O_4$ 中，由于能级中粒子被激发后发光跃迁终止在电子振动能级上，这样发光光谱的宽度与晶格振动能量分布的宽度有关,所以这种晶体中荧光由锐线和宽带荧光组成;在弱晶格场的晶体,如 CS_2NaYC_{16} 中,则仅形成宽带荧光。20 世纪 80 年代,随着人们对过渡金属离子与基质晶体相互作用的深入研究,发现了一批波长连续可调的激光晶体,其中 $Ti:Al_2O_3$ 晶体在室温下调谐范围从 $0.680\mu m \sim 1178\mu m$,且调谐增益曲线平坦,是目前研究较多的一种可调谐激光晶体。

(2) 三价稀土离子,其光学电子为 4f 电子。由于 4f 电子受到 5s 和 5p 外层电子的屏蔽作用,减少了晶格场对 4f 电子的作用,因此在不同晶体中三价稀土离子的光谱不像过渡金属离子变化那么大,皆与自由离子近似。其中,三价钕离子由于基态距终态 2000cm^{-1} 左右,形成典型的四能级系统,激光阈值低,效率高,易实现室温连续运转,是使用最广泛的激活离子。

基质晶体包括氧化物和氟化物两大类。氧化物中又分三类:①金属氧化物晶体,如 Al_2O_3、MgO、Y_2O_3 等,这些晶体掺杂时不需要电荷补偿,但熔点高、制取优质单晶比较困难;②复合氧化物晶体,如 $Y_3Al_5O_{12}$、$Gd_3Se_2GaO_{12}$、$YAlO_3$ 等掺杂时不需电荷补偿,熔点高,制备单晶同样比较困难;③含氧金属酸化物晶体,如 $LiNbO_3$、$ZnWO_4$ 和 YVO_4 等,均以三价稀土离子为激活离子,掺杂时需电荷补偿,是一种四能级机构工作物质。

氟化物分为两类:①氟化物晶体,如 GaF_2、LaF_3 和 MgF_2 等,这类晶体熔点较低,易于生产单晶,是早期研究的激光晶体材料,但是其缺点是要在低温下工作;②复合氟化物晶体,如 $LiYF_4$、$CaF_2 - YF_3$、$LiCaAlF_6$ 等。

作为基质晶体除了要求其物理化学性质稳定,容易生长出光学均匀性好的大尺寸晶体且价格便宜外,还必须考虑其与激活离子间的适应性,如基质阳离子与激活离子的半径、电负性和价态应尽可能接近。

2) 激光晶体的要求

根据激光器脉冲稳态工作下的光泵辐射阈值能量 E_p^o 和振荡输出能量 E 的公式:

$$E_p^o = 4\pi n^2 \left(\sigma + \text{In}\,\frac{1}{R} \right) h\upsilon_p \frac{\Delta\upsilon\tau}{\eta\lambda^2 K_p \Delta\upsilon_p}$$

$$E = \frac{1 - R}{\sigma + \text{In}\,\frac{1}{R}} \cdot \frac{\lambda_p}{\lambda}\eta_1 F_p(E_p - E_p^0)$$

式中:E_p 为光泵辐射能量;λ_p、λ 分别为激发带的中心波长和振荡波长;$\Delta\upsilon_p$、$\Delta\upsilon$ 分别为激发带和荧光带的宽度;K_p 为激光材料对 λ_p 的吸收系数;F_p 为材料对光泵辐射的光谱利用率,它与 K_p、$\Delta\upsilon$ 值成正比;τ 为荧光寿命;η、η_1 分别为荧光量子效率和从激发带转变为亚稳态的转换效率;σ 为光在材料中来回一次的损耗;

R 为输出腔片的反射率;n 为折射率。

为了获得较小的光泵阈值能量和尽可能大的振荡输出能量,激光晶体要求具有以下性能:

(1)荧光线宽 Δv 适当。对于一般功率输出的器件,要求 Δv 较窄,则光泵阈值便小,利于连续器件。对于大功率、大能量输出器件,却反而要求 Δv 宽,以便减小自振,增加储能。

(2)荧光寿命 τ 合适。τ 值小可使阈值光泵能量小,但亦限制振荡能量的提高。对光泵水平较低而接近阈值者,τ 值应小些,以便获得较低的光泵阈值能量和较大的振荡输出能量。反之,对很高的光泵言之,则要求 τ 大些,以利于有较多的粒子数反转,从而获得较大的振荡能量。

(3)荧光量子效率、能态转换效率、激发带宽度、吸收系数均尽量大,利于充分利用激光源能量。一般的,基质结合键越大,激活离子的荧光亮度越强。配位离子半径小,配位体电子亲和力小,公有化电子多,则荧光强度大。

(4)振荡波长大。振荡波长越小,阈值能量越大,振荡越难发生。

(5)基质内部损耗小。基质在光泵光谱区透明度高,在激发发射的波段上应无光吸收。并且与内部损耗有关的光学均匀性要高,以免光通过介质产生波面变形和光程差,以及振荡阈值升高、效率下降等不良情况。

(6)良好的物理化学性能。热膨胀系数小、弹性模量大、热导率高、化学价态稳定、结构组分稳定以及光照稳定性好和热光稳定性好等。

(7)能级结构以四能级结构为佳。从降低阈值和提高效率方面考虑,四能级结构优于三能级结构,易于建立亚稳态与终态能级间粒子数反转。

(8)晶体长度足够。为了超过临界振荡所需的最小反转粒子数,激光晶体要有足够的长度。

3)典型的激光晶体

要得到十全十美的激光晶体材料是相当困难的,只能按实际需求选取符合主要条件的材料。最成熟的两种典型激光晶体是红宝石激光晶体和钕—钇铝石榴石激光晶体($Nd^{3+}:Y_3Al_5O_{12}$)。

红宝石激光晶体是以 $\alpha\text{-}Al_2O_3$ 单晶为基质,Cr^{3+} 为激活离子组成的晶体激光材料。将铬原子掺杂后,其外层电子结构 3d5s1 中失去 3d24s1 三个电子而剩下 3d3 三个外层电子的 Cr^{3+}。红宝石激光晶体堪称为一种较为理想的激光材料,它在激光领域应用很普遍,现常用作大功率激光器的工作物质,尤其用作生产可见光输出激光的材料。世界上第一台激光器,1960 年 7 月 7 日,美国青年科学家梅曼宣布世界上第一台激光器诞生,这台激光器就是红宝石激光器。

钇铝石榴石（YAG）属立方晶系，Nd^{3+}:YAG 激光跃迁能级属于四能级系统。Nd^{3+}:YAG 晶体的效率和光束破坏阈值都较高，热导率亦高。现在钇铝石榴石连续激光器工作波长一般为 1064nm，最大输出已超过 1kW，重复频率达 5000次/s，每次输出功率在 1kW 以上，已得到了广泛应用。

除了最常用的上述两种晶体激光材料外还有 Nd:YVO_4（掺钕钒酸钇）、Yb:YAG（掺镱钇铝石榴石）和钛蓝宝石等。Nd:YVO_4（掺钕钒酸钇）激光器是低功率应用最广泛的固体激光器，工作波长一般为 1064nm，可以通过 KTP，LBO 非线性晶体倍频后产生 532nm 的激光器。Yb:YAG（掺镱钇铝石榴石）激光器适用于高功率输出，这种材料的碟片激光器在激光工业加工领域有很强优势。钛蓝宝石激光器具有较宽的波长调节范围（670nm ~ 1200nm）。

2. 玻璃激光材料

用于产生激光的玻璃材料，我们又将其称为激光玻璃。尽管玻璃中激活离子的发光性能不如在晶体中好，但激光玻璃储能大，基质玻璃的性质可按要求在很大范围内变化，制造工艺成熟，容易获得光学均匀的、直径从几微米的光纤到玻璃棒或几十厘米的玻璃板，加之价格便宜等特点使激光玻璃在高功率光系统、纤维激光器和光放大器以及其他重复频率不高的中小激光器中得到了广泛的应用。

激光玻璃的基质材料是玻璃，它使激活离子的行为与在晶体中有所不同。晶体基质对激活离子的影响主要取决于晶格场的作用，而玻璃基质却主要取决于玻璃介质的极化作用。于是，表现出来的光谱特性便有不同。在光谱和热学特性上，激光玻璃和激光晶体比较，主要有以下特点：

（1）玻璃基质对激活离子的影响比晶体大。这是由于在玻璃基质中激活离子与配位体之间不仅存在离子键作用，而且还有一定共价键作用。例如 Cr^{3+} 在晶体基质中能出现特征荧光，而在玻璃中，基质的极化作用破坏了 Cr^{3+} 的 3d 能级跃迁过程，便不出现荧光。只有稀土激活离子，4f 层电子有较好的屏蔽，才易于在玻璃基质中得到较窄的荧光。

（2）玻璃基质的网络体是无序结构，激活离子在网络中所处的位置是不等价的，因此受到配位场的作用与晶体不一样，离子可发生不同的能级移动，故出现的是各个离子跃迁过程的总谱线，亦即一系列中心频率稍有差别的离子线的叠加。一般说，玻璃材料的激光阈值较高，但储能则比晶体材料好。

（3）玻璃热学性能较晶体差。玻璃线膨胀系数约 $10 \times 10^{-3}/℃$，要比晶体（红宝石为 $6 \times 10^{-6}/℃$，石榴石为 $7 \times 10^{-6}/℃$）大三个数量级；玻璃的热导率甚小，在室温时仅为 8.37×10^{-3} J/cm·s·K，要比晶体（红宝石为 0.077cal/cm·s·K，石榴石 0.03cal/cm·s·K）小一个数量级，所以玻璃材料制成的元器件易受热而严重畸变。

（4）玻璃具有某些不同于晶体的特点。玻璃基质组成易于改变,可加入不同种类和数量的激活离子;玻璃的近程有序和远程无序结构使结构缺陷对性质的影响小,能获得各向同性、均匀的工作物质;玻璃的性质随其成分能在很大范围内变化,可进行适当选择以满足对基质物理化学性质上的要求;易于制备和成型,可得到高度光学均匀、应力和双折射小的制品。

激光玻璃中的激活离子主要是 Nd^{3+} 等稀土离子,三能级或四能级发光机构。基质玻璃选择时必须考虑到:①激活离子的受激发射截面要大;②高量子效率;③非线性折射率低;④热光稳定;⑤光学透过性好,不存在激活离子激发带和激光输出波长的附加吸收,光照稳定;⑥具有良好的机械、化学、热学、研磨等方面性能。

已获得实际应用的激光玻璃有:硅酸盐系统钕玻璃,具有荧光寿命长、量子效率高、物化性能好、生产工艺简单成熟等特点,用于高能和高功率输出激光器;还有硼酸盐和硼硅酸盐系统钕玻璃,其荧光寿命短而吸收系数高可得到较低阈值能量,用于高重复率脉冲工作的激光器。此外还有实用的掺 Er^{3+} 激光玻璃。由于人眼对掺杂 Er^{3+} 玻璃发出的 $1.54\mu m$ 激光所能承受的功率密度比掺 Nd 发出的 $1.06\mu m$ 激光高几个数量级,故称为安全激光。铒玻璃激光的大气透过性较好,利于在大气中传输,已用于新一代激光测距仪、气象观测仪及医学方面等。

3. 陶瓷激光材料

激光材料是激光技术发展的核心和基础,具有里程碑意义和作用,特别是激光晶体在激光技术发展的各个关键阶段均起了举足轻重的作用。进入新世纪,激光和激光科学技术正以其强大的生命力推动着光电子技术和产业的发展,激光材料也得到了迅猛发展,在单晶和玻璃之后陶瓷作为激光材料值得瞩目,如具有微-纳米级晶界、完整性好、制作工艺简单的多晶透明激光陶瓷正在向占据激光材料首席地位达 40 年之久的激光晶体 Nd:YAG 发出强有力的挑战。

1）陶瓷激光材料发展简况

1964 年,Hatch 等首次用真空热压烧结法制备了 $Dy:CaF_2$ 陶瓷激光器,其在液氮温度下实现了激光振荡,振荡阈值与单晶近似。

1973 年—1974 年,Greskovich 等用传统陶瓷烧结技术制得的 $Nd:Y_2O_3$ 陶瓷激光器,其性能与掺 Nd 玻璃激光器的相近。之后十多年,多晶陶瓷激光器因其主要光学性能不及单晶和玻璃材料而使其的研究一度降温。

20 世纪 80 年代,学者们从真正意义上开始研究 YAG 陶瓷和掺 Nd^{3+}、Yb^{3+}、Tm^{3+} 等稀土离子 YAG 激光陶瓷材料与器件。1984 年 With 等用喷雾干燥和煅烧硫酸盐混合物制备出 YAG 粉料。他们以 SiO_2 和 MgO 为烧结助剂,采用真空烧结工艺,通过对烧结助剂的种类、数量及温度制度对材料烧结性能和光学性能的影响等方面的研究,制得相对密度近100%的透明YAG陶瓷,其透光率在50%~80%。1990年Sekita等采用化学共沉淀法制备出YAG粉料,用等静压成型和真空烧结工艺制得不同掺钕量的YAG陶瓷,其中1%Nd:YAG陶瓷除具有较大的背景吸收外,其他光谱性能几乎与单晶的相同。

1995年Ikesue等用化学法制备的高纯氧化物粉料为原料,经等静压成型和不同温度条件下真空烧结,通过固相反应制得透明YAG和Nd:YAG陶瓷。1800℃烧结的YAG透明陶瓷在紫外和红外区域的透光性能与单晶的相近。1750℃烧结的1.1%Nd:YAG陶瓷激光器的振荡阈值、转换效率、折射率、热传导等物理性能与0.9%Nd:YAG单晶的相当。

1998年后,Konoshima公司等利用纳米技术制备出直径约为10nm的掺钕YAG粉体,采用真空无压烧结技术制备出高透明Nd:YAG陶瓷。该陶瓷的吸收光谱、发射光谱、荧光寿命等性能几乎与单晶相同,某些性能还优于晶体。随后又出现了掺镱或掺钕的YAG、YO、LuO、Sc_2O_3,掺铬的ZnSe等透明陶瓷激光器。

1999年后,Nd:YAG陶瓷激光器的连续输出功率已从88W提高到110W,最高的输出达1460W。

2)陶瓷激光材料优势

陶瓷激光材料相较于激光晶体具有以下优势:

(1)陶瓷制备时间短,烧结装置制造简单成本低,无需贵金属材料和保护气氛。

(2)陶瓷可以制备成多种形状及大尺寸的材料。

(3)陶瓷中掺杂离子浓度高,从整体上看,掺杂离子分布均匀。

(4)陶瓷烧结温度比晶体的熔点低,制备出的陶瓷其组分偏离小。

(5)陶瓷可做成多层材料烧结,有可能发展成多功能性。

3)陶瓷激光材料的制备

激光陶瓷的制备流程和制备其他类型陶瓷采用的相同,即经过制备粉体、配方、成型和烧结。

一般陶瓷由于对光产生反射和吸收损失,因而是不透明的。造成这些损失的原因是陶瓷内的气孔、杂质、晶界、晶体结构等因素。因此,使陶瓷具有透明性,必须具备以下的条件:①致密度高,达理论密度的99.5%以上;②晶界不存在空隙或空隙大小比光的波长小得多;③晶界没有杂质及玻璃相或晶界的光学性质与微晶体之间差别很小;④晶粒较小而且均匀,其中没有空隙;⑤晶体对入射光的选择吸收很小;⑥无光学各向异性,晶体结构最好是立方晶系且表面的光洁度要高。

要满足以上条件,对激光陶瓷制备的工艺提出了高要求。粉体的制备可以采用固相法和湿化学法两类,湿化学法中共沉淀法、溶胶凝胶法、喷雾热解法和水热法都有采用。不管采用何种粉体制备方法均要求:粉体颗粒的尺寸在纳米量级,颗粒大小均匀,形状一致;颗粒不团聚、分散性好;颗粒的相纯度高。激光陶瓷成型方法可以采用注浆、冷等静压与热等静压成型等。冷等静压成型方法使用较多,注浆成型得到的坯体密度虽不及等静压成型的高,但同样可使密度分布均匀。烧结制备高透明性能良好的激光陶瓷关键工艺,要使激光陶瓷具有高致密度、超低气孔率、均匀细小的晶粒且晶界薄,就必须严格控制烧结工艺。激光陶瓷的烧结可以采用无压烧结、热压烧结、热等静压烧结及微波烧结等。据已有研究结果显示:对 YAG 透明陶瓷,采用真空烧结法更有效,因为在负压环境下,坯体内气体更易向外扩散,这无疑将加快坯体致密化,且最终气体含量可达到很低水平。

7.3　半导体发光材料

对半导体电致发光的研究有着悠久的历史。早在 1907 年罗昂德(H. J. Round)就观察到电流通过金刚石晶体时发黄光的现象。1923 年洛谢夫(O. W. Lossew)观察到 SiC 的点接触发光,经过多年研究后,他推断 SiC 发光是 PN 结发光。1952 年海恩斯(J. R. Haynes)等人观察到 Ge 和 Si 的 PN 结发光。1955 年沃尔夫(G. A. Wolff)首次在Ⅲ - Ⅴ族化合物 GaP 中观察到可见光发射,但辐射效率非常低。20 世纪 60 年代通过对Ⅲ - Ⅴ族化合物大量的研究工作,最早成功制得了 GaP 红色发光二极管器件。1968 年 GaPAs 发光二极管以红色灯泡形式商品化,随后又出现了绿色和黄色、橙色的发光二极管。1993 年高亮度蓝色发光二极管的研制成功使得任意颜色都可以通过调配得到,为彩色显示开辟了道路。

半导体发光材料是制造半导体发光器件的基础。半导体发光器件具有体积小、能量转换效率高、易于调制、可集成化、价格低廉等优点,目前已广泛应用于光电信息产业中,成为光电子产业的主要产品。

7.3.1　半导体发光二极管

发光二极管(Light Emitting Diode,LED),顾名思义,是一种可以将电能转化为光能的电子器件并具有二极管的特征。LED 与普通半导体二极管一样有两个电极(正极和负极)。半导体发光二极管可以自发辐射紫外光、可见光或红外光,是目前应用最广的一种结型电致发光器件。其在通信、消费性电子、电子设备、汽车、照明、显示屏、信号灯等领域已广泛应用。

半导体发光二极管之所以得到迅速发展和广泛应用是由于其具有许多优点:①工作电压低(1.2V ~1.5V),耗电量小。②性能稳定,寿命长(一般为10^5h ~10^7h);③体积小,更加便于各种设备的布置和设计,而且能够更好的实现夜景照明中的"只见灯光不见光源"效果;④和普通光源比较,单色性好,光谱半宽度一般为几十纳米;⑤响应速度快,一般为10^{-6}s ~10^{-9}s;⑥抗冲击、耐振动性强;⑦重量轻、环保、成本低。

1. 半导体二极管发光机理

半导体发光器件的实质性结构是半导体 PN 结。PN 结由 P 型半导体和 N 型半导体的接触面形成。由于两区多数载流子浓度不同,P 区空穴会扩散到 N 区,N 区电子也会扩散到 P 区,如图 7 - 5(a)所示。在两区界面附近形成空间电荷区,即耗尽层。耗尽层中的空间电荷产生接触电场及漂移电流,对空穴和电子的进一步扩散具合抑制作用,即在 PN 结处形成一势垒,如图 7 - 5(b)所示。在热平衡条件下,扩散电流与漂移电流相互均衡。当在 PN 结上外加一个正向电压时,原有的均衡被打破,漂移电流减少,扩散电流增加,PN 结势垒变低,耗尽区变窄,新的载流子就会通过扩散大量注入到耗尽区中,这些载流子在耗尽区中相互复合时,多余能量以光子形式辐射,产生发光,如图 7 - 5(c)所示。

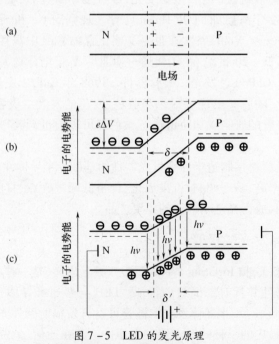

图 7 - 5 LED 的发光原理

(a)电子和空穴扩散;(b)形成势垒;(c)产生发光。

这种发光也称为注入式发光,光子的能量由带间隙决定。其发光过程包括三个部分:正向偏压下的载流子注入、复合辐射和光能传输。在 LED 得两端加上正向电压,电流从 LED 阳极流向阴极时,半导体晶体就发出从紫外到红外不同颜色的光线。调节电流,便可以调节光的强度。可以通过改变电流可以变色,这样可以通过调整材料的能带结构和带隙,便可以多色发光。此外,一些电子被无辐射中心俘获,能量以热能的形式散发,这个过程称为无辐射过程。

2. 半导体发光二极管结构

传统 LED 的基本结构如图 7 – 6(a)所示。LED 芯片固定在导电、导热的带两根引线的金属支架上,有反射杯的引线为阴极,另一根引线为阳极。整个芯片以环氧树脂包封,可以起到保护芯片和聚光的作用。LED 的两根引线不一样长时,其中较长的一根为阳极。如果两根引线一样长,通常在管壳上有一凸起的小舌,靠近小舌的引线为阳极。LED 芯片是 LED 器件的核心,其结构如图 7 – 6(b)所示。LED 芯片为分层结构,两端是金属电极,底部为衬底材料,中间是 PN 结层,发光层被夹在 P 型层和 N 型层之间,是发光的核心区域。P 型层和 N 型层以及发光层是利用特殊的外延生长工艺在衬底材料上生长制得的。图 7 – 6(b)只不过是一示意图,实际的芯片结构比其要复杂得多。

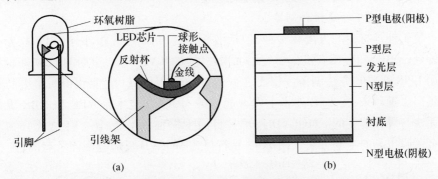

图 7 – 6　传统 LED 的基本结构
(a) LED 的基本结构;(b) LED 芯片结构示意图。

3. 半导体发光二极管材料

目前发光二极管的材料主要为Ⅲ – Ⅴ族化合物半导体单晶材料,特别是 GaAs、GaP、AlAs、InAs、InP、InSb 二元化合物和 $Al_yGa_{1-y}As$、$Al_xIn_{(1-x)}P$、$Ga_xIn_{(1-x)}P$、$GaAs_xP_{(1-x)}$ 和 $In_xGa_{(1-x)}N$ 等三元化合物以及 $(Al_xGa_{(1-x)})_yIn_{(1-y)}P$ 和 $(Al_xGa_{(1-x)})_yIn_{(1-y)}N$ 等四元化合物。因为这些晶体的带宽适合于发出可见光和近紫外及红外光,并且具有其他合适的电学和光学性质。综合各种因素,用于发光二极管材料通常需具备以下条件:

(1) 有合适的带隙宽度 E_g。LED 的波长由禁带宽度决定,可表示为:$\lambda =$

229

$1240/E_g$。由于 PN 结注入的少数载流子与多数载流子复合发光时释放的光子能量小于等于 E_g，因此 LED 芯片发光材料的 E_g 值必须大于等于所需发光波长的光子能量。对于可见光 LED 而言，通常要求 $E_g > 1.63eV$。

（2）可获得高电导率的 P 型和 N 型晶体，以制备优良的 PN 结。制备优良的 PN 结，需要有 P 型和 N 型两种晶体材料，而且要求这两种材料的导电率足够高，以有效提供发光所需要的电子和空穴。为使 P 区和 N 区有足够高的导电率，通常要求掺杂浓度不应小于 $1 \times 10^{17}/cm^3$。另一方面，为减小正向串联电阻，应尽量选择迁移率高的材料。选择合适的外延工艺、掺杂材料和掺杂温度和浓度，是获得高导电率材料的基本保证。

（3）可获得完整性好的优良晶体。晶体的晶格缺陷和外来杂质往往形成复合中心，成为影响器件发光效率的重要原因。因此，优质晶体是制造高发光效率 LED 的必要条件。影响晶体质量的因素很多，如衬底材料和晶体生长方法等。

（4）发光复合几率大。由于发光复合几率直接影响发光效率，所以目前大都采用直接带隙型（或直接跃迁型）半导体材料制备发光二极管，因为这类材料有较大的复合几率。对于间接跃迁型晶体材料，也可以掺入适当杂质来形成复合几率大的高浓度复合中心，可以提高光效。

4. LED 芯片外延材料制备

生长外延材料的方法有多种，包括液相外延（LPE）、气相外延（VPE）、分子束外延（MBE）和金属有机化学气相沉积外延（MOCVD）等。早期的 LED 外延片采用 LPE 和 VPE 方法制备。相比之下，VPE 方法优于 LPE，能获得质量更高的外延层。近年来，在 VPE 技术上发展起来的 MOCVD 技术是 VPE 和 MBE 等技术无法与之媲美的。MOCVD 技术是目前生长 Ⅲ–Ⅴ族、Ⅱ–Ⅵ族化合物及合金薄膜单晶的主要方法。图 7-7 是行星式 MOCVD 反应腔剖面示意图。

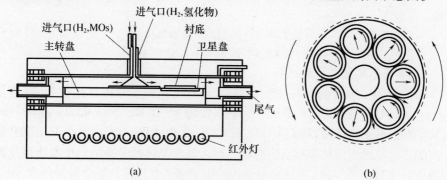

图 7-7　行星式 MOCVD 反应腔剖面示意图
(a) 剖面图；(b) 俯视图。

现以 InGaAlP 外延生长为例来说明外延生长的基本原理。在 MOCVD 外延设备系统中,通常用氢气或氮气作为载体,气态物质 In、Ga、Al、P 等被有控制地输送到反应器中的被加热到适当温度的 GaAs 衬底基板表面上,生长出具有特定组分、特定厚度、特定电学和光学参数的半导体薄膜外延材料。III 族与 V 族的源物质分别为 TMGa、TEGa、TMIn、TMAl、PH_3 和 AsH_3。通过掺 Si 或掺 Te 以及掺 Mg 或掺 Zn,生成 P 型和 N 型薄膜材料。对于 InGaAlP 外延材料,所用的 III 族元素流量通常为 $(1 \sim 5) \times 10^{-5} mol$,V 族元素的流量为 $(1 \sim 2) \times 10^{-3} mol$。为获得合适的生长速度和优良的晶体结构,衬底旋转速度和长晶温度的优化与匹配至关重要。细致调节生长腔体内的热场分布,将有利于获得均匀分布的组分与厚度,进而提供外延材料光电性能的一致性。

5. 几种常见半导体二极管发光材料

下面简要介绍几种主要的二极管发光材料。

1) GaAs

GaAs 室温禁带宽度为 1.42eV,是直接跃迁半导体,其直接跃迁几率很高。其带间直接跃迁复合发光所发射光子能量接近禁带宽度,峰值波长为 870nm 左右,属于近红外辐射光。

基于 GaAs 的红外发光二极管主要有 GaAs:Si(GaAs 中掺 Si)和 GaAs:Zn(GaAs 中掺 Zn)两种。GaAs:Si 红外发光二极管的发光峰值波长在 940nm 左右。Si 在 GaAs 中是两性杂质,当 Si 替代 Ga 时形成施主杂质,而替代 As 时形成受主杂质。Si 杂质会引入一个起复合发光中心作用的深能级,从导带(或施主能级)跃迁到该受主能级辐射的光子能量为 1.30eV,相应辐射的峰值波长在 940nm 左右。在 n 型衬底上采用 Zn 扩散的方法制成 GaAs:Zn 红外发光二极管,其中 Zn 作为受主杂质,其峰值波长在 870nm 左右。

2) GaP

GaP 室温下禁带宽度为 2.26eV,间接跃迁型半导体。间接跃迁材料的发光都与杂质有关,GaP 的发光就是通过禁带中的发光中心来实现的。根据掺杂的不同,主要有红色和绿色发光中心,此外还有橙黄色发光中心。

3) $GaAs_{1-y}P_y$

前面已经介绍 GaAs 是直接带隙辐射,但是其辐射波段在红外波段。要使其扩展到可见光波段,我们可以采用 GaAs - GaP 混晶。该晶系在全部组分范围内都是完全的固溶体,其能带结构会随组分的变化由一种化合物半导体过渡到另一种化合物半导体。

对于 $GaAs_{1-y}P_y$ 体系,当 $0 < y < 0.45$ 时,晶体为直接带隙半导体,禁带宽度在 1.424eV ~ 1.977eV 之间,且随着 y 值的变大而变大。其发光波长取决于不同

y 值对应的禁带宽度,其发光峰值波长为 650nm ~ 670nm 的红光。当 $y > 0.45$ 时,体系为间接带隙半导体,其性质接近 GaP。要提高发光效率,可以掺入 N 形成等电子陷阱以实现激子复合发光。掺 N 后可选择适当 y 值,改变禁带宽度而得到不同的发光颜色,在 $y \approx 0.5$ 时发橙色光($\lambda \approx 610nm$);$y \approx 0.85$ 时,发黄色光($\lambda \approx 590nm$)。$GaAs_{1-y}P_y$ 系 LED 技术是比较成熟的,因此它是目前可见光发光二极管领域应用的比较多的半导体材料。

4) GaN

以 GaN 为代表的宽禁带半导体材料被称为是继 Si 和 GaAs 之后发展起来的第三代半导体材料,其室温禁带宽度为 3.39eV,是制备蓝紫光发光二极管的主要材料。GaN 具有高的击穿电压、高的电子迁移率和高的化学稳定性,所以其在高频、大功率器件和恶劣条件下工作的器件方面有着很好的应用潜力。GaN 的熔点高饱和蒸汽压高,因此在早期外延技术不成熟的情况下很难得到质量优良的外延晶体材料,同时导致高亮蓝光发光二极管直到 1993 年才得以问世。随着外延技术的不断发展,尤其是 MOCVD 技术的发展,目前已可以制备出质量优良的 GaN 外延材料。

6. 白光 LED

LED 是一种固体光源,它是利用半导体 PN 结电致发光制成的发光器件。由于不同半导体材料的带隙能量不同,因此激发光的波长也不同。所以采用不同的材料可制成不同颜色的发光二极管。也就是说 LED 只能发出单色光,但是要将 LED 应用普通照明,则我们需要白光 LED。

根据色度学原理,白光可以通过不同的颜色混合方案实现,例如,蓝光和黄光混合,蓝、绿、红三基色光混合以及多基色光混合等。当前实现 LED 白光的方案主要有以下三种。

第一种方案:当前的主流方案是用蓝光 LED 芯片和可被蓝光有效激发的发黄光荧光粉有机结合组成白光 LED。LED 芯片发射的蓝光部分被荧光粉吸收,有效地激发荧光粉发射黄光,其余的部分蓝光穿过荧光粉透出,黄光和蓝光混合获得白光(图 7 - 8(a))。这种方法的优点是白光 LED 结构简单,容易制作,而且 YAG 荧光粉已经在荧光灯领域应用了许多年,工艺比较成熟。其缺点主要有:①蓝光 LED 发光效率还不够高;②短波长的蓝光激发荧光粉产生长波长的黄光,存在能量损耗;③荧光粉与封装材料随着时间老化,导致色温漂移;④不容易实现低色温(一般照明用的白光都略微偏暖色),显色指数一般也不高(70 ~ 80);⑤功率型白光 LED 还存在空间色度均匀性等问题。

第二种方案:采用高亮度的近紫外 LED(400nm)激发红、绿、蓝三色荧光粉,

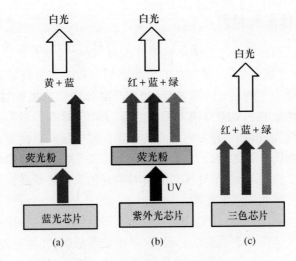

图 7 - 8 白光 LED 发光原理

产生红、绿、蓝三基色。通过调整三色荧光粉的配比可以形成白光(图 7 - 8 (b)),这也是当前发展的重点,相对于蓝光 LED + YAG 荧光粉,采用这种方法更容易获得颜色一致的白光,因为颜色仅仅由荧光粉的配比决定;此外,还可以获得很高的显色指数(>90)。其缺点主要有:①高效的功率型紫外 LED 不容易制作;②由于 Stocks 变换过程中存在能量损失,用高能量的 UV 光子激发低能量的红、绿、蓝光子导致效率较低;③封装材料在紫外光的照射下容易老化,寿命缩短;④存在紫外线泄漏的安全隐患。

第三种方案:以红蓝绿三色晶粒调配组成白光发光模组,或是以蓝、黄绿、蓝绿和橙将其中两色互补调配成白色发光模组图 7 -8(c)。同时我们把这种方案也成为多晶型,前面两种归为单晶型,如表 7 - 1 所列。这种方案具有高发光效率、高演色性优点,但同时也因不同颜色晶粒磊晶材料不同,连带电压特性也随之不同。因此使得成本偏高、控制线路设计复杂且混光不易。

表 7 - 1 白光 LED 发光机制种类及原理

方式	激光源	发光元素与荧光材料	发光原理
单晶型	蓝光 LED	INGaN/YAG 黄色荧光粉	以蓝色光激发荧光粉
	紫外光 LED	INGaN/RGB 三波长荧光粉	以紫外光激发 RGB 荧光粉(同荧光灯原理)
多晶型	蓝、黄绿、蓝绿、橙 LED	INGaN、GaP、AlInGaP	将互补两色调配成白色
	蓝、绿、红 LED	INGaN、AlInGaP、AlGaAs	将三原色调配成白色

7.3.2 半导体激光材料

前面我们已对固体激光材料中的激光晶体、激光玻璃和激光透明陶瓷这类以光激励掺杂(金属离子)的分立中心发光的电介质激光材料做了介绍,另外还有一类以电激励为主的半导体激光材料,即半导体激光二极管材料。由于其在结构上与半导体发光二极管有很大相似之处,所以安排在本章节加以介绍。

在半导体激光材料中,导带电子与价带空穴发生带间直接复合,即在导带底与价带顶处于相同位置的复合,从而发出能量相当于禁带宽度的光子,称为复合发光。与发光二极管不同,半导体激光材料中光的发射是受激辐射过程,因此半导体激光器是一种相干辐射光源。

激光的产生需要具备三个基本条件:①粒子数反转分布的建立,即高能态的载流子数要远大于低能态的载流子数,以产生受激辐射;②具有起反馈作用的谐振腔,以产生激光振荡;③满足一定的阈值条件,使得光增益大于损耗,以形成振荡。

那么使半导体激光器产生激光振荡的方法是通过 PN 结注入载流子进行激发,在导带和价带之间造成粒子数反转分布,再用波长适应于带间跃迁的光照射。故半导体激光器常被称为二极管激光器或激光二极管。图 7-9 表示出半导体激光器的最基本结构。

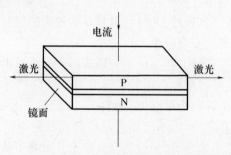

图 7-9　半导体激光器的基本结构

垂直于 PN 结面的一对平行平面构成法布里——珀罗谐振腔,它们可以是半导体晶体的解理面,也可以是经过抛光的平面,其方向垂直于(100)晶向。光子可以在结附近沿 z 方向在两个平面间来回反射。实际上,反射镜只是部分反射光子,以允许部分光波能从结构中辐射出来。在一定条件下,谐振腔中会出现光振荡现象,这强化了垂直于镜面方向上的受激辐射。其余两侧面则相对粗糙,用以消除主方向外其他方向的共振现象。

当半导体的 PN 结加有正向电压时,会削弱 PN 结势垒,迫使电子从 N 区经

PN 结注入 P 区,空穴从 P 区经过 PN 结注入 N 区,这些注入 PN 结附近的非平衡电子和空穴将会发生复合,从而发射出一定波长的光子,这一过程与之前介绍的发光二极管一样属于自发辐射发光。当自发辐射所产生的光子通过半导体时,一旦经过已发射的电子—空穴对附近,就能激励二者复合,产生新光子,形成受激辐射。如果注入电流足够大,则会形成和热平衡状态相反的载流子分布,即粒子数反转。当有源层内的载流子在大量反转情况下,少量自发辐射产生的光子由于谐振腔两端面往复反射而产生感应辐射,造成选频谐振正反馈,或者说对某一频率具有增益。当增益大于吸收损耗时,就可从 PN 结发出具有良好谱线的相干光——激光。

由于半导体激光器使用电激励方式,因而其结构紧凑,通常被用作光纤通信的主要光源。根据激光波长的不同,采用不同掺杂半导体材料。振荡波长范围决定半导体激光器的不同使用方式,所以从波长范围角度,半导体激光材料可分为以下几类:

(1) 长波段光通信用半导体激光材料,其波长在 $1.2\mu m \sim 1.7\mu m$ 之间。长波段是光纤损失最小的波段,最适合于进行长距离、大容量的光通信。作为长波段半导体激光材料的有多种,以 $In_{1-x}Ga_xAs_yP_{1-y}$ 为代表。

(2) 短波段光通信用半导体激光材料,其波长在 $0.81\mu m \sim 0.89\mu m$ 之间。$Al_xGa_{1-x}As$ 为该波段最常用的半导体激光材料。

(3) 可见光波段用半导体激光材料,该波段激光用于进行高密度的信息记录。光记录材料的感光区与半导体激光振荡波长是否匹配是应用中的关键。可能用作可见光半导体激光器的有 InGaAlP 以及 ZnSe 和 CdS 等。

(4) 远红外波段用半导体激光材料,其波长在 $2\mu m$ 至数十微米之间。所应用的半导体材料有 GaAsInSb 和 PbSeS 等,这一波段的激光器用于光谱测定和大气污染物检测方面。

半导体激光器相较于其他固体激光器还具有体积小、效率高、能简单地利用调制偏置电流方法实现高频调制等独特优点。鉴于这些特点,半导体激光器成为光纤通信中最重要的光源之一,另外在轻便装置及对输出功率要求不高的场合,比如短距离测距、污染检测和引爆等方面有着广泛的应用。

7.4 太阳能电池材料

与前面介绍的半导体发光材料相反,太阳能电池(Solar Cell Materials)可直接将光能转换为电能,太阳能电池的工作机理是光生伏特效应,即吸收光辐射而产生电动势,简称光伏(Photovoltaic,PV)。1839 年法国物理学家贝克里尔(Becquerel)首次在液体中发现这种效应,他观察到插在电解液中两电极间的电压随着光照度的变化的现象。1876 年在固体硒中,弗利兹(Fritts)也观察到这种效应。1954 年第一个实用的半导体硅 PN 结太阳能电池在贝尔实验室问世。半导体太阳能电池具有效率高、寿命长、重量轻、性能可靠、维护简单和使用方便等诸多优点,长期以来,其一直用作卫星和太空船的长期电源。20 世纪 80 年代起,太阳能电池开始应用在小电器(计算器)、热水器和照明等器件上以提供电源。太阳电池发电是一种可再生的环保发电方式,发电过程中不会产生二氧化碳等温室气体,不会对环境造成污染,而且是取之不尽用之不竭。当前,随着石化能源和环境问题的日益突出,因此世界各国已竞相大力发展太阳能电池的应用与研发。

7.4.1 太阳能电池工作原理

在光照下半导体 PN 结的两端产生电位差的现象称为光生伏特效应。具有此效应的材料叫光生伏特材料,又称为光电动势材料。图 7 - 10 显示了一个外接负载的 PN 结电路。在没有外加电压时,PN 结空间电荷形成一个内建电场,但是没有电流形成。当具有足够能量的入射光子进入到空间电荷区时,价带中的电子受到激发跃迁到导带,在价带中留下空穴,这样就会形成电子—空穴对。这些光生电子(空穴)会在内建电场作用下迁移到 n 型(p 型)区,形成光生电压。若在 PN 结两端被上电极并接上负载,就会形成光生电流 I_L,该电流与 PN 结反向偏置电流方向一致。

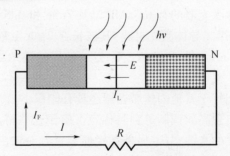

图 7 - 10   外接负载的 PN 结光伏二极管

光生电流会流过负载,从而产生一个电压降,而该电压降反过来会令 PN 结正向偏压,形成一个正向电流 I_F,如图 7 - 10 所示。因此,PN 结的反向总电流为

$$I = I_L - I_F = I_L - I_R\left[\exp\left(\frac{eV}{kT}\right) - 1\right]$$

并非所有光子都能顺利的经由 PN 结将其光能转换为电能,因为在不同的光谱中光子所携带的能量不同。当光子所携带的能量大于能隙时,便可由光电子转换成电能;若光子所携带的能量小于能隙时,对于光电转换而言并没有什么作用,不会产生任何电流。但即使是可形成光电转换,即在光子下可产生电子—空穴对(Electron – Hole Pair)的情况,也会有部分能量以热能的形式散逸掉而不能被有效利用,如图 7 – 11 所示。

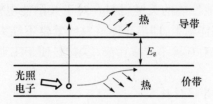

图 7 – 11   太阳光照射太阳能电池电子跃迁及热散逸结构图

7.4.2   太阳能电池结构及性能指标

由光生伏特效应的原理所设计的太阳能电池构造如图 7 – 12 所示,其主要由半导体材料、电流栅、电流汇流排、金属背电极、表面薄层等部分构成。通过适当掺杂在半导体材料中形成 PN 结,在阳光幅照下能够产生光生伏特效应。电流汇流排和金属背电极连接外电路。表面涂层起改善光的传输性能和保护半导体材料表面的作用。在光的照射下,半导体 PN 结的两端产生电位差,由电流汇流排和金属背电极输出电流。衡量太阳能电池的一个重要指标是转换效率,以 η 表示,其定义为

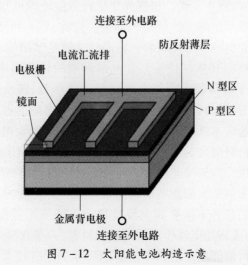

图 7 – 12   太阳能电池构造示意

$$\eta = \frac{负载中消耗的功率}{入射到硅表面的阳光功率}$$

此外太阳能电池的价格、寿命等也是关系其应用价值的重要指标。

7.4.3 太阳能电池材料

太阳能电池材料主要包括半导体、表面涂层、电极等几种材料,其中半导体材料是决定太阳能电池性能的关键材料。对于太阳能电池半导体材料一般要求:①能充分利用太阳能辐射,即半导体材料的禁带不能太宽;②有较高的光电转换效率;③材料本身对环境不造成污染;④材料便于工业化生产,材料的性能稳定且经济。

1. 太阳能电池半导体材料

太阳能电池半导体材料可分为:硅材料、多元化合物材料、有机材料和染料敏化材料。按照取材的方式又可分为堆积型(Bulk Type)和薄膜型(Thin Film Type)。

1) 硅太阳能半导体材料

硅基太阳能半导体材料目前发展最成熟,且在应用中居主导地位。按其结晶形态又分为单晶硅、非晶硅和多晶硅。最早开发的太阳能电池是单晶硅太阳能电池,通过对单晶硅其进行适当的掺杂获得所需的 PN 结,即可产生光生伏特效应,得以实现光电转换。单晶硅太阳能电池的转换效率较高,技术最成熟,当前实验室里最高的转换效率达 24.7% ,商品化的面积为 $10cm \times 10cm$ 的单晶硅可实现的转换效率达 14% ~15% ,这是目前大规模应用较多的太阳能电池半导体材料,但是单晶硅成本较高。根据光生伏特效应原理可知,进行光电转换只需要半导体表面几微米厚的一薄层结构即可。因此,我们可以设计制备硅薄膜形式材料用作太阳能电池半导体材料。多晶硅薄膜是常用的太阳能电池半导体材料,其转换效率较高(10% ~12%),非晶硅薄膜的转换效率稍比多晶硅薄膜低(7% ~9%)。由于硅薄膜太阳能电池材料的成本低,转换效率也较高,随着技术的进步多晶硅薄膜材料不久将会在太阳能电池市场上占据主导地位 。非晶硅薄膜太阳能电池成本低重量轻,转换效率较高,便于大规模生产,有极大的潜力。但受制于其材料引发的光电效率衰退效应,稳定性不高,直接影响了它的实际应用。如果能进一步解决非晶硅薄膜稳定性问题及提高转换率问题,那么,非晶硅太阳能电池无疑是太阳能电池的主要发展产品之一。

太阳能电池用的硅并不需要如大规模集成电路所用的那种高纯度的硅材料,但一般没有专为太阳能电池生产的单晶硅材料,而是直接采用大规模集成电路所用的硅材料。目前能制备出的单晶硅的尺寸仍然有较大的局限,且成本也较高,因此,又研究开发了非晶硅和多晶硅太阳能电池。非晶硅一般采用镀膜的方法制备,如化学气相沉积、反应溅射法、离子镀法等,比较容易实现制备大面积的硅膜,不像单晶硅电池受单晶尺寸的限制,而且电池的制作与非晶硅的制作可一并完成,电池的制作成本较低。离子镀法制备非晶硅膜,即在真空中用电子束轰击固态硅使之蒸发,然后把它引到等离子区使它离子化,被离子化的硅离子在衬底和蒸发源之间所加电压的作用下加速向衬底沉积,最终在衬底上形成非晶硅膜。多晶硅常采用旋淬、熔融硅与异种衬底接触结晶(Silicon on Ceramics, SOC)等方法制备。其过程是将硅熔融后注入石英制的流槽里装入熔融硅液之后,使里侧涂敷碳膜的陶瓷衬底与熔融硅液接触,与此同时使衬底移动,于是在衬底上形成0.1mm~0.2mm厚的硅多晶膜。

无论是单晶硅、非晶硅还是多晶硅,还要对其掺杂以形成PN结产生光生伏特效应。掺杂的方法有涂敷扩散法、离子注入等方法。涂覆扩散法是在硅膜上涂敷含有形成PN结所需要的杂质元素和硅酸(或钛酸)的有机溶剂,待干燥后装入炉中加热到一定温度,使杂质元素扩散到硅膜之中。离子注入是将硅膜作为衬底,将杂质元素离子化后,用几万到几十万伏的高压对其加速,使离子有很高的能量能够注入硅膜内。采用离子注入免去了涂敷扩散法所需要的高温加热,并且容易控制杂质浓度,是一种很有前途的方法。

2)多元化合物材料

多元化合物薄膜太阳能电池半导体材料主要是砷化镓(GaAs)Ⅲ-Ⅴ族化合物、硫化镉(CdS)、碲化镉(CdTe)及铜钢硒(CIS)等无机盐。

CdS、CdTe多晶薄膜电池的效率较非晶硅薄膜太阳能电池效率高,成本较单晶硅电池低,并且也易于大规模生产,但由于镉有剧毒,会对环境造成严重的污染,因此,并不是晶体硅太阳能电池最理想的替代产品。

砷化镓(GaAs)Ⅲ-Ⅴ化合物材料的光电转换效率可达28%,GaAs化合物材料具有十分理想的光学带隙以及较高的吸收效率,抗辐照能力强,对热不敏感,适合于制造高效单结电池。但是GaAs材料的价格昂贵很大程度的限制了其普及,同时其原料的剧毒性也是一大隐患。

铜钢硒薄膜材料不存在光致衰退问题,光电转换效率和多晶硅相当。其具有价格低廉、性能良好和制备简单等优点,将成为今后发展太阳能电池的一个重要方向。其唯一的问题是材料的来源,由于铟和硒都是比较稀有的元素,因此,这类电池的发展又必然受到限制。

Ⅲ-Ⅴ化合物材料在半导体领域有着重要的应用,不仅可以用作太阳能材料,其还是如前所述重要的LED外延材料。由于其具有较大的成分可调整性,可以充分利用能带工程对其性状进行改变,因此Ⅲ-Ⅴ化合物材料是非常具有发展潜力的太阳能半导体材料。据2011年1月研究报道,美国劳伦斯—伯克利国家实验室科研人员,利用镓氮砷(GaNAs)材料和简单的组合方法,制造的多带型太阳能电池效率超过了40%。

3) 染料敏化太阳能半导体材料

近些年开发的染料敏化太阳电池(Dye - sensitized solar cell,DSSC)是在1991年由Grätzel等人发表的。其构造和一般光伏特电池不同,基板通常是玻璃,也可以是透明且可弯曲的聚合物箔(polymer foil),玻璃上有一层透明导电的氧化物(transparent conducting oxide,TCO)通常是使用FTO(SnO_2:F),然后长有一层约$10\mu m$厚的多孔的纳米尺寸的TiO_2粒子(约$10\lambda m \sim 20nm$)形成一纳米多孔(nano - porous)薄膜。然后涂上一层染料附着于TiO_2的粒子上。染料通常是钌多联吡啶配合物(ruthenium polypyridyl complex)。染料分子在可见光的作用下,通过吸收光能而跃迁到激发态,通过染料分子和TiO_2表面的相互作用,电子跃迁到较低能级的导带,进入TiO_2导带的电子被导电电极薄膜收集,通过外回路,回到反电极产生光电流。DSSC的理论最高转换效率为29%,目前已开发的DSCC的最高转换效率约12%,但是其制备工艺简单且性能稳定,所以生产成本仅为硅太阳电池的1/5 ~ 1/10,寿命可达20年以上。相对于硅太阳能电池DSSC可用更低的成本提供同样的发电量。

4) 有机太阳能半导体材料

以有机聚合物代替无机材料是刚刚开始的一个太阳能半导体材料的研究方向。有机材料具有柔性好、制备简单、原料来源广泛和成本低等优势,对大规模利用太阳能,提供廉价电能具有重要意义。但有机材料用作太阳能半导体材料的研究刚刚开始,目前利用有机材料制备的太阳能半导体材料不论是使用寿命,还是电池效率都不能和无机材料特别是硅材料相比。目前有关文献报道有机太阳能电池效率普遍只有3%左右,远低于硅太阳能电池的24%。能否发展成为具有实用意义的产品,还有待于进一步研究探索。2010年,Solarmer能源公司宣布其电池效率再创新高,高达8.13%的转换率已通过国家可再生能源实验室(NREL)认证。有机太阳能电池有望成为具有成本效益及竞争力优势的产品,但其还有很长一段路要走。

2. 保护涂层

太阳能半导体材料表面通常要涂敷一保护涂层,其作用主要有两方面:一是降低光反射,提高光电转换效率;二是保护半导体材料以减少腐蚀等破坏。同时,保护涂层应有良好的透光性。保护涂层材料主要有金属氧化物和导电聚合物两类。金属氧化物的保护涂层有RuO_2、钌和钛的混合氧化物、锡和铟的混合氧化物。例如,厚度为几十纳米的$SnO_2 - In_2O_3$导电膜是良好的保护涂层,其可见光透射率达90%之上。另外,导电聚合物如聚吡咯、聚苯胺和聚乙炔具有在数量级上与金属接近的电导率,在电解液中的化学稳定性较高,也适于作保护涂层。

3. 电极材料

出于对转换效率的考量,太阳能电池必须有一光通透电极。目前,应用于各种太阳能电池中的电极材料有两种:氧化铟锡(ITO)与氧化氟锡(FTO)。ITO的性能好,FTO则相对较差。然而,地球上铟的含量非常稀少,每年的产量很少,不足500t,且需从锌铅矿中提取。

对于ITO和FTO电极材料它们在光谱红外区缺少通透性,这严重限制了其收集较宽光谱太阳光的能力,而且在酸性和碱性环境下二者皆不稳定。此外,它们的金属离子倾向于向聚合物层扩散,会降低电池的光转化效率。要消除这些缺点,就要使得它们拥有近乎完美的结构,否则它们无法消除这些缺陷。这样就给材料制备带来苛刻的指标要求,使得制造成本增高。

相对于ITO与FTO,石墨烯则没有类似缺陷,并且价格低廉、性能稳定。石墨烯膜有通透性、导电性,并且可以加工到超薄,柔性较高。近期,德国马普学会高分子研究所报道了其对石墨烯的研究成果,指出其适合于制备能够收集宽光谱的电极,从而用于固态染料敏化太阳能电池。对于太阳能电池二氧化钛来讲,最重要的是石墨烯膜具有非常高的化学稳定性,尤其可以耐强酸。石墨烯层由石墨片酸氧化而成,形成的含氧基团可以让石墨烯在水中具有良好的分散性,经过超声处理后,石墨烯就可以分解成更薄的薄片,形成含有石墨烯薄片的水溶液,然后在此溶液中浸沾底物如石英等,薄片就可以沉积在底物上。通过改变水溶液的温度可以调节沉积在底物上的石墨烯膜厚度。氧化石墨是绝缘体,但可以在氩气与氢气的环境中高温还原(红外光谱证实还原产物中不含氧化基团),然后产生数十层厚的石墨烯膜。膜的宽度为10nm,在500nm的波长下,通透性为71%,低于ITO的90%与FTO的82%。然而与ITO和FTO相比,石墨烯膜可以透过红外范围的光。膜的电导率为550S/cm,虽然低于石墨的1250S/cm,但却表明石墨烯膜具有用作电极的潜在可能。

7.4.4　太阳能电池的应用与发展

当电力、煤炭、石油等不可再生能源频频告急,能源问题日益成为制约国际社会经济发展的瓶颈时,越来越多的国家开始实行"阳光计划",开发太阳能资源,寻求经济发展的新动力。欧洲一些高水平的核研究机构也开始转向可再生能源。在国际光伏市场巨大潜力的推动下,各国的太阳能电池制造业争相投入巨资,扩大生产,以争一席之地。

全球太阳能电池产业 1994－2004 年 10 年里增长了 17 倍,太阳能电池生产主要分布在日本、欧洲和美国。2006 年全球太阳能电池安装规模已达 1744MW,较 2005 年成长 19%,整个市场产值已正式突破 100 亿美元大关。2007 年全球太阳能电池产量达到 3436MW,较 2006 年增长了 56%。

中国对太阳能电池的研究起步于 1958 年,20 世纪 80 年代末期,国内先后引进了多条太阳能电池生产线,使中国太阳能电池生产能力由原来的 3 个小厂的几百千瓦一下子提升到 4 个厂的 4.5MW,这种产能一直持续到 2002 年,产量则只有 2MW 左右。2002 年后,欧洲市场特别是德国市场的急剧放大和无锡尚德太阳能电力有限公司的横空出世及超常规发展给中国光伏产业带来了前所未有的发展机遇和示范效应。

目前,我国已成为全球主要的太阳能电池生产国。2007 年全国太阳能电池产量达到 1188MW,同比增长 293%。中国已成功超越欧洲、日本成为世界太阳能电池生产第一大国。在产业布局上,我国太阳能电池产业已经形成了一定的集聚态势。在长三角、环渤海、珠三角、中西部地区,已经形成了各具特色的太阳能产业集群。

中国的太阳能电池研究比国外晚了 20 年,尽管最近 10 年国家在这方面逐年加大了投入,但投入仍然不够,与国外差距还是很大。政府应加强政策引导和政策激励,尽快解决太阳能发电上网与合理定价等问题。同时可借鉴国外的成功经验,在公共设施、政府办公楼等领域强制推广使用太阳能,充分发挥政府的示范作用,推动国内市场尽快起步和良性发展。

太阳能光伏发电在不远的将来会占据世界能源消费的重要席位,不但要替代部分常规能源,而且将成为世界能源供应的主体。预计到 2030 年,可再生能源在总能源结构中将占到 30% 以上,而太阳能光伏发电在世界总电力供应中的占比也将达到 10% 以上;到 2040 年,可再生能源将占总能耗的 50% 以上,太阳能光伏发电将占总电力的 20% 以上;到 21 世纪末,可再生能源在能源结构中将占到 80% 以上,太阳能发电将占到 60% 以上。这些数字足以显示出太阳能光伏产业的发展前景及其在能源领域重要的战略地位。由此可以看出,太阳能电池市场前景广阔。

习　题

1. 简述激光的发光原理及其特点。
2. 简述固体激光材料的基本类型及性能要求。

3. 简述半导体发光二极管的工作原理及对材料的要求。
4. 半导体激光二极管和半导体发光二极管有何区别？
5. 太阳能电池材料有哪些类型，各有哪些优缺点？

参 考 文 献

[1] 安毓英，刘继芳，李庆辉．光电子技术．北京：电子工业出版社，2002.
[2] 郭卫红，汪济奎．现代功能材料及应用．北京：化学工业出版社，2002.
[3] 李玲，向航．功能材料与纳米技术．北京：化学工业出版社，2002.
[4] [俄]奥西科 B B．激光材料．屠海令，杨英孖，译．北京：冶金工业出版社，2006.
[5] 樊美公，姚建年，佟振合，等．分子光化学与光功能材料科学．北京：科学出版社，2009.
[6] 马如璋，蒋民华，徐祖雄．功能材料学概论．北京：冶金工业出版社，1999.
[7] 毛兴武，张艳雯，周建军，等．新一代绿色光源 LED 及其应用技术．北京：人民邮电出版社，2008.
[8] 方志烈．半导体照明技术．北京：电子工业出版社，2009.
[9] [美]Donald A Neamen．半导体物理与器件．赵毅强等译．北京：电子工业出版社，2006.
[10] 吴玲，傅文彪．半导体照明．沈阳：辽宁科学技术出版社，2005.
[11] 孙家跃，杜海燕，胡文祥．固体发光材料．北京：化学工业出版社，2003.
[12] [美]亨利 克雷歇尔，等．半导体激光器和异质结发光二极管．黄史坚，译．北京：国防工业出版社，1983.
[13] 杨术明．染料敏化纳米晶太阳能电池．郑州：郑州大学出版社，2007.
[14] 旷峰华，燕青芝，王树明，等．激光玻璃陶瓷的研究进展．材料导报，2009，23：44.
[15] 李刚，王修慧，高宏，等．激光材料专用 YAG 粉体制备技术研究进展．化学工程与装备，2008，40：107.
[16] 刘颂豪．透明陶瓷激光器的研究进展．光学与光电技术，2006，4：1.
[17] Yan W，Fan H，Yang C. Ultra – fast synthesis and enhanced photocatalytic properties of alpha – Fe_2O_3/ZnO core – shell structure. Materials Letters，2011，65：1595.

第8章　有机电子材料

有机电子材料(Organic Electronic Materials)主要包括导电高分子材料、超导高分子材料、光电导高分子、压电高分子、声电高分子、热电高分子和有机电致发光材料等。本章主要介绍有机电子材料中的导电高分子材料、光电导高分子材料、有机压电材料。

有机电子材料是电子材料高科技领域的后起之秀。其不是作为现有无机电子材料的代替品或者延伸,而是将成为无机电子材料所不能替代的新一代电子材料,在许多应用领域中非它莫属,其他材料难以胜任。比如,对于有机化合物可以实现在分子尺寸范围内对电子运动的控制,可使分子聚集体构成有特殊功能的器件,应用于集成电路可使其集成度大幅度提高,这类器件很可能成为21世纪的新型器件。目前,有机电子材料还处于发展前期,一些关键的技术还有待突破,但其无可比拟的优势和广泛的应用前景,将给信息产业乃至整个经济、社会带来又一次深刻的影响,因此发展潜力巨大。

8.1　导电高分子材料

众所周知,聚合物通常情况下不能导电。在实际生活中,人们经常将其用作绝缘材料,比如用作普通电线包覆绝缘层。但是,1977年美国加利福尼亚大学的 Alan. J. Heeger、美国宾夕法尼亚大学的 Alan. G. MacDiarmid 和日本筑波大学的白川英树(Hideki. Shirakawa)共同研究发现,聚乙炔薄膜经掺杂(I_2,AsF_5等)后电导率增加了9个数量级,从 10^{-6}S/cm 增加到 10^3S/cm。这一发现打破了有机聚合物都是绝缘体的传统观念,开创了有机高分子材料的一新的应用和研究领域,诱发了世界范围内的研究热潮。2000年10月10日,瑞典皇家科学院宣布将当年度诺贝尔化学奖共同授予这三位科学家以表彰其对导电聚合物的发现和发展所做的贡献。

8.1.1　高分子材料结构和电导特征

1. 高分子材料的结构特点
高分子材料的结构特征决定了其各种性能,二者之关系是高分子材料设计之基础,亦即是确定高分子材料制造、加工工艺之依据。只有了解和掌握了高分子结构与性能的关系,才能设计制备出所需之理想高分子材料。依据目前高分子材料发展和研究,发现高分子材料具有以下几个主要结构特点:

(1) 链式结构。各种天然高分子或合成高分子材料都具有链式结构。高分子是由多价原子彼此以共价键结合而成的长链状分子,一个结构单元相当于一个小分子,具有周期性。高分子长链可以由一种(均聚物)或几种(共聚物)结构单元组成。

(2) 链的柔性。由单键键合而成的高分子主链一般都具有一定的内旋转自由度,结构单元间的相对转动使得分子链成卷曲状,这种现象称为高分子链的柔性。由内旋转而形成的原子空间排布称为构象。分子链内结构的变化可能使内旋转变得困难或不可能,这样的分子链称之为刚性链。

(3) 多分散性。合成高分子材料的聚合反应是一个随机过程,反应产物由长短不一的高分子链所组成,因此,产物的分子链长和分子量不是单一的,这就是高分子的多分散性。如果合成时所用单体在两种以上,则共聚反应的结果不仅存在分子链长短的分布,而且每个链上的化学组成也有一个分布。

(4) 凝聚态结构的复杂性。高分子链依靠分子内和分子间的范德华力相互作用堆砌在一起,可呈现为晶态和非晶态。高聚物的晶态比小分子物质的晶态有序程度差得多,但高聚物的非晶态却比小分子物质液态的有序程度高。高分子链具有特征的堆砌方式,分子链的空间形状可以是卷曲的、折叠的和伸直的,还可能形成某种螺旋结构。如果高分子链是由两种以上不同化学结构的单体所组成,那么化学结构不同的高分子链链段由于相容性的不同,可能形成多种多样的微相结构。复杂的凝聚态结构是决定高分子材料使用性能的直接因素。

(5) 交联网状结构。某些种类的高分子链之间能以化学键相互联结成高分子网,这种网状结构是橡胶弹性体或热固性材料所特有的。它既不能被溶剂所溶解,也不能通过加热使其熔融,交联程度对这类材料的力学性能有重要影响。长链分子堆砌在一起可能存在链的缠结,勾结点可看成为可移动的交联点。

2. 高分子材料的电导特征

材料的导电性通常以电阻值来衡量的,以电阻值 $10^{10}\Omega \cdot cm$ 为界限,在此界限以上为绝缘高分子材料,在此以下统称为导电高分子材料。高分子材料中分子间通过较弱的范德华力相互作用形成固体,较弱的分子间相互作用使电子局域在分子上,不易受其他分子势场或外加势场的影响。同时整个固体内的分子不像晶体那样保持周期性排列,电子不能在其中做离域的共有化运动。因此,高分子材料通常是不导电的绝缘体。但具有某些特殊分子结构或在分子水平进行掺杂复合的高分子,其电导率可达到半导体和导体之间,使高分子材料成为半导体或导体。众所周知,导电材料须具有较高的载流子浓度和载流子迁移率。因此,导电高分子材料也必须具备这些条件才能实现导电。也即当高分子材料的结构具有以下特征时可以实现导电。

(1) 共轭结构。多数聚合物分子主要以定域电子或有限离域电子(价电子)构成的共价键连接各种原子而成。其中,键和独立的键价电子是典型的定域电子或是有限的离域电子。根据目前已有的研究成果,虽然有机化合物中的键可以提供有限离域性,但是电子仍不是导电的自由电子。当有机化合物具有共轭结构时,电子体系增大,电子的离域性增强,可移动的范围扩大。当共轭结构达到足够大时,化合物即可提供自由电子,共轭体系越大,离域性越大。因此有机聚合物成为导体的条件是有能够使其内部某些电子或空穴具有跨键离域移动能力的共轭结构。

(2) 掺杂。用具有导电性能的小分子掺杂到高分子中可以大大提高聚合物的导电性,例如,用 I_2、Br_2 掺杂到典型的绝缘体聚乙烯中,其电导率可从 $1 \times 10^{-18}S \cdot cm^{-1}$ 提高到 $1 \times 10^{-11}S \cdot cm^{-1}$。掺杂剂种类、浓度,掺杂温度、时间等都对电导率有着影响,而且聚合物非晶态比例大时,电导率的升高更为明显。聚乙炔的掺杂效果最为显著,当掺杂 1% 的电子受体(I_2、Br_2 或 AsF_5)时,其电导率增大 5~7 个数量级。

(3) 电荷转移复合物。有机化学中将失去电子能力强的分子称为给体,而把得到电子能力强的分子称为受体。利用高分子给体与低分子受体复合可以得到电导率高得多的高分子导电材料。这类材料典型的有乙烯咔唑(PVK)—三硝基芴酮(TNF)体系、聚乙烯吡啶(PVP)—碘体系、聚正离子—四氰基对苯醌二甲烷(TCNQ)体系等。

8.1.2 导电高分子材料的种类

导电高分子材料也称为导电聚合物,按照其结构与组成,可以分为结构型导电高分子材料(Structure Conductive Polymers)和复合型导电高分子材料(Composite Conductive Polymers)两大类。结构型导电高分子材料又被称为本征型导电高分子材料(Intrinsic Conductive Polymers)是高分子材料本身所"固有"的导电性,由聚合物结构提供载流子。这些聚合物经过掺杂之后,电导率大幅度提高,有些可以达到金属的导电水平。复合型导电高分子材料是指由本身不具有导电性的高分子材料在加工成型时通过加入导电性填料,如炭黑、金属粉末、箔等,通过分散复合、层基复合、表面复合等方法而使其具有导电性的材料。

结构型导电高分子材料按其结构和导电机理可分为:①π 共轭系高分子,如聚乙炔、线型聚苯、面型高聚物等;②金属螯合物型高分子,如聚酮酞菁等;③电荷移动型高分子络合物,如聚阳离子、CQ 络合物。结构型导电高分子材料,由于成本高,应用范围受到限制。

复合型导电高分子材料,即是通常所见的导电橡胶、导电塑料、导电涂料、导电胶粘剂和导电性薄膜等。在复合型导电高分子中,高分子材料本身并不具备导电性,只充当了粘合剂的角色,导电性是通过混合在其中的物质,如炭黑等获得的。复合型导电高分子材料,因加工成型与一般高分子材料基本相同,制备方便,有较强的实用性,故已较为广泛应用。在结构型导电聚合物尚有许多技术问题的情况下,复合型导电高分子在用作导电橡胶、导电涂料、电磁波屏蔽材料和抗静电材料等领域中发挥着重要作用。

不同聚合物的导电机理不同,其结构也有较大区别。按照导电聚合物的导电机理进行的分类,可将导电聚合物分为三类。①离子导电聚合物:载流子是能在聚合物分子间迁移的正负离子的导电聚合物,其分子的亲水性好,柔性好,在一定温度下有类似液体的特性,允许相对体积较大的正负离子在电场作用下在聚合物中迁移。如聚环氧乙烷与高氯酸锂复合得到的快离子导体,电导率达 $10^{-4}\text{S}\cdot\text{cm}^{-1}$。②电子导电聚合物:载流子为自由电子,其结构特征是分子内含有大量的共轭电子体系,为载流子自由电子的离域提供迁移的条件,如前述聚乙炔等。③氧化还原型导电聚合物:以氧化还原反应为电子转化机理的氧化还原型导电聚合物。其导电能力是由于在可逆氧化还原反应中电子在分子间的转移产生的。该类导电聚合物的高分子骨架上必须带有可以进行可逆氧化还原反应的活性中心。

8.1.3 复合型导电高分子材料

复合型导电高分子材料即采用各种复合技术将导电性物质或称为导电填料(如碳系材料、金属、金属氧化物、结构型导电高分子等)与聚合物复合而成的高分子导电材料。

根据电阻值的不同,复合型导电高分子材料可划分为半导电体、除静电体、导电体、高导电体。根据导电填料的不同,可划分为抗静电剂系、碳系(炭黑、石墨等)、金属系(各种金属粉末、纤维、片等)。根据高分子的形态不同,可划分为导电橡胶、导电塑料、导电薄膜、导电黏合剂等。还可根据其功能不同划分为防静电、除静电材料,电极材料,发热体材料,电磁波屏蔽材料。

1. 复合型导电高分子材料的结构

(1) 分散复合结构。即采用化学或物理方法将导电性粉末、纤维等均匀地分散在基体材料中形成的结构。分散相需达到一定的浓度,以使导电粒子或纤维之间相互连接形成电通路。这种结构的导电性能与导电填料的性质、粒度、分散情况以及基体的状态有关。一般情况下,导电填料的增加、导电粒子粒度的减小以及分散度的增加会导致整体材料电导率增高。分散复合结构的导电高分子材料电导性通常是各向同性的。

(2) 层状复合结构。即采用一层导电材料一层聚合物的叠加构成的结构。电导层可以是金属箔或金属网,两面粘接聚合物材料。这种结构的导电介质直接构成导电通路,所以其导电性能不受聚合物基体性质的影响。但这种结构材料导电性具有各向异性,通常用作电磁屏蔽材料使用。

(3) 表面复合结构。广义上讲可以将高分子复合到导电体表面,也可以将导电材料复合在高分子材料表面。但鉴于使用方面的要求,表面复合导电高分子材料仅将导电材料复合到高分子表面。复合工艺通常采用金属熔射、塑料电镀、真空蒸镀、金属箔贴面等。其导电性能一般也仅与表面导电层性质有关。

(4) 梯度复合结构。导电体和高分子各自构成连续相,两个连续相之间有一浓度逐渐变化的过渡层,可以看作是对层状复合结构的改进。

2. 复合型导电高分子材料组成

复合型导电高分子材料主要由高分子基体材料、导电填料和助剂构成,其中基体材料和导电填料是主要部分。

选用基材时可以根据使用要求、制备工艺、材料性质和来源、价格等因素综合考量选择。从原则上来说,任何高分子材料都可以作复合型导电高分子材料的基材,常用的有聚乙烯、聚丙烯、聚氯乙烯、聚苯乙烯、ABS、环氧树脂、丙烯酸酯树脂、酚醛树脂、不饱和聚酯、聚氨酯、聚酰亚胺、有机硅树脂以及丁基橡胶、丁苯橡胶、丁腈橡胶、天然橡胶等。高分子基体的作用是将导电颗粒牢牢地粘结在一起,使导电高分子具有稳定的导电性和可加工性。基材的性能决定了导电材料的机械强度、耐热性、耐老化性。

导电填料在复合型导电高分子中充当载流子,其形态、性质和用量决定材料的导电性。常用的导电填料有金粉、银粉、铜粉、镍粉、钯粉、钼粉、钴粉、镀银二氧化硅粉、镀银玻璃微珠、炭黑、石墨、碳化钨、碳化镍还有结构型导电高分子等。银粉具有良好的导电性,应用最为广泛,但其价格高;炭黑电导率不高,但来源广泛,价格低廉,也广为应用。依据使用的要求和目的不同,导电填料可制成多孔状、片状、箔片状、纤维状等形式。结构型导电高分子采用共混方法与其他聚合物复合制备导电高分子材料是最近开始研究的,密度小、与基体相容性好是其主要优点。

通常用偶联剂、表面活性剂以及氧化还原剂等对填料表面进行处理,以改善填料与基体之间的相容性,使填料的分散的均匀且与基体紧密结合。

3. 复合型导电高分子材料导电机理

对于复合型导电材料的导电机理目前还有争论,比较流行两种说法:其一是宏观的渗流理论,即连锁式导电通路学说;其二量子力学的隧道效应理论。

1)渗流理论(导电通路机理)

该理论认为复合型导电高分子材料的导电是由于导电填料互相接触构成导电通路网络所致。导电网络的形成自然取决于导电颗粒在连续相中的浓度、分散度和粒度等因素。复合导电材料的导电能力与导电填料的电阻率、相面间接触电阻、导电网络的结构等相关。实践证明只有当导电填料的浓度达到一定数值后复合材料才具有导体性质,在这个浓度以上时复合材料的导电能力会急剧升高,所以这个浓度也被称为临界浓度。超过临界浓度之后,电导率随浓度的变化又趋于缓慢(见图8-1)。

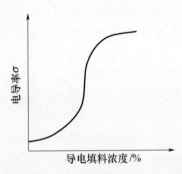

图 8-1 复合型导电高分子电导率与导电填料浓度的关系

根据渗流理论推导出的各种数学关系式主要用来解释导电复合材料电阻率——填料浓度的关系,从宏观角度解释导电现象,建立与电流—电压相符合的经验公式以指导制备工艺研究。

比如将导电分散颗粒假定为球型,借助于 Flory 凝胶化理论公式推导出能够解释复合型导电高分子材料电阻率的 Bueche 公式:

$$\frac{p}{p_m} = \left[1 - v - vw_f\left(\frac{p_m}{p_p}\right) \right]^{-1}$$

式中:m 和 p 分别表示聚合物基体和导电分散颗粒;V 表示导电颗粒的体积分数;p_m 和 p_p 分别表示聚合物基体与构成导电粒子材料的电阻率;W_p 由下面的关系式确定。

$$W_f = 1 - (1-a)^2 y / (1-y)^2 a$$
$$a(1-a)^{f-2} y = y(1-y)^{1-2} a$$

式中:常数 f 表示一个导电粒子可以和 f 个导电粒子连接,与粒子的空间参数和

249

形状有关;a 表示粒子间连接几率。

上述公式只能适合于部分导电复合材料。

与之相类似的还可以导出一些经验计算公式,但目前对于实际应用还有一定差距。

2) 隧道导电理论

渗流理论是建立在导电填料必须形成通路的前提下提出来的,但是实际中发现,导电分散相的浓度不足以形成通路网络的情况下有些材料就具有了导电性能。比如,在显微镜下观察发现炭黑/橡胶复合导电材料在炭黑还没有形成导电网络时已经具有导电能力。因此对于复合型导电高分子材料的导电必然还存在其他机制,这就是隧道效应。

当导电颗粒间不互相接触时,颗粒间存在聚合物隔离层,使导电颗粒中自由电子的定向运动受到阻碍。这种阻碍可以视为具有一定势能的势垒。由量子力学可知,对一种微观粒子来说,其能量小于势垒的能量时,它有被反弹的可能性,也有穿过势垒的可能性。微观粒子穿过势垒的现象称为贯穿效应,也称为隧道效应。电子作为一种微观粒子,具有穿过导电颗粒之间隔离层阻碍的可能性。这种可能性的大小与隔离层的厚度以及隔离层势垒的能量与电子能量之差值有关。厚度与该差值越小,电子穿过隔离层的可能性就越大。当隔离层的厚度小到一定值时,电子就能很容易地穿过,使导电颗粒间的绝缘层变为导电层。

此外,在研究填料填充的高分子材料的电压、电流特性时,发现其结果不符合欧姆定律。所以对于复合型导电高分子材料的导电机制还有电场放射导电机理解释,该理论认为非接触导电是由于填料粒子间存在高的电场强度,在电场作用下发生电子发射而得以实现电子的定向迁移而导电。

虽然以上理论能够解释一些实验现象,但是定量的导电机理由于其复杂性,到目前为止还没有哪一理论可以完全解释实验现象。但是,无论从哪种导电机理来理解,都认为填料的种类和配合量是支配材料最终所表现出的导电性的主要因素。

由以上分析可以认为导电高分子内部的结构有三种情况:①一部分导电颗粒完全连续地相互接触形成导电回路,相当于电流通过一只电阻。②部分导电颗粒不完全连续接触,其中相互不接触的导电颗粒之间由于隧道效应而形成电流通路,相当于一个电阻与一个电容并联后再与电阻串联。③部分导电颗粒完全不连续,导电颗粒间的聚合物隔离层较厚,是电的绝缘层,相当于电容。

4. 复合型导电高分子材料的制备方法

将导电填料、聚合物基体及其他添加剂经过成型加工成具有实际应用价值的材料和器件是复合型导电高分子材料研究的重要方面。目前有三种主要方法

250

用以制备复合型导电高分子材料,即反应法、混合法和压片法。

反应法是将导电填料均匀分散在聚合物单体或预聚物溶液体系中,通过加入引发剂进行聚合反应,直接生产与导电填料混合均匀的导电高分子复合材料。根据引发剂的不同可以采用光化学聚合或是热化学聚合等。采用反应法制备得到的导电复合材料,由于制备过程中单体溶液的黏度小,混合过程比较容易进行,因此其导电填料分散性比较好。此外,反应法对于那些不易于加工成型的聚合物,可以将聚合与材料成型一步完成,简化工艺。

混合法是目前使用最多的复合型导电高分子材料的制备方法,其基本过程是利用各种高分子的混合工艺,将导电填料粉体与外在的熔融或溶解状态的聚合物本体混合均匀,然后用注射、流延、拉伸等方法成型。该方法的优势是直接采用了大工业化高分子产品作为原料。

压片法是将高分子基体材料与导电填料充分混合后,通过在模具中加压成型制备具有一定形状的导电复合材料。

5. 影响复合型导电高分子材料导电性的主要因素

1) 导电填料

(1) 填料的种类。不同填料制得的复合导电材料性质不同。其中炭黑以其良好的导电性及低廉的价格早已受到人们的青睐。这类材料具有耐热、耐化学药品、质轻、导热、导电性良好的特性,应用较广,但其着色性较差。目前,针对炭黑着色性差的问题,开发了一些易于着色的白色粉末填料,如镀锑的氧化物(Sb/SnO_2)、沉积有一层 Sb/SnO_2 的 TiO_2 等。此外,为制得综合性能良好的导电制品,还研制了银包覆玻璃丝和玻璃箔、铜包覆石墨纤维等,并已投入使用。近年来又出现了金属包覆玻璃微球、金属包覆瓷微球等填料,导电效果较好。

(2) 填料的改性处理。由于填料中所含氧和氢等不纯物均会明显影响材料的电导率,因此一般要对炭黑等填料进行高温处理,以消除收集 π 电子的不纯物。

(3) 填料形态的影响。一般来说,当聚合物中所加入的填料体积一定时,电导率随粒径减小而升高。当填料添加量一定时,孔隙度越高,电导率越大。此外,非等轴粒子,如片状粉末和棒状粉末比等轴性粒子,如球形和正方形等有更高的电导率。

(4) 填料的用量及分散状态。从图 8 - 1 中可以看出,当导电填料加入量较少时,导电颗粒形不成无限网链,材料导电性比较差。只有在高于临界值后,材料的导电性才显著提高。但有时导电填料加入量过多,由于起粘接作用的聚合物量太少,则金属颗粒不能紧密接触,则导电性也不稳定。显然填料分散度增高,电导率也随之升高。

2）聚合物对电导率的影响

用炭黑做导电填料时,复合材料电导率突变处炭黑的体积分数很大程度上取决于所选用的聚合物类型。当选用金属粉末填料时,聚合物与金属表面的相容性对材料的电导率影响很大。在相容性较差的聚合物中,导电颗粒有自发凝聚的倾向、有利于导电性提高。在相容性较好的聚合物中由于导电颗粒会部分地或全部被聚合物所粘附包裹,导电颗粒相互接触的几率减小,导电性变差。

3）加工的影响

对同一基材的复合型导电复合材料,用不同加工方法所制得产品的电导率往往是不同的。比如用 20g 炭黑与 100g 橡胶用传统方法在炼胶机上混炼,制得复合材料电导率比橡胶增大 12 个数量级。此外,混炼时间、速度、压力、加工温度等加工参数的改变,对制品导电性能也有较大影响。

4）环境的影响

相对湿度、温度、电场、磁场等环境因素也会对导电性能产生影响。其中添加炭黑的复合型导电材料电导率对外电场强度和温度有着强烈的依赖性,其在低电场强度下,电导率符合欧姆定律,而在高电场强度下,电导率符合幂定律。这是由于在低电场强度下的导电主要是由界面极化引起的离子导电,极化导电的载流子数目较少,故电导率较低。而在高电场强度下,炭黑中的载流子自由电子可获得足够的能量,能够穿过炭黑颗粒间的聚合物隔离层而使材料导电,隧道效应起了主要作用,以电子电导为主,所以电导率较高。同时在低电场强度时,其电导率随温度降低而降低,而这正是离子电导的特征。而在高电场时,电导率随温度降低而增大,反映了电子电导的特征。如果在聚合物中掺入铁磁性金属粉末,并在加工过程中加上外磁场,则材料的电阻率将降低。

6. 复合型导电高分子材料的应用

近年来复合型导电高分子材料的增长速度很快,可广泛用作防静电材料、导电涂料、印刷电路板、压敏元件、感温元件、电磁波屏蔽材料、半导体薄膜等。

以聚烯烃或其共聚物如聚乙烯、聚苯乙烯、ABS 等为基体,加入导电填料、抗氧剂、润滑剂等经混炼加工而制得的聚烯烃类导电塑料可用作电线、高压电缆和低压电缆的半导体层、干电池的电极、集成电路和印刷电路板及电子元件的包装材料、仪表外壳、瓦楞板等。

以 ABS、聚丙烯酸、环氧树脂等加入金属粉末及炭黑等配制成的导电涂料主要用作电磁屏蔽材料、电子加热元件和印刷电路板用的涂料、真空管涂层、微波电视室内壁涂层、发热漆等。

在橡胶中加入导电填料制成的各类导电橡胶主要用作防静电材料,如医用橡胶制品、导电轮胎、复印机用辊筒等。另外加压性导电橡胶可用作防爆开关、音量可变元件、各种感压敏感元件等。

8.1.4　结构型导电高分子材料

最早发现的结构型导电高分子材料是有机聚合掺杂后的聚乙炔,其具有类似金属的电导率。而纯粹的结构型导电高分子材料至今只有聚氮化硫$(SN)_x$一类,其他许多导电聚合物几乎均需采用氧化还原、离子化或电化学等手段进行掺杂之后,才能有较高的导电性。分子结构是决定高聚物导电性的内在因素。饱和的非极性高聚物结构本身既不能产生导电离子,也不具备电子电导的结构条件,是最好的电绝缘体。极性高聚物如聚酰胺、聚丙烯腈等的极性基团虽可发生微量的本征解离,但其电阻率仍在$10^{12}\Omega \cdot m \sim 10^{15}\Omega \cdot m$之间。

根据导电载流子的不同,结构型导电高分子有两种导电形式:电子导电和离子传导。有时,两种导电形式会共同作用。一般认为有四类聚合物具有导电性:共轭体系聚合物、电荷转移络合物、金属有机螯合物及高分子电解质。其中除高分子电解质是以离子传导为主外,其余三类均以电子传导为主。

1. 共轭聚合物

共轭体系是含有多个非定域的多重且可具有几种结构的分子和自由基的总称。对于高分子化合物,一般将整个分子是共轭体系称作共轭聚合物。共轭聚合物中碳碳单键和碳碳双键交替排列,也可以是碳—氮、碳—硫、氮—硫等共轭体系。如反式聚乙炔(PA)、聚吡咯(PPy)、聚噻吩(PTh)、聚苯胺(PAn)、聚对苯(PPP)和聚对苯撑乙烯(PPV),其化学结构式如图8-2所示。

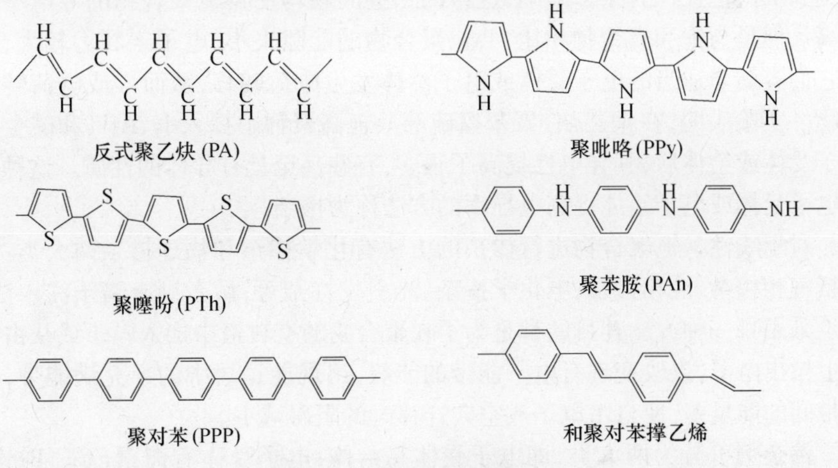

反式聚乙炔 (PA)　　　　　　　　聚吡咯(PPy)

聚噻吩 (PTh)　　　　　　　　聚苯胺(PAn)

聚对苯(PPP)　　　　　　　　和聚对苯撑乙烯

图8-2　常见的共轭聚合物

1) 共轭聚合物的导电机制

具有本征导电性的共轭体系必须具备以下条件：第一，分子轨道能够强烈离域；第二，分子轨道能够相互重叠。满足这样条件的共轭体系的聚合物，可通过自身的载流子产生和输送电流。

共轭聚合物中，π电子数与分子构造密切相关。电子离域的难易程度取决于共轭链中π电子数和电子活化能的关系。共轭聚合物的分子链越长，π电子数越多，电子活化能越低，则电子离域能力强，材料的导电性能越好。

除了分子链长度和π电子数影响外，共轭链的结构也影响材料的导电性。从结构上分，共轭链可以分为"受阻共轭"和"无阻共轭"。受阻共轭是指共轭分子轨道上存在缺陷。当共轭链中存在庞大的侧基或强极性基团时，会引起共轭链的扭曲、折叠等，使π电子离域受到限制。π电子离域受阻程度越大，分子链的导电性能越差。如聚烷基乙炔和脱氯化氢聚氯乙烯，都属受阻共轭高聚物，其主链上连有烷基等支链结构，影响了π电子的离域。

无阻共轭是指共轭链分子轨道上不存在"缺陷"，整个共轭链的π电子离域不受阻碍。这类聚合物是较好的导电材料或半导体材料，如反式聚乙炔，热解聚丙烯等。顺式聚乙炔的分子链发生扭曲，π电子离域受到限制，其电导率低于反式聚乙炔。

2) 共轭聚合物的掺杂

实际上要合成共轭体系十分完整的长共轭链高聚物是有困难的，一方面高聚物的长度有限，并不能从试样的一端贯穿到另一端。另一方面高分子的晶态结构和取向也往往有很多缺陷，这样的一些问题均使共轭聚合物的导电率并不很高。但是与饱和高聚物相比，共轭聚合物的能隙很小，电子亲和力较大，这表明它们容易与适当的电子受体或电子给体发生电荷转移，从而形成电荷转移络合物。实验表明，在聚乙炔、聚苯撑硫等共轭高聚物中掺入 I_2、AsF_5 和碱金属等电子受体或给体后，其导电性提高了很多，有些甚至具有导体的性质。这种因添加电子受体或电子给体提高电导率的方法称为掺杂。

对于线性共轭聚合物进行掺杂的方法有化学掺杂和物理掺杂两大类：前者包括气相掺杂、液相掺杂、电化学掺杂、光引发掺杂等；后者则有离子注入法等。无论采用哪一种方法其目的都是为了在聚合物的空轨道中加入电子或从占有轨道上拉出电子，以改变现有电子能带的能级，出现能量居中的半充满能带，减小能带间的能量差，使自由电子或空穴迁移时的阻碍减小。

掺杂剂可分为两大类，即电子受体和给体：电子受体有卤素（Cl_2、Br_2 等）、路易斯酸（PF_5、SbF_5 等）、质子酸（HF、HCl 等）、过渡金属卤化物（TaF_5、$ZrCl_4$

等)、过渡金属化合物（$AgClO_3$、$AgBF_4$ 等)、有机化合物（四氰基乙烯（TCNE）、四氰代二次甲基苯醌（TCNQ）、二氯二氰代苯醌（DDQ）等)；电子给体主要为碱金属等。

如果用 P_x 表示共轭聚合物，P 表示共轭聚合物的基本结构单元、A 和 D 分别表示电子受体和电子给体，则掺杂可用下述电荷转移反应式来表示。

$$P_x + xyA \longrightarrow (P^{+y}A_y^-)_x$$

$$P_x + xyD \longrightarrow (P^{-y}A_y^+)_x$$

电子受体或电子给体分别接受或给出一个电子变成负离子或正离子，但共轭聚合物中每个链节却仅有个电子发生了迁移。这种部分电荷转移是共轭聚合物掺杂后出现高导电性的极重要因素。

目前对于聚乙炔、聚苯、聚苯硫醚、聚苯胺等共轭型导电高分子的研究进展较快，有些已应用于生产实际。

2. 电荷转移络合物

电荷转移络合物是由容易给出电子的电子给体 D 和容易接受电子的电子受体 A 之间形成的复合体（CTC）。

$$\underset{\text{I}}{D + A} \leftrightarrow \underset{\text{II}}{D^{\delta+} \cdots A^{\delta-}} \leftrightarrow \underset{\text{III}}{D^+ \cdots A^-}$$

当电子不完全转移时，形成络合物 II，而完全转移是，则形成 III。电子的非定域化，使电子更容易沿着 D – A 分子叠层移动，$A^{\delta-}$ 的孤对电子在 A 分子间跃迁传导，加之在 CTC 中由于键长的动态变化（扬—特尔效应）促进电子跃迁，因而 CTC 具有较高的电导率。

高分子电荷转移络合物包含的种类很多，一般分为两类：掺杂型全共轭聚合物和高分子电荷转移络合物（非全共轭聚合物）。后一类又分为两类：中性高分子电荷转移络合物（主链和侧链含有 π 电子体系的聚合物与小分子电子给体或受体所组成的非离子型或离子型电荷转移络合物）和高分子离子自由基盐型络合物（侧链或主链含有正离子自由基或正离子的聚合物与小分子电子受体所组成）。

表 8 – 1 列出一些高分子电荷转移络合物。其中受体 A 类与聚合物组成的电荷转移络合物属第一类，受体 B 类与聚合物组成的电荷转移络合物属第二类，可称之为正离子自由基盐型络合物。第二类中还包括负离子自由基盐型络合物，即由主链型聚季铵盐或侧基型聚季铵盐与 TCNQ 负离子自由基组成的负离子自由基盐络合物，这是迄今最重要的电荷转移型导电络合物。

表 8 - 1　高分子电荷转移络合物及其电导率

聚合物	电子受体		受体分子/聚合物结构单元		电导率/S·m⁻¹		活化能/eV
	受体 A	受体 B	受体 A	受体 B	受体 A	受体 B	
聚苯乙烯	AgClO$_4$		0.89		2.3×10^{-7}		0.74
聚三甲基苯乙烯	TCNE		1.0		5.6×10^{-12}		0.26
聚萘乙烯	TCNE		1.0		3.2×10^{-13}		0.62
聚蒽乙烯	TCNB	Br$_2$		0.71	8.3×10^{-2}	1.4×10^{-11}	0.75
		I$_2$		0.58		4.8×10^{-5}	0.51
聚芘乙烯	TCNQ	I$_2$	0.13	0.19	9.1×10^{-13}	7.7×10^{-9}	0.67
聚乙烯咔唑	TCNQ	I$_2$	0.03	1.3	8.3×10^{-11}	10^{-5}	0.7
聚乙烯吡啶	TCNE	I$_2$	0.5	0.6	10^{-3}	10^{-4}	0.12
聚二苯胺	TCNE	I$_2$	0.33	1.5	10^{-4}	10^{-4}	
聚乙烯咪唑	TCNQ		0.26		10^{-4}		0.19

注:TCNE—四氰基乙烯;TCNQ—7,7,8,8 四氰基对苯醌二甲烷;TCNB—1,3,5 三氰基苯

中性高分子电荷转移络合物很多,其中大部分由电子给体型高分子与电子受体型小分子组成。电子给体型高分子大多是带芳香性侧链的聚烯烃,如对苯乙烯、聚乙烯咔唑、聚乙烯吡啶及其衍生物;作为电子受体的有含氰基化合物、含硝基化合物等。一般的中性高分子电荷转移络合物的电导率都非常小,比相应的小分子的电导率要小得多,这些络合物的电导率一般都低于 $10^{-2} S \cdot m^{-1}$,这是由于高分子较难与小分子电子受体堆砌成有利于 π 电子交叠的规则型紧密结构。其原因可归结为高分子链的结构与排列的高次结构存在不同的无序性以及取代基的位阻效应。

正离子自由基盐型络合物中由卤素或路易斯酸等比较小的电子受体掺杂所得的络合物导电性大多数比较好,高分子电子给体向卤素发生电子转移,形成了正离子自由基与卤素离子。一般来说是部分电子给体变成了正离子自由基,处于部分氧化状态(混合原子价态),这样的材料会出现高导电性。由于聚合物是非结晶的,结构的无序所引起的电导率的下降是不可避免的。络合后的聚合物不熔不溶,难以成膜,但其优点是可以在成膜的状态下提高电导率,并可以由通过的电量来控制掺杂量。

负离子自由基盐型络合物中一般选 TCNQ 为负离子自由基,研究工作集中在能使 TCNQ 负离子自由基在其中排列成柱的正离子主链聚合物。这类络合物可以制成薄膜,作为电容、电阻材料使用。这种由薄膜制成的电容有很高的储能容量,也可以成膜或作为导电涂料。

3. 金属有机聚合物

将金属原子引入聚合物主链即得到金属有机聚合物。金属原子的 d 电子轨道可以和有机结构的 π 电子轨道交叠,从而延伸分子内的电子通道,同时由于 d 电子轨道比较弥散,它甚至可以增加分子间的轨道交叠,在结晶的近邻层片间架桥,这样使得有机聚合物的电子电导增加。

金属有机聚合物是很有特色的一类导电高分子,按结构形式和导电机理可分为三类:主链型高分子金属络合物,二茂铁型金属有机聚合物和金属酞菁聚合物。

1) 主链型高分子金属络合物

主链型高分子金属络合物由含共轭体系的高分子配位体与金属构成,是导电性较好的一类金属有机聚合物。其通过金属自由电子的传导导电,导电性往往与金属种类有密切关系。主链型高分子金属络合物都是梯形结构,分子链十分僵硬,成型较困难。因此,近年来主链型高分子金属络合物发展较为缓慢。其典型结构如图 8-3 所示。

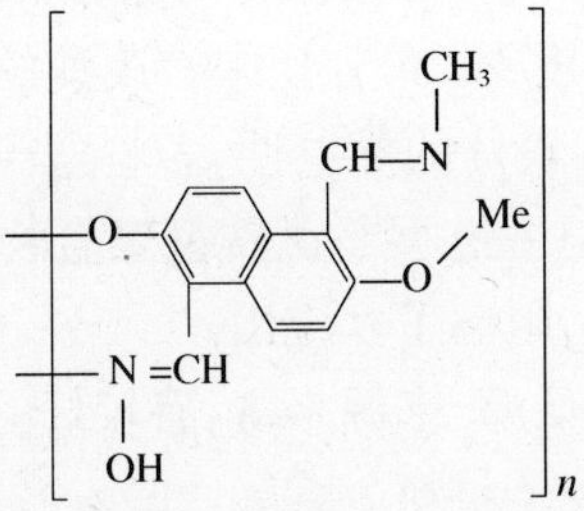

Me=Cu, σ=4×10⁻³ S/m
Me=Ni, σ=4×10⁻³ S/m
Me=Pd, σ=4×10⁻⁴ S/m

图 8-3   主链型高分子金属络合物典型结构

2) 金属酞菁聚合物

金属酞菁聚合物其结构中庞大的酞菁基团具有平面状的 π 电子体系结构,中心金属的 d 轨道与酞菁基团中 π 轨道相互重叠,使整个体系形成一个硕大的大共轭体系。这种大共轭体系的相互交叠为电子的流通提供了可能。图 8-4

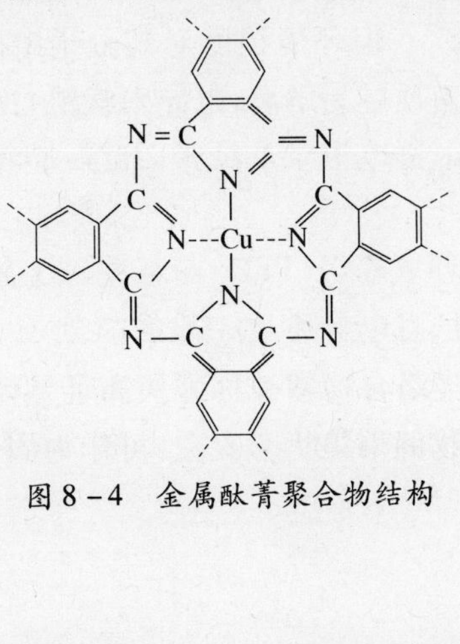

图 8-4   金属酞菁聚合物结构

是酞菁基团的结构图。常见的中心金属有 Cu、Ni、Mg、Al、Cr 等。在分子量较大的情况下电导率为 $1S/m \sim 10S/m$。

共轭体系的导电性取决于分子链结构,相对分子质量大,电子数量多,导电性就好。金属酞菁聚合物由于结构庞大,柔性很小,熔融性和溶解性都极差,不易加工。在金属酞菁聚合物引入芳基和烷基后,其柔性和溶解性都有较好的改善。近年来,还开发出了一种具有面对面的层状结构的金属酞菁聚合物。

3)二茂铁型金属有机聚合物

二茂铁是环戊烯与亚铁离子的络合物,将二茂铁以各种形式引入各种聚合物链中即可得到二茂铁金属有机聚合物。纯的含二茂铁聚合物电导率并不高,一般在 $10^{-8}S/m \sim 10^{-12}S/m$。但是,当用 Ag^+、苯醌、二氯二甲基对苯醌等温和氧化剂部分氧化二茂铁聚合物后,其电导率可增加 $5 \sim 7$ 个数量级。这时铁原子处于混合氧化态,电子可直接在不同氧化态的金属原子间传递。

一般情况下,随氧化程度的提高二茂铁型聚合物的电导率迅速上升,但通常以氧化度为 70% 左右时电导率最高。另外,聚合物中二茂铁的密度也影响电导率。主链型二茂铁型聚合物通常具有较好的导电性,若将电子受体 TCNQ 引入分子主链中,可进一步提高电导率。但主链型二茂铁型聚合物和其他主链型金属聚合物一样存在加工性欠佳的缺点,限制了其应用。

二茂铁型金属有机聚合物的价格低廉、来源丰富,有较好的加工性和良好的导电性,是一类有发展前途的导电高分子材料。

4. 高分子电解质

高分子电解质的导电是其高分子离子的对应反离子作为载流子而形成的。高分子电解质有两大类:阳离子聚合物(如各种聚季铵盐、聚硫盐等)和阴离子聚合物(如聚丙烯酸及其盐等)。

纯高分子电解质中离子数目少,且迁移率不高,所以其电导率较小,一般在 $10^{-10}S \cdot m^{-1} \sim 10^{-7}S \cdot m^{-1}$。但环境湿度对高分子电解质的导电性影响较大,相对湿度越大,高分子电解质越易解离,电导率就越大。高分子电解质的这种电学特性常被用作电子照相、静电记录及纸张、纤维、塑料、橡胶等的抗静电剂,具有重要的实用价值。

除上述电解质外,聚环氧乙烷(PEO)与某些碱金属盐如 CsS、NaI 等形成的络合物也具有离子导电性,且电导率比一般的高分子电解质要高($\sigma = 10^{-2}S \cdot m^{-1} \sim 10^{-3}S \cdot m^{-1}$)。这类络合物常被称为快离子导体,其导电性与温度、盐的类型、盐的黏度以及聚合物的聚集状态有关,可作为固体电池的电解质隔膜,可反复充电。

5. 结构型导电高分子材料的应用

结构型导电高分子材料在本身结构差异和不同的掺杂情况下其物性也会发生相应的变化,据其特征可作为导电材料、电池电极材料、电显示材料、电磁屏蔽和半导体材料等应用。

(1)导电材料。导电高分子材料被用来制造长距离输电导线是最大的潜在市场。它具有体积小,重量轻的特点,希望其能替代铜、铝导线。目前,还没有开发出电导率与金属相当、化学稳定性好、易于加工的导电聚合物,距实际应用还有一定距离。

(2)电极材料。1979 年首次将聚乙炔做为电极材料制成二次电池,此后,纽扣形聚苯胺电池也得以实现。这些电池体积小、容量大、能量密度高、加工简便,因此发展很快。

(3)电显示材料。导电聚合物电显示的依据是在电极电压作用下聚合物本身发生电化学反应,使它的氧化态发生变化,在氧化还原反应的同时,聚合物的颜色在可见光区发生明显改变。与液晶显示器相比,这种装置的优点是没有视角的限制。

(4)电磁波屏蔽和防静电材料。用于电磁波屏蔽和防静电材料的电导率一般在 $10^{-2}S \cdot cm \sim 10^{-6}S \cdot cm$,导电聚合物适于这一要求,而且还可以制作成透明材料。目前,在有些电子产品中已应用导电聚乙炔薄膜作屏蔽材料。此外,在丙纶中加入少量聚氧乙烯进行纺丝制得的抗静电纤维,对电磁波有良好的屏蔽作用,制成地毯,不易沾污。

结构型导电聚合物还可以用于半导体领域。比如根据导电聚合物在掺杂和非掺杂态时其电导率有 7 个数量级以上的差别,而掺杂态又可以由电极很容易地加以控制的特性将其制备成有机分子开关器件。这方面的研究已经取得了一定进展。此外,结构型导电聚合物有望在光电转换元件、太阳能电池及人工神经的制造中发挥重要的作用。

结构型导电高分子材料的应用,从起初单纯的应用其导电性正在向利用伴随着导电性的其他物性变化方向发展。随着研究的不断推进,将会出现高取向、高结晶的导电高分子材料。这样更高机能要求的应用将会得以实现。

8.2 光电导高分子材料

8.2.1 概述

光电导是指一种物质在光激发时电子载流子数目比热平衡状态时多,这个时候加以外电场并构成回路,则在电路中有电流流过的现象。一般把这种由于光激发而产生的电流称为光电流。我们把在光照射下导电性增加的高分子绝缘体或半导体称为光电导高分子材料。

其实几乎所有的绝缘体和半导体都或多或少地具有光电导性。高分子结构中存在共轭结构时,就可能具有光导电性。一般是将光电流对暗电流比值很大的材料称为光电导材料,其光生载流子量子效率高、寿命长、载流子迁移率大。

光导电性高分子材料大致可分为五类:①线型 π 共轭聚合物;②平面 π 共轭聚合物;③侧链或主链中含有多环芳烃的聚合物;④侧链或主链中含有杂环基团的聚合物;⑤高分子电荷转移聚合物。

许多高分子化合物,如苯乙烯、聚卤代乙烯、聚酰胺、涤纶树脂等都具有光导电性,研究得较为广泛的是聚乙烯基咔唑(PVK)。

8.2.2　高分子光电导机理

光电导包括三个基本过程:光激发、载流子生成和载流子迁移。有关光激发过程,我们已在第 7 章中进行了介绍,下面仅讨论载流子的生成及载流子的迁移过程。

1. 载流子的产生

对光电导材料载流子产生的机理有过不少理论,其中最著名的是奥萨格(Onsager)离子对理论。其认为:在材料受光照后,首先形成离子对(电子—空穴对),然后整个离子对在电场作用下热解生成载流子。在单光子过程中,离子对的形成可以有两种机制:一是与从高能激发态向最低激发态的失活过程相竞争的自动离子化,在这种机制下电子与空穴的贡献将是一样的。另一种机制与最低激发态有关,即与最低激发态有关的离子对的生成是以其与杂质的相互作用为基础的。也就是说,光激发所产生的最低激发单线态(或激发三线态)在固体中迁移到杂质附近与杂质之间发生电子转移。这种有杂质参与的载流子生成过程称为外因过程,与此对应,与杂质无关的载流子生成过程称为内因过程。通常在外因过程中杂质为电子给体时,载流子是空穴;杂质为电子接受体时,载流子是电子。以内因过程为基础的载流子产生机制是激子—激子相互作用或激子—光子相互用的多光子过程。

酞菁类染料和聚乙烯咔唑类聚合物的光电导现象都属于外因机制。对酞菁来说,在载流子生成中起重要作用的微量杂质是吸附的氧,而聚乙烯咔唑则是它的光氧化产物。这些杂质起到电子受体的作用。基于这种考虑,人们有意识地在体系中加进相当于杂质的电子受体化合物,实际上这就是一种增感的方法。

2. 载流子的迁移

载流子迁移的模型有能带模型和跳跃模型。能带模型是电子、空穴载流子分别在导带和价带中一面与晶格振动碰撞,一面自由运动,载流子迁移率值较大,而且随着温度上升流子迁移率值变小;跳跃模型认为非晶态固体中载流子是定域的,它是由伴随着热活化的跳跃机制而迁移。

一般非晶态固体(包括聚合物)中载流子的迁移率值很小,这是由于陷阱能级的存在使载流子的迁移速度为俘获—释放过程所左右。陷阱因能级不同而有深浅,在浅陷阱能级时,被俘获的载流子可被再激发而不影响迁移,但在深陷阱能级时,则对迁移无贡献。

8.2.3 典型的高分子光电导体

聚乙烯咔唑(PVK)在目前已经研制出的光电导高分子中最引人注目,且已得到实际应用。其聚集态结构是一堆砌成类似于六角形的刚性棒状结晶的PVK链,仅横向有序。PVK链上相邻的咔唑上的 π 电子沿同一主链相互重叠,从而有利于载流子的迁移。PVK链结构和聚集态结构的微小变化、PVK分子量大小及其分布都会影响光电特性。当PVK成薄膜时,相邻的苯环互相靠近生成电荷转移络合物,通过光激发,电子能够自由地迁移。PVK光导电性高分子中的深陷阱浓度低,故光电导性好。

聚乙烯咔唑的光响应在紫外区(360nm),而且光导性较弱,但通过增感处理,可使其在可见光区具有相当高的灵敏度。其增感方法包括:①结构增感,即在咔唑化学结构的3,6位引入硝基、氨基或卤素;②络活增感,即在聚乙烯咔唑中加入 I_2、$SbCl_5$、2,4,7-三硝基芴酮(TNF),还有染料(如三芳基甲烯染料)等增感剂,以形成电荷转移络合物(CTC)。此外,还有避免载流子复合的接触增感和光化学增感。

将PVK分子链中部分链节硝化,可得到电子供体和电子受体在同一分子链上的电荷转移络合物。这种部分硝化的PVK具有更好的光导电性。类似地,聚乙烯基萘、聚苊烯等含有较大共轭基团的聚合物都可进行硝化,以增加其光导电性。

TCNQ也是PVK的良好增感剂,在PVK-TCNQ体系中,TCNQ的浓度仅百分之几就能使制备的CTC具有全色光电性。在染料增感的情况下,电子由PVK移动至染料分子,因此染料也相当于起了电子受体的作用。

另外,聚(1,6-双甲基磺酸酯-2,4-己二炔)、聚(1,6-双-9-咔唑基-2,4-己二炔)等都具有较好的光电导特性,这里不再赘述。

8.2.4 光电导高分子的应用

与无机光电导材料相比,光电导高分子材料具有分子结构容易改变,可以大量生产、成膜、挠曲,通过增感来随意选择光谱响应区,废旧材料易于处理等优点。

目前生产的静电复印机大多是以金属硒作为光电导材料。光电导高分子材料用作电子照相感光材料的研究和开发已经开始,特别是聚乙烯咔唑(PVK)和三硝基芴酮(TNF)等已应用于静电复印机及幻灯片制作等。静电复印基本原理如图 8-5 所示。受到光照时,光导体内产生非平衡载流子,

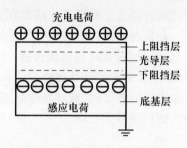

图 8-5 静电复印基本原理

使电导率急剧增加,呈导电性,充电电荷通过光导层放电而消失。静电复印时,首先在暗室中用电晕放电的方法使光导体充电,自由离子均匀地附着在光导体的表面,并在底基层出现感应电荷。当用光照射原稿并使反射光投射到光导体的充电表面时,原稿无字、无图的地方反射光较强,光导体电阻下降,呈导电状态,充电电荷通过光导层与感应电荷中和而消失;而原稿有字、有图的地方,没有反射光,或反射光较弱,光导体呈绝缘状态,充电电荷全部或部分被保留。这样,在光导体表面形成一个与原稿一致的静电潜像(由表面电荷形成的图像)。利用与静电潜像电荷极性相反的带电色粉(显影粉)与光导体接触,色粉便被吸附在光导体表面,得到一幅与原稿相同的色粉图像,最后将色粉图像转移到复印纸上,经定影处理后便得到所需的复印品。

将 PVK 与热塑性薄膜复合还可制得全息记录材料,即在充电曝光后再经一次充电,然后加热显影。由于热塑性树脂加热时软化,受带电放电的压力产生凹陷而成型,如用激光曝光则得光导热塑全息记录材料。

用高分子光电导材料制作有机太阳能电池的工作也正在进行。与无机光电导体相比,高分子光电导体虽然有稳定性差、阻值高等缺点,但其价廉、易大量生产,器件制造简单而可大面积化,能选择性地吸收太阳光等,因此有望成为太阳能电池材料。此外,高分子光导体在实时显示系统及电光调制器方面也都有应用。

8.3 高分子压电材料

8.3.1 高分子压电材料概述

具有机械能与电能相互转换性能的高分子材料称为高分子压电材料或压电高分子。关于压电性的原理及特征参数我们第 3 章已进行详细叙述,这里不再赘述。

无机材料的压电性发现比较早,但是有高分子的压电性发现比较晚。直到20世纪40年代人们才发现天然的木材具有压电性,之后又发现人工合成的高聚物也具有压电性。自从1969年发现极化的聚偏二氟乙烯(PVDF)具有强的压电性后,压电高分子材料就逐步被推向实用化阶段。

高分子压电材料的压电性能不仅取决于材料晶体的对称性,而且还与高分子的聚集状态有关。代表性分子结构有以下几种类型:

(1) 光活性高分子,如蛋白质、多糖、核酸、聚氧化丙烯以及β羟基丁质酸(PHB)等;

(2) 热电极性高分子,如聚氯乙烯、聚偏氟乙烯等;

(3) 铁电高分子,如偏氟乙烯/三氟乙烯共聚物、亚乙烯基二氰/醋酸乙烯酯共聚物等铁电液晶高分子。

高分子压电材料柔而韧,可制成大面积的薄膜,便于大规模集成化,具有力学阻抗低、易于与水及人体等声阻抗配合等优越性,比常规无机压电材料及热电材料(例如酒石酸钾钠、水晶、钛酸钡等)有更为广泛的应用前景。

8.3.2 常见的高分子压电材料

通常可把具有实用价值的压电高分子材料分为三类:天然高分子压电材料,合成高分子压电材料,复合高分子压电材料(结晶高分子/非晶高分子 + 压电陶瓷)。

1. 天然高分子压电材料

一般高分子物质中的微晶通常是混乱排列着的,各微晶的压电效应相互抵消,所以整体上不产生压电效应。但是在一些生物高分子中,由于面切形(face shear)的微晶向一个轴向排列,所以可观察到压电效应。例如,比较长的骨头在弯曲时会产生电位,利用这种性质可以治疗骨折并进行外科整形手术。此外像腱、纤维素、羊毛、木材、青麻、绢等许多天然高分子都有某种程度的压电性。

合成多肽、聚羟基丁酸酯等也有压电性,压电性符号由具有光活性基团的手性决定。压电极化性与聚合物分子中手性的极性原子团内旋转有关。

2. 合成高分子压电材料

高分子只有具有极性基团才可以产生明显的压电性。像聚乙烯、聚丙烯等高分子材料,在分子中没有极性基团,在电场中不发生偶极子取向极化,这类材料压电性不明显。

聚偏二氟乙烯、聚氯乙烯、尼龙－11和聚碳酸酯等极性高分子在高温下处于软化或熔融状态时,加以高电场使之极化,保持电场冷却,使极化状态冻结下来对外显示电场,这种半永久极化的高分子材料称为驻极体。驻极体内保持的电荷包括真实电荷(表面电荷及体电荷)和介质极化电荷。真实电荷是指被俘获在体内或表面上的正负电荷。极化电荷是指定向排列且被"冻住"的偶极子。高分子驻极体的电荷不仅分布在表面,而且还具有体积分布的特性。因此若在极化前将薄膜拉伸,可获得强压电性。高分子驻极体是最有实用价值的压电材料,表8-2给出了部分延伸并极化后的高分子驻极体的压电常数。

表8-2 室温下高分子驻极体的压电常数

聚 合 物	$d_{31}/C \cdot N^{-1}$	聚 合 物	$d_{31}/C \cdot N^{-1}$
聚偏二氟乙烯	30×10^{-12}	聚丙烯腈	1×10^{-12}
聚氟乙烯	6.7×10^{-12}	聚碳酸酯	0.5×10^{-12}
聚氯乙烯	10×10^{-12}	尼龙-11	0.5×10^{-12}

在高分子压电材料中,聚偏氟乙烯(PVDF)性能非常突出,不仅压电性能良好,且还具有优良的力学性能。PVDF的密度仅为陶瓷的1/4,弹性柔顺常数则比陶瓷大30倍,柔软而有韧性,耐冲击。PVDF可以加工成几微米厚的薄膜,可弯曲成任何形状,利于制作小型器件。同时PVDF也易于加工成大面积或复杂的形状。由于其声阻低,可与液体很好地匹配,所以在很宽的频带范围内具有平坦的频率特性。PVDF的压电常数不如压电陶瓷的高,但其弹性常数和介电常数低,单位应力所产生电压的压电常数比压电陶瓷大17倍。如果用其制作换能器,其灵敏度比陶瓷材料高很多。

PVDF有3种晶相,即α、β和γ。其中β晶相的分子呈反式构型,是平面锯齿结构,晶胞中偶极同向排列。在高压电场下,偶极子绕CF_2分子链旋转,沿电场方向取向排列,使微晶中的自发极化排列一致,而显示宏观压电性。PVDF的结晶度为35%~40%,当其挤压出来时,主要成分是α晶相,在高温延伸或轧制薄膜时,才会使其中一部分转换成压电性β相。

PVDF的通常制法是在高温下施以高直流电场,然后保持在电场下冷却之。极化过程引起电荷的注入(同号电荷)以及空间电荷离子的分离及偶极子取向(异号电荷)。由于PVDF是半结晶高分子,片晶是镶嵌在非晶相中的,如果每个片晶由于偶极子产生自发极化,则离子可在非晶相运动并被陷阱俘获在片晶表面上。因而陷阱的离子及残余偶极极化对压电及热电活性都会做出贡献。

PVDF的共聚物,如偏氟乙烯—四氟乙烯共聚物和偏氟乙烯—三氟乙烯共聚物,同样具有较好的压电性能。前者不经机械拉伸便可得到所需要的晶型,后者的压电常数是现在合成高分子材料中最高的。除此之外,还有许多较重要的压电高分子,如亚乙烯二氰/醋酸乙烯酯共聚物,尼龙-7、尼龙-9及尼龙-11等。

3. 复合高分子压电材料

把将具有高极化强度的铁电粉末(如$BaTiO_3$、PZT)和高分子压电材料混合极化处理后,可得到具有较强压电性的可挠性复合高分子压电材料。其可克服合成高分子压电材料压电常数小的局限性,又具有高分子压电材料的可挠性,兼具有压电陶瓷和合成高分子压电材料的优点,因此实用价值较高。

复合高分子压电材料的压电效应主要来自分散的强铁电陶瓷粉末。虽然其利用的不是高分子的压电效应,但从力学性能和热学性质等方面来看,可以认为这是一种高分子压电体。

通过改变粘接剂的种类,可以把复合压电体的弹性模量改变一个数量级以上,这是复合压电体的很大特点。利用这一性质,可以制造出不同力学性能的材料以适应不同用途的需要。复合高分子压电材料的性能介于合成高分子材料和无机压电材料之间,在某种意义上可以说是兼备两者特征的材料。

常用的复合高分子压电材料的制备方法有轧辊法和流涎法。轧辊法是在高分子软化点附近混炼高分子和陶瓷粉末,然后造粒或挤压成片状或其他形状。流涎法是先将高分子材料溶解于适当的溶剂中,然后加入陶瓷粉末,用球磨等方法使其形成泥浆状的复合物。这种复合物流涎到玻璃板上干燥成膜。成膜后再进行极化处理可使其具有压电性。

8.3.3　高分子压电材料的应用

常见的高分子压电材料通常应用在以下几个方面:

(1) 电声换能器。利用聚合物压电薄膜的横向、纵向效应,可制成扬声器、耳机、扩音器、话筒等音响设备,也可用于弦振动的测量。

(2) 双压电晶片。将两片压电薄膜反向黏合起来,当一方拉伸时,另一方压缩。PVDF 双压电晶片比无机双压电晶片产生大得多的位移量。用 PVDF 双压电晶片可制成无接点开关、振动传感器、压力检测器等。在同样应力情况下的输出电压是用锆钛酸铅制造的传感器的七倍左右。

(3) 超声、水声换能器。由于 PVDF 压电薄膜与水的声阻抗接近,柔韧性好,能做成大面积薄膜和为数众多的阵列传感点,且成本低,是制造水声器的理想材料。可用于监测潜艇、鱼群或水下地球物理探测,也可用于液体或固体中超声波的接收和发射。

(4) 医用仪器。高分子压电材料的声阻抗与人体匹配得很好,可用来测量人体的心声、心动、心律、脉搏、体温、血压、电流、呼吸等一系列数据。目前还可用来模拟人体皮肤。

此外,高分子压电材料还可用于地震监测,大气污染监测,引爆装置监测,各种机械振动、撞击的监测,干扰装置,信息传感器,电能能源,助听器,计算机和通信系统中的延迟线等方面。

习　题

1. 简述复合型导电高分子材料两种导电机制的异同。
2. 结构型导电高分子材料需要具备哪些结构特征才能实现导电？
3. 简述聚乙烯咔唑(PVK)光电导高分子材料的光电导机制和特征。
4. 复合高分子压电材料比合成高分子压电材料的性能好吗？

参 考 文 献

[1] 张先亮,陈新兰.精细化学品化学.武汉:武汉大学出版社,1999.
[2] 郭卫红,汪济奎.现代功能材料及应用.北京:化学工业出版社,2002.
[3] 李玲,向航.功能材料与纳米技术.北京:化学工业出版社,2002.
[4] 雀部博之.导电高分子材料.曹镛,等,译.北京:机械工业出版社,1989.
[5] 孙酣经.功能高分子材料及应用.北京:化学工业出版社,1990.
[6] 马建标,李晨曦.功能高分子材料.北京:化学工业出版社,2000.
[7] 马如璋,蒋民华,徐祖雄.功能材料学概论.北京:冶金工业出版社,1999.
[8] 赵文元,王亦军.功能高分子材料化学.北京:化学工业出版社,2003.
[9] 李建保,周益春.新材料科学及其实用技术.北京:清华大学出版社,2004.
[10] 余凤斌,夏祥华,王文华,等.导电聚合物电磁屏蔽材料及其应用.绝缘材料,2008,41:16.
[11] 吕生华,王飞,周志威.聚苯胺导电聚合物应用新进展.化工新型材料,2008,36:7.
[12] 陈光铧,徐建华,杨亚杰,等.超级电容器有机导电聚合物电极材料的研究进展.材料导报,2009,
23:109.
[13] 李永舫.导电聚合物化学进展,2002,14:207.
[14] Wang W, Fan H, Ye Y. Effect of electric field on the structure and piezoelectric properties of poly(vinylidene fluoride) studied by density functional theory. Polymer, 2010, 51: 3575.
[15] Wang Z, Su K, Fan H, et al Possible reasons that piezoelectricity has not been found in bulk polymer of polyvinylidene cyanide. Polymer, 2008, 49: 2542.
[16] Wang Z, Fan H, Su K, et al. Structure and piezoelectric properties of poly(vinylidene fluoride) studied by density functional theory. Polymer, 2006, 47: 7988.
[17] Wang Z, Fan H, Su K, et al. Structure, phase transition and electric properties of poly (vinylidene fluoride – trifluoroethylene) copolymer studied with density functional theory. Polymer, 2007, 48: 3226.
[18] Wang Zh, Fan H, Su K, et al. Structure and electric properties of poly (vinylidene fluoride – tetrafluoroethylene) copolymer studied with density functional theory. Polymer, 2007 48: 7145.
[19] 惠迎雪,樊慧庆,刘卫国. PVDF 薄膜的低维化制备和结构研究.材料导报,2010, 24: 1.